Guido A. Reinhardt

Energie- und CO_2-Bilanzierung nachwachsender Rohstoffe

Guido A. Reinhardt

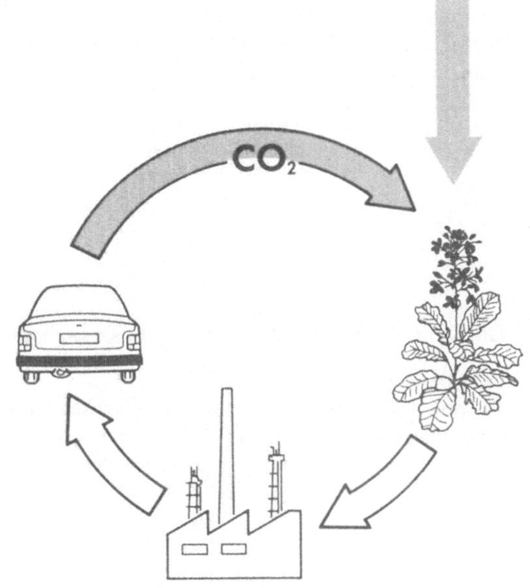

ENERGIE- UND CO$_2$-BILANZIERUNG NACHWACHSENDER ROHSTOFFE

Theoretische Grundlagen und Fallstudie Raps

Dr. Guido A. Reinhardt
ifeu – Institut für Energie- und Umweltforschung
Wilhelm-Blum-Str. 12 – 14
W-6900 Heidelberg

Die Deutsche Bibliothek – CIP-Einheitsaufnahme

Reinhardt, Guido:
Energie- und CO_2-Bilanzierung nachwachsender Rohstoffe:
theoretische Grundlagen und Fallstudie Raps / Giodo A.
Reinhardt. – Braunschweig; Wiesbaden: Vieweg, 1993

Das vorliegende Werk wurde sorgfältig erarbeitet. Dennoch übernehmen Autoren, Herausgeber und Verlag für die Richtigkeit von Angaben, Hinweisen und Ratschlägen sowie für eventuelle Druckfehler keine Haftung. Die Wiedergabe von Gebrauchsnamen, Handelsnamen, Warenbezeichnungen usw. in diesem Buch berechtigt auch ohne besondere Kennzeichnung nicht zu der Annahme, daß solche Namen im Sinne der Warenzeichen- und Warenschutzgesetzgebung als frei zu betrachten wären und daher von jedermann benutzt werden dürfen.

Druck und buchbinderische Verarbeitung: Langelüddecke, Braunschweig
Gedruckt auf säurefreiem Papier

ISBN-13: 978-3-528-06501-0   e-ISBN-13: 978-3-322-84192-6
DOI: 10.1007/978-3-322-84192-6

Vorwort

Die Notwendigkeit, die Energie- und CO_2-Bilanzierung von nachwachsenden Rohstoffen auf ein theoretisches Fundament zu stellen, stellte sich im Lauf der Arbeiten zu der Studie "Energie- und CO_2-Bilanz von Rapsöl und Rapsölester im Vergleich zu Dieselkraftstoff " als immer dringlicher heraus, da ich feststellen mußte, daß bei bisherigen Bilanzierungen bezüglich Raps in der Regel "an der Realität vorbei" bilanziert wurde, und darüber hinaus den Bilanzierungen meist eine inkonsistente Vorgehensweise zugrundelag. Auch bei einer Literaturrecherche bezüglich anderer nachwachsender Rohstoffe wie beispielsweise Ethanol aus Zuckerrohr, Zuckerrübe oder Weizen konnte bei den hierbei ausgewerteten Publikationen keine in sich konsistente und gleichzeitig die realen Verhältnisse widerspiegelnde Arbeit gefunden werden – weswegen innerhalb dieses Buches auch auf eine Einzelnennung der entsprechenden Publikationen verzichtet wird.

So einfach die Erarbeitung einer systematischen Vorgehensweise bei der Bilanzierung nachwachsender Rohstoffe ursprünglich erschien, stellten sich bei deren Darstellung doch immer mehr systematische Schwierigkeiten heraus, die gelöst werden wollten. In Teil 1 dieses Buches wird der Versuch unternommen, diese Schwierigkeiten, von denen einige in der Tat kontrovers diskutiert werden, darzustellen und mögliche Lösungswege aufzuzeigen. In Teil 2 wird anschließend die oben erwähnte Studie, die unter Maßgabe der in Teil 1 entwickelten Vorgehensweise erarbeitet wurde, ausführlich dargestellt.

Die vorliegende Ausarbeitung der "Theoretischen Grundlagen" stellt einen ersten Versuch dar, die Bilanzierung nachwachsender Rohstoffe auf ein theoretisches Fundament zu stellen. Aus diesem Grund bin ich für jeden Hinweis auf mögliche Ungereimtheiten, Anmerkungen sowie konstruktive Kritik dankbar.

Bedanken möchte ich mich bei den Herren Bernd Franke, Mario Schmidt und Dr. Achim Schorb (alle ifeu-Institut), die die Ausarbeitung der "Theoretischen Grundlagen" mit sachkundiger Kritik und vielen Anregungen begleiteten. Ebenso möchte ich mich auch bei meiner Frau bedanken, die während der äußerst anstrengenden Zeit meiner Doppelbelastung stets aufgeschlossen und geduldig abwartend den Werdegang dieses Buches verfolgte. Mein Dank gilt auch Herrn Björn Gondesen (Verlag Vieweg), der in unkomplizierter Weise und mit viel Engagement die Entstehung des Buches begleitete.

Heidelberg, im August 1992   Guido A. Reinhardt für

Irina, Larissa und Petra

Inhaltsverzeichnis

Teil 1

Theorie der Energie- und CO_2-Bilanzierung nachwachsender Rohstoffe

1.1 Einleitung

Bei der Nutzung fossiler Rohstoffe durch den Menschen wird Kohlendioxid (CO_2) freigesetzt. CO_2 verursacht in der Atmosphäre mit weiteren Spurengasen anthropogenen Ursprungs den sogenannten *anthropogenen Treibhauseffekt*[1]. An diesem ist das anthropogen emittierte CO_2 etwa zur Hälfte beteiligt. Aber auch unter anderen Gesichtspunkten ist eine Erhöhung der CO_2-Konzentration der Atmosphäre als umweltgefährdend einzustufen, da CO_2 in praktisch alle Kreisläufe, die einerseits den Bestand der Biosphäre sichern, andererseits aber auch deren Veränderung bewirken, eingebunden ist. Dazu gehören u.a. die Wirkungen von CO_2 in aquatischen Systemen, global wirkende Redoxvorgänge oder auch die Photosynthese der Pflanzen.

Die Nutzung von nachwachsenden Rohstoffen verursacht – vorausgesetzt sie erfolgt innerhalb stabiler Kreisläufe – prinzipiell keine derartige zusätzliche CO_2-Emission, denn der Kohlenstoffgehalt der Pflanze ist im wesentlichen durch Einbindung des in der Atmosphäre enthaltenen CO_2 entstanden. Dabei spielt es keine Rolle, ob die nachwachsenden Rohstoffe verbrannt oder anderweitig genutzt bzw. eingesetzt werden. Grundsätzlich wird durch den natürlichen Abbauprozeß die gleiche Menge an Kohlendioxid wie bei der Verbrennung freigesetzt – lediglich in einem gegenüber der direkten Verbrennung verzögerten Zeitablauf.

Somit stellt die energetische Nutzung von nachwachsenden Rohstoffen ebenso wie auch die Nutzung anderer regenerativer Energien wie z.B. Sonnenenergie, Wind- und Wasserkraft grundsätzlich eine der vielen Möglichkeiten dar, die anthropogen verursachten CO_2-Emissionen zu reduzieren, wenn dadurch fossile Energieträger substituiert werden. Allerdings stellt sich hierbei die Frage, wieviel Energie vonnöten ist, um den nachwachsenden Rohstoff anzubauen (Landwirtschaft) und beispielsweise als Energieträger nutzbar zu machen (industrielle Weiterverarbeitung). Es könnte nämlich durchaus sein, daß der hierfür benötigte Energieaufwand größer ist als die durch den nachwachsenden Rohstoff gewonnene Energie bzw. daß unter dem Strich nur ein relativ kleiner Nettoeffekt übrigbleibt. Das gleiche gilt auch für die mit dem Gebrauch von Energie verbundenen CO_2-Emissionen.

Demgegenüber könnte dahingehend argumentiert werden, daß es bei der energetischen Nutzung von nachwachsenden Rohstoffen wie übrigens auch von regenerativen Energieträgern überflüssig sei, die CO_2-Emissionen der Herstellung eines nachwachsenden Rohstoffes zu bestimmen, denn zu dieser Herstellung könnten ja durchaus wiede-

---

[1] Siehe hierzu: Heintz, A., Reinhardt, G.: Chemie und Umwelt, 2. Auflage, Vieweg, Wiesbaden (1991)

rum ausschließlich nachwachsende und damit CO_2-neutrale Rohstoffe verwendet werden. Das scheint allerdings nur auf den ersten Blick vom Prinzip her richtig zu sein. Es müßten hierbei nämlich folgende Voraussetzungen erfüllt sein:

— Erstens müßte bei der Herstellung von nachwachsenden Rohstoffen tatsächlich ausschließlich wiederum nachwachsende Rohstoffe eingesetzt werden.

— Zweitens müßte die gesamte durch nachwachsende Rohstoffe zur Verfügung stehende Energie den gesamten Weltenergiebedarf abdecken (können).

— Drittens müßte gewährleistet sein, daß die volkswirtschaftlich günstigste Variante gewählt wurde.

Solange aber noch irgendwelche "Restmengen" an fossilen Energieträgern eingesetzt werden, gilt aber, daß die nachwachsenden Rohstoffe entsprechend ihrer Verwendung nach dem jeweils am besten geeigneten Einsatzzweck bilanziert werden. Dabei müssen die realen Prozesse durchweg mit anderen Energieträgern gegengerechnet werden, da es global betrachtet irrelevant ist, ob ein Energieträger aus nachwachsenden Rohstoffen als Treibstoffsubstitut in Traktoren zur Produktion von nachwachsenden Rohstoffen oder in anderen Aggregaten wie Pkw oder auch Blockheizkraftwerken zum Einsatz kommt. Eine solche Gegenrechnung ist nicht nur sinnvoll, sondern notwendig, will man das CO_2-Potential durch die Substitution von Energieträgern durch einen nachwachsenden Rohstoff optimal ausschöpfen. Würde rein theoretisch statt der real eingesetzten im wesentlichen fossilen Energieträger mit ihren CO_2-Emissionen bei *allen* Teilprozessen die Produktion und Aufbereitung des nachwachsenden Rohstoffs mit ausschließlich dem Einsatz des nachwachsenden Rohstoffs gerechnet werden, würde die entsprechende Menge an nachwachsendem Rohstoff nicht mehr einer Substitution und darüber hinaus nicht mehr einer optimalen Nutzung zur Verfügung stehen. Der Einsatz des nachwachsenden Rohstoffs in prinzipiell weniger geeigneten Prozessen würde damit aber insgesamt sogar CO_2-erhöhend wirken.

Selbst wenn es in der Tat möglich sein sollte, nachwachsende Rohstoffe ausschließlich mit der Energie aus nachwachsenden Rohstoffen herzustellen, ist es notwendig, die jeweiligen Energieflüsse des entsprechenden Energiebereitstellungssystems zu erfassen, solange weltweit noch irgendwelche "Restmengen" an fossilen Energieträgern eingesetzt werden, d.h. solange der Weltenergiebedarf nicht ausschließlich durch nachwachsende Rohstoffe bzw. erneuerbare Energien abgedeckt werden kann (s. Punkt 2). Es könnte nämlich durchaus sein, daß ein möglicher positiver Nettoeffekt durch einen nachwachsenden Rohstoff durch einen deutlich positiveren Effekt eines anderen nachwachsenden Rohstoffs übertroffen wird und somit die gesamte Energiebilanz verbessert würde.

Würde selbst der gesamte Weltenergiebedarf durch nachwachsende Rohstoffe abgedeckt werden, wäre trotzdem zu fragen, ob nicht ein weiterer nachwachsender Rohstoff produziert werden könnte, der mit geringeren volkswirtschaftlichen Kosten als bei dem zu substituierenden nachwachsenden Rohstoff verbunden ist[2]. Die dadurch eingesparten Mittel könnten unter diesen Umständen "sinnvoller" eingesetzt werden.

Da sowohl derzeit als auch auf absehbare Zeit die oben genannten Punkte die realen Verhältnisse nicht wiederspiegeln, stellt sich letztlich nicht die Frage, **ob**, sondern **wie** eine CO_2-Bilanz für nachwachsende Rohstoffe aufgestellt werden sollte.

Die bereits angedeutete Bilanzierungsweise, nach der die nachwachsenden Rohstoffe in dem für ihre Verwendung jeweils am besten geeigneten Einsatzzweck bilanziert werden, wird mit dem Begriff *vergleichende Bilanzierung* bezeichnet. **Eine derartige Vorgehensweise ist notwendig, denn das quantitative Ergebnis einer CO_2-Bilanz eines Energieträgers aus nachwachsenden Rohstoffen ist nur dann weiterführend, wenn es der Bilanz des Energieträgers, der durch den betreffenden nachwachsenden Rohstoff substituiert werden könnte, gegenübergestellt wird.** Beispielsweise wird unter dieser Maßgabe keine "CO_2-Bilanz von Rapsöl", sondern eine "CO_2-Bilanz von Rapsöl als Kraftstoffsubstitut im Vergleich zu Dieselkraftstoff" erstellt. Damit stellt das Prinzip der vergleichenden Bilanzierung das Grundprinzip bei der Erstellung von Bilanzierungen nachwachsender Rohstoffe dar. Dieses Prinzip wird im folgenden konsequent angewandt und unterscheidet sich somit von dem Großteil der bisher erstellten Bilanzen bzgl. nachwachsender Rohstoffe (s. Vorwort). So ist ist es hier z.B. vergleichsweise uninteressant, mit welchem Wirkungsgrad die von der Sonne auf die Pflanze eingestrahlte Energie umgesetzt wird. Für eine vorausschauende Energie- und Umweltpolitik ist es wesentlich wichtiger zu wissen, welchen Substitutionseffekt der betreffende nachwachsende Rohstoff hat oder haben kann.

Die Erstellung einer vergleichenden Energiebilanz muß letztlich auch zielgerichtet auf eine darauf aufbauende CO_2-Bilanzierung ausgerichtet sein. Die Systemgrenzen und vor allem die der Bilanzierung zugrundeliegenden Bemessungsgrößen müssen darauf abgestimmt werden. Dieses leistete der Großteil der bisher erstellten Energiebilanzen bzgl. nachwachsender Rohstoffe nicht, da deren grundlegende Zielrichtung und auch Vorgehensweise eine andere war, nämlich die Bilanzierung der gesamten mit dem Anbau und der Aufbereitung von nachwachsenden Rohstoffen verbundenen Energieströme einschließlich der von der Sonne eingestrahlten Energie und in der Regel bezogen die Energieinhalte (Heizwerte) der Einzelstoffe. Die eigentlich zentrale Frage nach der *tatsächlich nutzbaren Energie* und möglichen *Substitutionspotentialen* wurde hierbei nicht bzw. nur unvollständig berührt. Diese Themen werden in den folgenden Kapiteln intensiv diskutiert.

Der Energieverbrauch und die damit einhergehenden CO_2-Emissionen stellen aber nur einen geringen Ausschnitt aller möglichen Umwelteinwirkungen dar, die mit der Produktion von nachwachsenden Rohstoffen verbunden sind. Prinzipiell müßten auch andere Luftschadstoffemissionen bilanziert werden, zumal hier beim direkten Verbrennen von nachwachsenden Rohstoffen keine Nullemission wie bei CO_2, sondern

---

2   Hierbei dürfte mit der Produktion des nachwachsenden Rohstoffs allerdings keine negativen Auswirkungen in anderen Bereichen verbunden sein.

eine tatsächlich quantifizierbare Emission (größer Null) anzusetzen ist. Die Gesamtemissionen einzelner Schadstoffe können dann nämlich durchaus höher sein als diejenigen der herkömmlichen Brennstoffe[3].

Entsprechendes gilt auch für viele andere umweltrelevante Aspekte, beispielsweise für die ökologische Verträglichkeit von Monokulturen, für die ökologischen Auswirkungen des Düngemitteleinsatzes auf den Nitratgehalt von Oberflächen- und Grundwasser oder auch für die Folgen des Pflanzenschutzes mit Chemikalien. Schließlich ist auch zu fragen, ob es nicht auch andere Formen des Einsatzes von nachwachsenden Rohstoffen gibt, die das Ziel einer CO_2-Minderung mit weniger (energetischem) Aufwand und bei größerer Effektivität und geringeren Kosten erreichen. Dieses könnte z.B. für die direkte thermische Verwertung von Pflanzen (Ganzpflanzenverbrennung) oder auch schnellwachsenden Hölzern gelten. Unter der Maßgabe einer derartigen gesamtökologischen Bewertung wurde beispielsweise vom Umweltbundesamt der Versuch gemacht, die mögliche Substitution von Dieselkraftstoff durch Rapsöl bzw. Rapsmethylester zu bilanzieren[4]. Prinzipiell stellt sich bei der Produktion von nachwachsenden Rohstoffen auch die Frage beispielsweise nach der Sozialverträglichkeit, Auswirkungen auf die Ernährungspolitik oder auch nach möglichen Rückkopplungen mit sogenannten Dritte-Welt-Ländern.

Die Bilanzierung nachwachsender Rohstoffe darf sich dementsprechend grundsätzlich nicht nur auf die Bilanzierung der Energieverbräuche und CO_2-Emissionen beschränken. Sie muß auch das direkte und indirekte Umfeld im Sinn einer gesamtökologischen Bewertung miteinbeziehen.

Die hier dargestellte Art und Weise der Erstellung von vergleichenden Energie- und CO_2-Bilanzen, wie sie in den folgenden Kapiteln im einzelnen explizit dargelegt wird, ermöglicht prinzipiell auch eine Bilanzierung anderer Umweltbelastungen, insbesondere die anderer Luftschadstoffe. Sowohl eine derartige prinzipielle (theoretische) Ableitung und erst recht eine entsprechende exemplarische Darstellung weiterer Schadstoffkomponenten, wie sie in Teil 2 dieses Buches für den Anbau von Raps als nachwachsender Rohstoff bezüglich des damit verbundenen Energiebedarfs und der CO_2-Emissionen explizit dargestellt ist, würden den Rahmen dieses Buches sprengen. Hinzu käme noch der Umstand, daß die Bilanzierung anderer Schadstoffe durch zwei Effekte wesentlich aufwendiger ist als eine solche von CO_2: Einerseits müssen die entsprechenden Emissionsfaktoren für alle Teilprozesse einzeln bestimmt bzw. abgeschätzt werden[5] einschließlich dem Prozeß der direkten Verbrennung, der beim CO_2 systembedingt entfällt, und andererseits müssen eventuell biogen induzierte Emissio-

---

3   Gesamtemissionen sind hier gleich die Summe der mit der gesamten Herstellung und mit dem eigentlichen Verbrennen der nachwachsenden Rohstoffe verbundenen Emissionen.

4   Umweltbundesamt (Hrsg.): Ökologische Bilanz von Rapsöl und Rapsölmethylester als Ersatz von Dieselkraftstoff (Ökobilanz Rapsöl), Reihe TEXTE des Umweltbundesamtes, Berlin 1992

5   Diese Bestimmung bzw. Abschätzung ist bei CO_2 aufgrund der Annahme einer 100 %igen Umsetzung des Kohlenstoffinventars zu CO_2 (siehe Kap. 1.5) vergleichsweise einfach.

nen berücksichtigt werden[6]. Dennoch ist aber vom Prinzip her die Übertragbarkeit der hier abgeleiteten Bilanzierungsweise auf andere Umweltbelastungen gegeben.

Abschließend werden der einfacheren und korrekteren Handhabung wegen im folgenden einige wichtige Begriffe bzw. Kenngrößen definiert, da sich diesbezüglich in der Literatur verschiedene Definitionen finden.

Nachwachsende Rohstoffe

Unter nachwachsenden Rohstoffen versteht man aus (nachwachsenden) Pflanzen gewinnbare Rohstoffe. Aus diesen lassen sich Energieträger wie Ethanol aus Zuckerrohr oder auch Gebrauchsmittel wie Tenside aus dem Öl der Ölpalme gewinnen. Nachwachsende Rohstoffe gelten dann als *nachwachsend*, wenn die Biomasse des Agrarökosystems, innerhalb dessen die Pflanzen, aus denen die nachwachsende Rohstoffe gewonnen werden, angebaut werden, im Mittel erhalten bleibt, das heißt, daß im Mittel jeweils die Menge an Biomasse entsprechend der Zuwachsrate geerntet wird.

Die Pflanzen selbst wären streng genommen nur dann nachwachsende Rohstoffe, wenn sie direkt als Rohstoff eingesetzt würden. Der einfacheren Verwendung wegen wird im folgenden diese Unterscheidung nicht mehr gemacht und der Begriff der nachwachsenden Rohstoffe in allgemeiner Form verwendet.

Prozeß

Das ist das eigentliche Objekt der Bilanzierung. Hierbei kann es sich um den Werdegang (Lebensweg) eines Produktes, eine Prozeßkette oder gar um eine Gruppe von Prozeßketten handeln, wobei die Übergänge hier fließend sein können. Ein Prozeß ist beispielsweise der Anbau von Zuckerrohr einschließlich der anschließenden Gewinnung des Energieträgers Ethanol. Ein Teilprozeß ist eine Untereinheit des zu bilanzierenden Gesamtprozesses. Der Prozeß selbst wird definiert über sogenannte *Systemgrenzen*.

Systemgrenzen

Die Systemgrenzen definieren einen Prozeß, indem sie den betrachteten Prozeß von anderen Prozessen abgrenzen. Durch sie wird beispielsweise festgelegt, ob sich die Produktion eines Traktors innerhalb oder außerhalb des Prozesses der Produktion von Rapsöl befindet. Korrekterweise müßten die Systemgrenzen hier mit "Prozeßgrenzen" bezeichnet werden — in der aktuellen Literatur werden sie mit *Lebensweggrenzen* und

---

[6] Beispielsweise werden auch von intakten Ökosystemen klimarelevante N_2O-Emissionen freigesetzt.

der zugrundeliegende "Prozeß" mit *Lebensweg* bezeichnet[7]. Im folgenden findet der Begriff "Systemgrenze" in obigem Sinn Verwendung.

Umweltbelastungen

Grundsätzlich ist mit der Produktion und der Aufbereitung von nachwachsenden Rohstoffen ein gewisser Energieeinsatz verbunden, dessen Bereitstellung mit zum Teil erheblichen Schadstoffemissionen verbunden ist. Diese Schadstoffemissionen unterscheiden sich von Fall zu Fall. Beispielsweise kann die CO_2-Emission gleich Null gesetzt werden, würde die zur Produktion und Aufbereitung eines nachwachsenden Rohstoffes benötigte Energie ausschließlich durch Verbrennung nachwachsender Rohstoffe erzeugt. Gleichzeitig treten aber andere Schadstoffemissionen auf wie u.a. NO_x-Emissionen wegen der durch die Energiebereitstellung bedingten Verbrennungsprozesse. Eine Schadstoffemission kann beispielsweise auch eine Belastung für ein Gewässer zur Folge haben.

Derartige Effekte werden im folgenden unter dem Begriff "Umweltbelastungen" zusammengefaßt, da dieser Begriff im Rahmen einer Bilanzierung einen allgemeingültigen Charakter hat. In diesem Begriff eingeschlossen sind demgemäß auch die hier diskutierten CO_2-Emissionen.

---

[7]   Beispielsweise in: Projektgemeinschaft Lebenswegbilanzen: Methode für Lebenswegbilanzen von Verpackungssystemen, interner Zwischenbericht für das UBA-Projekt "Ökobilanz von Packmitteln und -stoffen", München (1992)

1.2 Wahl der Systemgrenzen

Eine generelle Voraussetzung zur Erstellung von Bilanzen ist die Festlegung von Systemgrenzen[8], wobei das Ergebnis der Bilanzierung stark von den gewählten Systemgrenzen abhängen kann. Andererseits hängt die Bestimmung der Systemgrenze im wesentlichen von der Anwendung des Untersuchungsergebnisses ab. So wird der Hersteller eines Produktes andere Maßstäbe und damit andere Systemgrenzen an eine Bilanz über die Art und Weise des Herstellungsprozesses für sein Produkt anlegen, als bei einer CO_2-Bilanz für einen nachwachsenden Rohstoff anzulegen sind. Bei der Wahl der Systemgrenzen spielen Abgrenzungen in räumlicher, zeitlicher und insbesondere sachlicher Hinsicht eine wichtige Rolle, die im folgenden einzeln diskutiert werden.

Sachliche Abgrenzung

Die sachliche Abgrenzung bei der Wahl der Systemgrenzen betrifft eine ganze Reihe von einzelnen Parametern. Als erste Frage stellt sich hier, nach *welchen Kriterien* denn überhaupt bilanziert werden soll. Hierunter fällt beispielsweise, daß eine Bilanz ausschließlich unter dem Aspekt der Energieflüsse und der damit verbundenen CO_2-Emissionen für den betreffenden Prozeß erstellt wird. Mit einer solchen Energie- und CO_2-Bilanz werden dann andere Umweltbelastungen, die möglicherweise einen noch negativeren Effekt auf die Umwelt ausüben können als die CO_2-Emissionen, nicht betrachtet.

Die Festlegung der Kriterien, nach denen bilanziert werden soll, ist an sich unstrittig, solange mit der Gesamtheit der ausgewählten Kriterien der beabsichtigte Effekt beschrieben werden kann. Beispielsweise ist die Bilanzierung nachwachsender Rohstoffe nur nach dem Spurengas CO_2 nicht ausreichend, soll der gesamte Klimaeffekt durch den Anbau nachwachsender Rohstoffe beschrieben werden. Hier wäre dann zusätzlich auch noch nach den anderen klimawirksamen Spurengasen wie Methan (CH_4) oder Distickstoffoxid (N_2O) zu bilanzieren.

Schwieriger gestaltet sich das Problem, inwieweit sogenannte *Betriebsmittel* in der Bilanz berücksichtigt werden müssen bzw. sollten. Unter Betriebsmittel versteht man die für den Betrieb eines Prozesses notwendigen Geräte oder Infrastrukturen. Bei der Produktion von nachwachsenden Rohstoffen sind das beispielsweise u.a. Traktoren, Scheunen und Zwischenlager, Erntemaschinen, Trocknungs- und Kühlanlagen, Öl-

---

[8] Definition der Systemgrenze siehe Ende Kap. 1.1

pressen oder auch industrielle Produktionsanlagen. Theoretisch müßte vom Prinzip her die Produktion, der Unterhalt und der Betrieb aller Betriebsmittel bilanziert werden, was de facto zu einer Art "Weltbilanz" führen würde, denn vor allem die Produktion von Betriebsmitteln, beispielsweise die einer Düngemittelfabrik samt den sie umgebenden Büroräumen, würde zu einer Bilanzierung von Tausenden von Einzelprodukten führen.

In der Literatur finden sich nur wenige Bilanzierungen, bei denen der Versuch gemacht wurde, sowohl die Produktion als auch den Unterhalt sowie den Betrieb von Betriebsmitteln in die Bilanz einzubeziehen. Den Angaben der Düngemittel- und Biozidindustrie zufolge sind die von ihnen publizierten Energieaufwände zur Produktion von Düngemitteln bzw. Bioziden unter Einhaltung dieser Randbedingungen erstellt worden[9]. Bei der Bilanzierung für die Erstellung von Düngemittelanlagen wurde beispielsweise allerdings im wesentlichen nur der Energieaufwand zur Produktion des benötigten Stahls eingerechnet. Damit ist aber nur ein Teil der Produktion erfaßt.

Im Prinzip könnte und müßte zusätzlich auch noch die der eigentlichen Produktion vorgeschaltete Entwicklung bzw. die damit verbundenen energetischen Aufwendungen und Umweltbelastungen bei der Bilanzierung berücksichtigt werden. Beispielsweise erfordert die Entwicklung von Bioziden einen enorm hohen Entwicklungsaufwand: Unter 10.000 neu synthetisierten und als mögliche Biozidpräparate getesteten Verbindungen befindet sich statistisch gesehen lediglich nur ein Wirkstoff, der als Handelspräparat zugelassen wird. Der Forschungs- und Entwicklungsaufwand beträgt ca. 8–10 Jahre, was u.a. auf einen signifikant hohen Energiebedarf hinweist[10].

Bei der Frage einer sinnvollen Abgrenzung, die mit vernünftigem Arbeitsaufwand überhaupt noch eingehalten werden kann, hilft das bereits im vorigen Kapitel eingeführte Prinzip der "vergleichenden Bilanzierung". Grundsätzlich nämlich ist das Ergebnis einer Bilanz, beispielsweise das der CO_2-Bilanz eines als Energieträger genutzten nachwachsenden Rohstoffs, nur dann weiterführend, wenn es der Bilanz eines anderen Energieträgers, der durch den nachwachsenden Rohstoff substituiert werden kann, gegenübergestellt wird. Werden beispielsweise die Produktion und der Unterhalt von Betriebsmitteln in der Bilanz vernachlässigt, so trifft das unter der Maßgabe einer vergleichenden Bilanzierung beide Systeme. Die hierdurch entstehende Fehlerquelle reduziert sich somit auf die Unterschiede der Vernachlässigungen[11].

Eine solche Vorgehensweise dürfte in der Tat zulässig sein, denn in ihrer Studie zur "Umweltwirkungsanalyse von Energiesystemen" zeigen Fritsche et al. auf, daß die Materialaufwendungen zur Herstellung von Maschinen bzw. deren vorgelagerten Pro-

---

[9]   Näheres hierzu siehe Kap. 2.4.2

[10]   Fonds der Chemischen Industrie im Verband der Chemischen Industrie (Hrsg.): Pflanzenschutz, Folienserie des Fonds der Chemischen Industrie Nr. 10, Frankfurt (1985)

[11]   Eine derartige Vernachlässigung könnte bei einer Einzelbetrachtung in der Tat eine wesentliche Fehlerquelle darstellen. Beispielsweise ist die Produktion von für die Stromerzeugung über Photovoltaik benötigten Solarzellen mit erheblichem Energieeinsatz verbunden.

zesse in der Energiebilanz eine Größenordnung unter denen des Gesamtenergieverbrauchs der fossil betriebenen Systeme liegen[12]. Die Unterschiede der Vernachlässigungen von Produktion und Unterhalt der Betriebsmittel dürfte demnach noch wesentlich geringer ausfallen, d.h. die so erhaltenen Ergebnisse dürften den realen Verhältnissen recht genau entsprechen.

Eine weitere, vor allem bei der Produktion von nachwachsenden Rohstoffen kontrovers diskutierte Systemgrenze betrifft die Frage, welche Bodennutzung der Produktion von nachwachsenden Rohstoffen gegengerechnet werden soll. Beispielsweise wird oftmals dahingehend argumentiert, daß der Anbau von nachwachsenden Rohstoffen prinzipiell zu keinen Umweltbelastungen führe, solange er lediglich auf den Flächen betrieben würde, auf denen bisher überschüssige Produkte angebaut wurden[13]. Eine andere Betrachtungsweise wäre z.B. die Gegenrechnung landwirtschaftlich nicht genutzten Bodens wie beispielsweise Brachland[14]. Hierbei wären aber alle mit der Produktion von nachwachsenden Rohstoffen verbundenen Umweltbelastungen zu ermitteln und den nachwachsenden Rohstoffen anzulasten.

Es handelt sich hierbei einerseits um die Frage nach der gesellschaftlichen Akzeptanz von Umweltbelastungen verursacht durch landwirtschaftliche Produktionen und andererseits um die Frage nach dem prinzipiellen Ansatz vergleichender Bilanzen. Solange Agrarprodukte als Nahrungsmittel dienen, ist eine Gesellschaft bereit, Umweltbelastungen, die die Gesellschaft zumindest nicht unmittelbar gefährden, hinzunehmen. Umweltbelastungen jeder Art aber, die durch die Produktion von Nahrungsmitteln entstehen, die nicht benötigt oder gar unter Energieaufwand vernichtet werden müssen, dürften von einer Gesellschaft eigentlich nicht akzeptiert werden. Hier schiene es sinnvoller, auf den Anbau der entsprechenden Überschußprodukte zu verzichten. Unter dem Gesichtspunkt einer unerwünschten Umweltbelastung durch eine ebenfalls unerwünschte Überschußproduktion darf eben diese Umweltbelastungen nicht als systemimmanent betrachtet werden, d.h. eine Substitutionsproduktion darf nicht an diesen Umweltbelastungen gemessen werden.

Eine derartige Betrachtungsweise hieße aber auch, daß die Gesellschaft mit dem teilweisen Verzicht auf die landwirtschaftliche Nutzung von bisher genutzten Flächen durch die damit einhergehende Nichtentstehung anthropogener Umweltbelastungen einen positiven Umweltbeitrag leiste. Hierbei würden aber die bisher durch die Nut-

---

[12]   Fritsche, U., Rausch, L., Simon, K.-H.: Umweltwirkungsanalyse von Energiesystemen: Gesamt-Emissions-Modell Integrierter Systeme (GEMIS), Darmstadt (1989). Mit GEMIS wurden allerdings nur Systeme auf der Basis fossiler Energien betrachtet — eine direkte Übertragung dieser Ergebnisse auf nichtfossile Energieträger ist demnach nicht von vorne herein gegeben. Dennoch können sie zur größenordnungsmäßigen Abschätzung hilfreich sein.

[13]   Dabei wird in einer ersten Näherung angenommen, daß die Umweltbelastungen bei dem Anbau der einzelnen landwirtschaftlichen Kulturen jeweils in etwa gleich sind.

[14]   Im folgenden wird *Brachland* als eine vom Menschen nicht oder nicht mehr beeinflußte "Landnutzungsform" verstanden — andere Landnutzungsformen wie die von der EG propagierte rotierende Brache sind demzufolge hier ausgeschlossen.

zung der Böden entstandenen anthropogenen Umweltbelastungen als "natürlicher Grundzustand" angesehen, auf dessen Basis dann bilanziert würde. Tatsächlich aber würde durch Überführung der landwirtschaftlich genutzten Böden in Brachland langfristig wieder der natürliche Grundzustand erreicht werden.

Auch die Betrachtung des den vergleichenden Bilanzierungen zugrundeliegenden Prinzips führt zu dem gleichen Ergebnis: Das grundlegende Ziel des Anbaus nachwachsender Rohstoffe ist es, fossile Rohstoffe zu substituieren. Systemimmanenter Bezugspunkt ist hier einwandfrei ein vom Menschen unbeeinflußtes Ökosystem oder auch nur ein Teil davon, denn nur der Mensch nutzt fossile Rohstoffe. Wird dementsprechend eine vom Menschen bisher nicht genutzte Fläche zur Produktion nachwachsender Rohstoffe genutzt, so müssen die durch die Nutzung zusätzlich entstehenden Umweltbelastungen den nachwachsenden Rohstoffen angerechnet werden.

Korrekterweise allerdings dürfte nicht Brachland bzw. eine vom Menschen nicht mehr beeinflußte Landfläche dem Anbau nachwachsender Rohstoffe gegengerechnet werden, sondern die Vegetationsform, die sich ohne Zutun des Menschen an diesem Ort befinden würde. Wird beispielsweise tropischer Regenwald abgeholzt, um Ölpalmen anzupflanzen, so könnte durchaus die mit der Nettodegradation an Biomasse verbundenen Umweltbelastungen dem Palmöl angerechnet werden, wobei hier zu berücksichtigen wäre, daß die Inkulturnahme des tropischen Regenwaldes ein *einmaliges* Ereignis ist, während der Anbau von Ölpalmen auf einen Zeitraum von mehreren Jahren bzw. Jahrzehnten konzipiert wird. Hier wären dann die entsprechenden Umweltbelastungen auf einen zu definierenden Zeitraum zu verteilen — vorzugsweise mit einem degressiven Ansatz, denn die Umweltbelastungen eines einmaligen Ereignisses nehmen in ihrer Wirkung in vielen Fällen mit der Zeit ab (s. hierzu: "Exkurs: Degressive Verfahren", Ende Kap. 1.5)[15].

Unter diesem Gesichtspunkt kann dementsprechend beispielsweise bei einer CO_2-Bilanzierung dem Anbau von Raps auf bundesdeutschen Kulturböden, die im letzten Jahrhundert oder noch früher in Kultur genommen wurden, in der Tat Brachland gegengerechnet werden. Es wäre in diesem Fall nicht "deutscher Wald", also die ursprüngliche Vegetationsform, gegenzurechnen. Bei dieser Bilanzierungsweise bleibt aber die Frage unberührt, ob es unter dem Aspekt einer CO_2-Minimierung nicht sinnvoller wäre, anstelle von Raps andere nachwachsende Rohstoffe wie beispielsweise wieder waldähnliche Kulturen anzupflanzen. Hierzu bedürfte es dann aber einer Bilanzierung dieser waldähnlichen Kulturen gegenüber Brachland, die dann der Bilanzierung von Raps gegenüberzustellen wäre.

Letztlich muß somit von Fall zu Fall entschieden werden, welche Vegetationsform bei der Bilanzierung nachwachsender Rohstoffe gegengerechnet wird. Die Wahl dieser Vegetationsform ist in besonderem Maß abhängig von den zu bilanzierenden Umweltbelastungen (beispielsweise von der Halbwertszeit einzelner Substanzen), aber auch

---

[15]   Bei Einzelstoffen beispielsweise entsprechend deren mittleren Lebensdauern.

von der Länge der bisherigen Nutzung bzw. der Nettodegradation der Biomasse und der damit verbundenen Umweltbelastungen.

Zur sachlichen Abgrenzung gehört desweiteren auch die Frage nach der Einrechnung von Störfall- oder Unfallsituationen. Bei Bilanzierungen ist es allgemein üblich — wenn auch nicht grundsätzlich sinnvoll —, die Festlegung von Systemgrenzen auf Normalsituationen zu beschränken, d.h. Störfall- oder Unfallsituationen werden ausgeklammert[16]. Bei einer diesbezüglich vollständigen Systemanalyse müßten beispielsweise bei Gütertransporten Unfälle mit Lkw oder Eisenbahnen berücksichtigt werden oder auch bei der Nutzung von Rohöl die bei Ölkatastrophen entstehende Verschmutzung der Weltmeere.

Zeitliche Abgrenzung

Die Festlegung zeitlicher Bezüge betrifft sowohl den Bezugszeitraum der Datenerhebung und des Bilanzierungszeitraums als auch mögliche zeitabhängige Effekte von einzelnen Bilanzgrößen. Eine solche Größe ist beispielsweise CO_2: Für die CO_2-Konzentration in der Atmosphäre ist es sehr wohl entscheidend, über welchen Zeitraum sich die Emission von CO_2 erstreckt oder beispielsweise wie lange CO_2 in nachwachsenden Rohstoffen in Form von Kohlenstoff zwischengespeichert wird, bevor es wieder zurück in die Atmosphäre gelangt.

Generell spielen bei klimawirksamen Spurengasen derartige zeitabhängige Effekte wie Emission über einen längeren Zeitraum hinweg oder die voneinander unterschiedlichen mittleren Lebensdauern in der Atmosphäre eine eminent wichtige Rolle, die prinzipiell bei entsprechenden Bilanzierungen berücksichtigt werden müßten (s. hierzu: "Exkurs: Degressive Verfahren", Ende Kap. 1.5). Oftmals werden aber aus Praktikabilitätsgründen (die Rechnungen gestalten sich so einfacher) die Emissionen derart bilanziert, als würden sie schlagartig, also ohne zeitliche Verzögerung, freigesetzt.

Eine derartige Vorgehensweise kann unter anderem dann gerechtfertigt sein, wenn sich durch eine solche Vereinfachung der Gesamtfehler der Bilanz nicht oder nur unwesentlich ändert oder aber auch bei Betrachtung eines stationären Gleichgewichts.

Räumliche Abgrenzung

Durch die internationalen Verflechtungen bei einer Vielzahl an Prozessen stellt die Festlegung einer räumlichen Systemgrenze ein zentrales Problem bei der Erstellung von Bilanzen dar. Z.B. ist durch das europäische Stromverbundsystem dem real "der Steckdose entnommene" Strom nicht mehr sein Ursprungsland zuzuordnen. Die mit der Stromproduktion verbundenen Emissionen unterscheiden sich aber u.a. durch unterschiedliche Kern- und Wasserkraftanteile in den verschiedenen Ländern beträchtlich.

---

[16] Siehe hierzu auch: Schmidt, M. (Hrsg.): Leben in der Risikogesellschaft — Der Umgang mit modernen Zivilisationsrisiken, Alternative Konzepte Bd. 71, Verlag C.F. Müller, Karlsruhe (1989)

Offenbar schiene demnach eine Totalerfassung in allen für den jeweiligen Prozeß infragekommenden Ländern oder Gebieten und eine anschließende Gewichtung nach dem tatsächlichen Anteil am Prozeß optimal[17]. Ein solcher Ansatz kann unter Umständen begrenzt auf ein eng umschriebenes Gebiet sinnvoll sein. Global betrachtet ist eine derartige Vorgehensweise — zumindest unter der Maxime möglichst ressourcenschonender und damit mit minimalen Umweltbelastungen verbundenen Prozeßführungen — allerdings nicht zu rechtfertigen, denn ein Vergleich zweier Prozesse kann nur dann geführt werden, wenn beiden Prozessen gleiche Systemgrenzen zugrundeliegen. Wird beispielsweise die Produktion von Papier aus Zellstoff (aus dem nachwachsenden Rohstoff Holz) zur Getränkeverpackung mit der Produktion von Aluminium für Getränkedosen verglichen, so kann das Ergebnis in entscheidendem Maß vom Ort der jeweiligen Produktion abhängen. Der für die Zellstoffproduktion notwendige Strom wird z.B. in der Bundesrepublik nur durch marginale Mengenanteile an regenerativen Energien zur Verfügung gestellt, während in Schweden vor allem Wasserkraft wesentliche Anteile an der Energiebereitstellung für die Zellstoffproduktion hat. Entsprechendes gilt für Aluminium, welches wie u.a. in Neuseeland und Brasilien nahezu ausschließlich auf Wasserkraftbasis produziert werden kann. Für einen *Prozeßvergleich* "Produktion von Zellstoff" versus "Produktion von Aluminium" ist eine derartige geografische Differenzierung nicht zulässig; er muß für beide Prozesse unter gleichen Rahmenbedingungen geführt werden. In diesem Fall wäre beiden Prozessen die gleiche Strombereitstellung zugrundezulegen.

Im Regelfall wird man sich auf ein eng begrenztes Gebiet, z.B. auf das Gebiet der Bundesrepublik, beschränken. Entsprechende Einschränkungen sollten kenntlich gemacht werden, damit die bei verschiedenen Bilanzen verwendeten, unterschiedlichen Parameter für einen Bilanzenvergleich aufeinander abgestimmt werden können.

Zusammenfassung

Als Systemgrenze wird dem Anbau nachwachsender Rohstoffe Brachland gegenübergestellt. Ob die ursprünglich vorhandene Vegetation in die Bilanz mit einbezogen wird, muß von Fall zu Fall entschieden werden. Bei den für die Produktion und Aufbereitung von nachwachsenden Rohstoffen notwendigen Betriebsmitteln wird es in der Regel ausreichen, lediglich deren Betrieb zu bilanzieren, da die Produktion und der Unterhalt von Betriebsmitteln aufgrund des Prinzips der vergleichenden Bilanzierung in den meisten Fällen vernachlässigt werden kann. Alle anderen sachlichen, zeitlichen und räumlichen Systemgrenzen sollten genau benannt und in Sensitivitätsanalysen näher betrachtet werden, vor allem dann, wenn es sich um starke Vereinfachungen handelt.

---

[17]   Eine Datenerfassung im Rahmen einr Totalerfassung ließe sich allerdings mit vernünftigem Aufwand nur in Einzelfällen realisieren.

1.3 Wahl der Bewertungsverfahren

Bei der Produktion und Aufbereitung von nachwachsenden Rohstoffen fallen in der Regel nicht nur das gewünschte Produkt, sondern auch erwünschte oder unerwünschte Nebenprodukte an. Generell stellen sich demnach die beiden zentralen Fragen, auf welche der einzelnen Produkte einerseits die mit einem Prozeß verbundenen Umweltbelastungen im Rahmen einer systemübergreifenden Bilanzierung aufgeteilt und unter welchen Gesichtspunkten andererseits diese Aufteilung vorgenommen werden muß. Diese beiden Fragestellungen werden im folgenden näher erläutert:

Bei der Frage nach den möglichen Aufteilungen der mit einem Prozeß verbundenen Umweltbelastungen auf die einzelnen Produkte (oder genauer: Outputgrößen) dieses Prozesses müssen diese zuerst definiert werden. Alsdann können sie einer Bewertung zugeführt werden unter der Maßgabe, daß das System in sich konsistent sein soll. D.h. es darf auch bei Systemüberlappungen nicht zu "Ungleichgewichten" kommen. Beispielsweise wäre bei einer Nichtbelastung eines Nebenprodukts ein zweiter Prozeß, in den dieses Nebenprodukt als Inputgröße eingeht, ungerechtfertigterweise weniger belastet als der erste Prozeß, bei dem dieses Nebenprodukt entsteht.

Bei Prozessen können folgende drei **Outputgrößen** unterschieden werden[18]:

- **Hauptprodukte:** Das sind die Produkte – meist ist es allerdings lediglich *ein* Hauptprodukt – aus einem Produktions- oder Gewinnungsprozeß, für die der eigentliche Prozeß konzipiert wurde. Hauptprodukt ist beispielsweise Rapsöl, wenn Raps angebaut wird, um flüssigen Kraftstoff zu gewinnen.

- **Nebenprodukte:** Unter Nebenprodukten versteht man die bei der Produktion neben dem Hauptprodukt bzw. den Hauptprodukten anfallenden *verwertbaren* Produkte. Der Produktionsprozeß ist ursächlich nicht für die Produktion dieser Produkte konzipiert worden. Nebenprodukt ist beispielsweise das nach dem Abtrennen von Rapsöl zurückbleibende Rapsextraktionsschrot, das u.a. in der Tiermast eingesetzt werden kann.

- **Reststoffe:** Unter Reststoffen versteht man die bei der Produktion neben dem Hauptprodukt und den Nebenprodukten anfallenden *nicht verwertbaren* Produkte

---

[18] Bei der hier dargestellten Definition handelt es sich um stark vereinfachte Beschreibungen der einzelnen Produkte gegenüber der einschlägigen Literatur. Eine strenge Begriffsableitung ist in dem hier vorgestellten Rahmen nicht notwendig.

(*nicht verwertbar* im Sinn von entweder technisch nicht möglich oder wirtschaftlich nicht lohnend). Damit zeigt sich aber auch ein fließender Übergang zwischen den Nebenprodukten und Reststoffen. Es handelt sich bei den Reststoffen im wesentlichen also um Abfallstoffe. Reststoff ist beispielsweise die bei der Produktion von Ethanol aus Zuckerrohr neben dem Nebenprodukt Zucker anfallende Schlempe.

So wie der Übergang von Nebenprodukten zu Reststoffen fließend ist, kann in einigen Fällen auch die Zuordnung eines Produktes in die Kategorie Haupt- oder Nebenprodukt nicht eindeutig sein. Aus diesem Grund findet sich oftmals auch der Begriff *Kuppelproduktion*, das ist ein Prozeß, bei dem mehrere nutzbare Produkte entstehen; Haupt- und Nebenprodukte des Prozesses sind *Kuppelprodukte*. Beispielsweise wird aus Zuckerrohr in einem Kuppelprozeß Zucker und Ethanol gewonnen, oder aus Rapsöl wird Rapsmethylester mit dem Kuppelprodukt Glycerin produziert.

Nun kann auf die erste der beiden eingangs aufgestellten Fragen eingegangen werden, nämlich *welche* der genannten Kuppelprodukte (einschließlich der Reststoffe) bei der Erstellung von Bilanzen berücksichtigt werden sollten, bzw. welchen Produkten welche Umweltbelastungen zugerechnet werden. Die Antwort zu dieser Frage wird wie folgt abgeleitet:

Eine Bilanzierung, bei der lediglich die Hauptprodukte mit den Umweltbelastungen des gesamten Prozesses belastet werden, hätte zur Folge, daß den dort angefallenen Nebenprodukten, die in einem weiteren Prozeß eingesetzt werden, keine Umweltbelastungen zugerechnet werden. Damit wäre der zweite Prozeß ungerechtfertigterweise mit einem deutlichen "Umweltvorteil" behaftet. Dies aber kann im Rahmen einer systemübergreifenden Bilanzierung nicht akzeptiert werden, d.h. es müssen alle anfallenden Kuppelprodukte bei der Bilanzierung berücksichtigt werden.

Somit bleiben noch die Reststoffe. Würde sowohl den Kuppelprodukten als auch den Reststoffen die mit dem Prozeß verbundenen Umweltbelastungen angerechnet werden, würden die Kuppelprodukte eines Prozesses in dem Maß entlastet werden, wie mehr Reststoffe bei dem betrachteten Prozeß anfallen, d.h. je mehr Abfälle bei einem Prozeß entstehen, desto günstiger gestaltet sich die Bilanz für das gewünschte Produkt bzw. die Kuppelprodukte. Die mit der Entsorgung der Reststoffe verbundenen Umweltbelastungen würden zudem gar nicht miteingerechnet. Würden die Reststoffe gar nicht berücksichtigt werden, würden auch die mit der Entsorgung der Reststoffe verbundenen Umweltbelastungen nicht berücksichtigt werden. Diese stehen aber mit dem betrachteten Prozeß in ursächlichem Zusammenhang.

Es bleibt somit nur eine derartige Zuordnung, daß die mit der Entsorgung der Reststoffe verbundenen Umweltbelastungen, auch wenn sie außerhalb des eigentlichen Produktionsprozesses stehen, auf die einzelnen Kuppelprodukte verteilt werden müssen.

Fazit: **Bei der Zuordnung der mit einem Prozeß verbundenen Umweltbelastungen auf die einzelnen Produkte muß im Rahmen einer systemumfassenden Betrachtungsweise derart verfahren werden, daß die Umweltbelastungen auf die einzelnen Haupt- und Nebenprodukte aufgeteilt werden. Zusätzlich werden die mit der Entsorgung der Reststoffe verbundenen Umweltbelastungen ebenfalls den einzelnen Haupt- und Nebenprodukten zugerechnet.**

Nachdem somit die Art und Weise der Zuordnung der mit einem Prozeß verbundenen Umweltbelastungen auf die einzelnen Produkte und Reststoffe festgelegt ist, kann nun auf die zweite der beiden eingangs gestellten Fragen eingegangen werden, nämlich nach welcher **Bemessungsgröße** diese Zuordnung vorgenommen werden soll. Die Wahl der Bemessungsgröße hat in aller Regel großen Einfluß auf das Ergebnis. Es gibt sogar Fälle, bei denen gegenläufige Ergebnisse aufgrund unterschiedlicher Wahl der Bemessungsgröße bilanziert werden. Man denke hier nur an einen Prozeß, bei dem neben einer großen Nebenproduktmenge eine sehr geringe Menge eines hochwertigen Produktes anfällt. Wird nach Preisen bilanziert, würden nahezu die gesamten Umweltbelastungen dem hochwertigen Hauptprodukt zugerechnet werden, wird hingegen nach Masse bilanziert, ist die Produktion des hochwertigen Produktes mit nahezu keinen Umweltbelastungen verbunden. Dieses Beispiel macht deutlich, wie verschiedene Bemessungsgrößen zu unterschiedlichen Ergebnissen führen[19], unterstreicht damit aber auch die Notwendigkeit, sich auf einheitliche Bemessungsgrößen zu beziehen, will man Bilanzen miteinander vergleichbar machen.

Als Bemessungsgrößen wurden bisher in der Literatur im wesentlichen folgende Größen genannt:

— **Physische Größen** wie Masse, Volumen oder Mol

— **Energetische Größen** wie Heizwert oder Enthalpie

— **Wirtschaftliche Größen** wie Marktpreis oder Werksabgabepreis

— **Technische Größen** wie Äquivalenzprozeß

Im folgenden werden diese Bemessungsgrößen näher erläutert und einer kritischen Betrachtung bzgl. ihrer Anwendbarkeit im Rahmen der oben angesprochenen Systemkonsistenz bei Bilanzierungen unterzogen.

---

[19] Zur Verdeutlichung wird am Ende dieses Kapitel ein Beispiel quantitativ aufgezeigt.

Physische Größen

Die Aufteilung der Umweltbelastungen auf die verschiedenen Kuppelprodukte eines Prozesses nach der Bemessungsgröße der Masse war bei bisherigen Bilanzierungen bzgl. nachwachsender Rohstoffe eher die Regel als die Ausnahme. Die "Ungenauigkeit" dieser Bilanzierungsmethode soll anhand folgendem Beispiel aufgezeigt werden:

Als Antwort auf die Ölkrise 1973 startete die Regierung Brasiliens 1975 das Programm *Proálcohol* allein zu dem Zweck, mit dessen Hilfe durch staatlich geförderte Programme den Anbau des nachwachsenden Rohstoffes Zuckerrohr in den kommenden Jahren zu vervielfachen, um Ethanol als Kraftstoff für Kraftfahrzeuge im Land selbst zu produzieren. Aus einer Tonne Zuckerrohr läßt sich circa 10 kg Ethanol produzieren, während als Kuppelprodukt Zucker in einer Menge von circa 90 kg anfällt. Darüber hinaus verbleiben ungefähr 900 kg Rückstände, u.a. Schlempe[20].

Sieht man einmal vereinfachend von den Reststoffen ab, so müßte bei massenbezoger Aufteilung das produzierte Ethanol mit 10 % und der Zucker mit 90 % der mit der Herstellung von Ethanol aus Zuckerrohr verbundenen Umweltbelastungen bilanziert werden. Prinzipiell ließe sich Zucker aber auch in einem anderen Produktionsprozeß ebenfalls aus Zuckerrohr aber ohne damit verbundene Ethanolproduktion gewinnen, wie dies vorher schon seit Jahrzehnten auch gemacht wurde. Die damit verbundene Umweltbelastung beträgt hierbei aber nur ein Bruchteil dessen, was dem Zucker als Kuppelprodukt bei der Ethanolherstellung angerechnet würde (obige "90 %"), da bei alleiniger Zuckerproduktion wesentlich weniger Umweltbelastungen "anfallen", als bei der Kuppelproduktion. Hierbei ist berücksichtigt, daß im zweiten Fall sogar 100 % der Umweltbelastungen dem Zucker angerechnet würden. Eine solche Zurechnungsweise ist nicht zu rechtfertigen, zumal Zuckerrohr angebaut wird mit dem primären Ziel, Kraftstoff zu produzieren. Ethanol würde in diesem Fall gut- und Zucker schlechtgerechnet werden.

Dieses Beispiel macht deutlich, daß es vom Prinzip her problematisch ist, mit der Masse als Bemessungsgröße zu bilanzieren. Ähnlich verhält es sich mit anderen physischen Größen wie Volumen oder Mol. Eine Bilanzierung nach diesen Größen kann in einigen wenigen Bereichen "Vorteile" gegenüber der Bezugsgröße Masse haben. Beispiel hierfür ist die energieintensive Produktion von gasförmigem Ethen und Propen im sogenannten Steamcracker, bei der hochpolymere Kuppelprodukte (noch dazu in größeren Mengen) verbleiben. Die Verwendung auch dieser beiden Größen bei der Bilanzierung von nachwachsenden Rohstoffen würde insgesamt in einigen Teilbereichen die Bilanz vielleicht etwas korrigieren, der grundsätzlich geringe Aussagegehalt der physischen Größen wird dadurch allerdings nicht wesentlich verändert.

---

[20]   Hagemann, H.: Hohe Schornsteine am Amazonas, Dreisam Verlag, Freiburg (1985)

Energetische Größen

Die Aufteilung der Umweltbelastungen auf die verschiedenen Kuppelprodukte eines Prozesses nach der Bemessung energetischer Größen wurde bisher vor allem bei der Bilanzierung von Brennstoffen und teilweise von Raffinerieprodukten vorgenommen. Für eine solche Aufteilung kommt vor allem die Größe "Heizwert" in Frage, da diese eng mit der tatsächlichen Nutzenergie von Brennstoffen korreliert.

Nachteil dieser Bilanzierungsmethode ist, daß sie nicht grundsätzlich auf alle Produkte angewandt werden kann, denn es gibt viele Stoffe, die überhaupt keinen Heizwert haben (z.B. Wasser). Desweiteren wird dem Umstand nicht genügend Rechnung getragen, daß vor allem in der chemischen Industrie hochpolymere oder auch kompliziert strukturierte Moleküle unter tatsächlich hohem Energieaufwand synthetisiert werden, während deren Heizwerte vergleichbar sind mit denen anderer, ohne großem Energieaufwand dargestellten Substanzen.

Dennoch scheint gerade bei der Bilanzierung von Raffinerieprodukten der Heizwert als Bemessungsgröße derzeit am sinnvollsten zu sein, zumindest solange, bis die einzelnen Energieströme innerhalb einer Raffinerie besser einzelnen Produkten zugeordnet werden können.

Speziell bei der Bilanzierung nachwachsender Rohstoffe erscheint es dagegen nicht sinnvoll, die verschiedenen Kuppelprodukte mit energetischen Kenngrößen gegeneinander zu bilanzieren, auch wenn das eine oder andere Produkt tatsächlich als Brennstoff eingesetzt wird. Außer bei der Ganzpflanzenverbrennung — und hier wird sowieso 100 % der Umweltbelastungen den Pflanzen bzw. dem Brennstoff zugerechnet — wird in den meisten Fällen nur eines der Kuppelprodukte oder gar keines thermisch verwertet. Beispiele für ersteren Fall ist der für die menschliche Ernährung eingesetzte Zucker aus der oben bereits erwähnten Produktion von Ethanol aus Zuckerrohr, oder das in der Tiermast eingesetzte Rapsextraktionsschrot als Kuppelprodukt von Rapsmethylester, und für den zweiten Fall ist es beispielsweise die Gewinnung von Palmöl aus den Früchten der Ölpalme, das u.a. zu Tensiden weiterverarbeitet wird.

Wird trotz dieser Vorbehalte dennoch der Heizwert als Vergleichsgröße bei der Bilanzierung von nachwachsenden Rohstoffen zugrundegelegt, was bisher neben der Bezugsgröße der Masse in der Tat die Regel war, so sollte folgendes beachtet werden:

Soll eine Bilanz dem Anspruch gerecht werden, die vorhandenen Verhältnisse in ihrer Realität zu beschreiben, so genügt es nicht, mit den Heizwerten der jeweils wasserfreien Produkte zu bilanzieren. Vielmehr müssen die Heizwerte um die jeweiligen Verdampfungsenthalpien entsprechend den jeweiligen realen Wassergehalten bereinigt werden. Damit hat man einen Bezugspunkt, der sich auf die im Prinzip maximale Nutzenergie (bezogen auf die in der Realität oftmals wasserhaltigen Produkte) bezieht, eine Größe, die der Realität wesentlich näher kommt als die Heranziehung der theoretischen Größe des wasserfreien Heizwertes, der bezüglich der tatsächlich überhaupt nur möglichen Nutzenergie nur einen beschränkten Aussagehalt besitzt.

Wirtschaftliche Größen

Wenn bei Bilanzierungen andere Bemessungsgrößen versagen, kann eine Aufteilung nach wirtschaftlichen Größen u.U. hilfreich sein. In vielen Fällen ist eine derartige Aufteilung der Umweltbelastungen "realistischer" als eine solche nach physischen oder energetischen Maßzahlen, da in vielen Fällen der wirtschaftliche Wert eines Produktes ein relativ genaues Bild des Wertes liefert, der von der Gesellschaft dem Produkt beigemessen wird.

Als wirtschaftliche Bemessungsgröße kommt vor allem der Werksabgabepreis infrage, da dieser am ehesten die Relation Produktion/Preis wiederspiegelt. Allerdings ist dieser Preis nicht in allen Fällen bekannt. In solchen Fällen kann auch der tatsächliche Marktpreis (evt. Weltmarktpreis) genommen werden, nur müssen hier Vergünstigungen wie Subventionen herausgerechnet werden.

Ein wesentlicher Nachteil der wirtschaftlichen Bemessungsgrößen ist nicht nur die Schwierigkeit ihrer Ermittlung[21], sondern auch ihre Variabilität über die Zeit, was theoretisch jeweils Neubilanzierungen zur Folge hätte, wenn sich Preise ändern. Zudem stellen die zumeist unter betriebswirtschaftlichen Aspekten aufgestellten Preise vor allem unter umweltrelevanten Gesichtspunkten nicht immer den Wert dar, den sie unter volkswirtschaftlichen Aspekten haben müßten.

Technische Größen

Eine der gängigsten technischen Bemessungsgrößen ist der sogenannte *Äquivalenzprozeß*. Eine Bilanzierung nach dem Äquivalenzprozeß basiert darauf, daß für alle bei einem Prozeß entstehenden Kuppelprodukte eine Gutschrift in Höhe der Umweltbelastungen desjenigen Prozesses gemacht wird, mit dem das jeweilige Kuppelprodukt in einem anderen Prozeß produziert wird. In einem ersten Schritt werden demnach die im gesamten Prozeß entstehenden Umweltbelastungen dem Hauptprodukt angelastet. Von diesen Umweltbelastungen werden dann in einem zweiten Schritt alle Umweltbelastungen, die bei den jeweiligen Äquivalenzprozessen zur Produktion von Kuppelprodukten entstehen, abgezogen. Die nach dieser Prozedur noch verbleibenden Umweltbelastungen stellen dann die "realen", mit der Produktion des Hauptprodukts verbundenen Umweltbelastungen dar.

---

[21] Der Preis eines Produktes hängt ja nicht nur von dessen Angebot und Nachfrage ab, sondern auch von vielen anderen Randbedingungen wie Kosten für dessen Produktion, kundenspezifische Aushandlungen, Art und Weise der betriebsinternen Verrechnung einzelner Produkte, Steuern und Abgaben etc.

Beispiel

Bei dem obengenannten brasilianischen Förderprogramm *Proálcohol* werden unter der Maßgabe dieser Bilanzierungsweise die gesamte mit der Produktion von Ethanol aus Zuckerrohr verbundenen Umweltbelastungen aufgestellt. Von diesen werden dann diejenigen Umweltbelastungen abgezogen, die mit der Produktion von Zucker, dem Kuppelprodukt bei der Ethanolherstellung, aus Zuckerrohr, dem dort sonst üblichen Äquivalenzprozeß, verbunden sind.

Eine derartige Aufteilung entspricht damit genau den "tatsächlichen" Verhältnissen: Zuerst die alleinige Produktion von Zucker aus Zuckerrohr mit den entsprechenden Umweltbelastungen, dann die zusätzliche Produktion von Ethanol mit demgegenüber höheren Umweltbelastungen, wobei exakt die entsprechende Differenz, das ist die Zunahme an Umweltbelastungen, der Produktion von Ethanol angerechnet wird. **Genau das leistet aber die Bilanzierung nach Äquivalenzprozessen, nicht aber eine solche nach physischen, energetischen oder wirtschaftlichen Bemessungsgrößen.** Analog wie bei vorstehendem Beispiel kann diese Bilanzierungsmethode generell zur Bilanzierung nachwachsender Rohstoffe eingesetzt werden. **Damit stellt sie vom Prinzip her — zumindest für nachwachsende Rohstoffe — die geeignetste der bisher diskutierten Bemessungsgrößen dar.**

Diese Bewertungsmethode ist allerdings nicht grundsätzlich anwendbar. Sie versagt beispielsweise, wenn es überhaupt keinen Äquivalenzprozeß, also einen alternativen Herstellungsweg gibt oder auch, wenn es derzeit (noch) keinen technisch üblichen Äquivalenzprozeß gibt. Anders verhält sich diese Bewertungsmethode in den Fällen, bei denen gleich mehrere alternative Produktionsverfahren existieren. Hier wird nach dem *realen Substitutionsprinzip* verfahren. Dieses Prinzip sei anhand des folgenden Beispiels erläutert:

Beispiel

Bei der Produktion des Kraftstoffs Rapsmethylester aus Rapsöl fällt als Kuppelprodukt Glycerin an. Als Äquivalenzprozesse für die Produktion von Glycerin kommen zwei Herstellungswege in Frage: synthetisch aus Propen unter relativ großem Energieaufwand oder aus natürlichen Fetten unter demgegenüber wesentlich geringerem Energieaufwand. Bei der letztgenannten Produktionsweise stellt Glycerin eines von vielen Kuppelprodukten bei der Aufbereitung von natürlichen Fetten dar. Es würde auch dann theoretisch anfallen, wenn es nicht als Industrierohstoff gebraucht würde — in einem solchen Fall müßte es dann als Abfallstoff gewertet werden. Anders allerdings bei der synthetischen Glycerinproduktion: Hier wird nur solange produziert, wie Glycerin auf dem Markt auch verkauft werden kann. Bei einem zusätzlichen Glycerinangebot durch die Produktion von Rapsmethylester wäre als erstes synthetisch produziertes Glycerin betroffen, da der Verkaufspreis wegen des relativ hohen Energieeinsatzes eine kritische Grenze besitzt im Gegensatz des "sowieso produzierten" Glycerins bei der Fettspaltung. Das heißt, daß als Äquivalenzprozeß die synthetische Produktion von Glycerin bilanziert werden muß, allerdings nur genau solange, wie Glycerin aus dem Produktionsprozeß von Rapsmethylester synthetisch produziertes Glycerin vom Markt verdrängen kann. Sobald mehr "Raps-Glycerin" als ehemals synthetisches Glycerin produziert wird, muß als Äquivalenzprozeß der entsprechende Glycerinanteil bei der Fettspaltung als Äquivalenzprozeß bilanziert werden. Übersteigt gar das Raps-Glycerin die Gesamtmenge an synthetisch und aus Fetten produzierten Glycerin, muß der Äquivalenzprozeß entsprechend der dann in Frage kommenden Einsatzart (z.B. thermische Verwertung oder als Abfallstoff) bilanziert werden.

Mit dem *realen Substitutionsprinzip* werden demnach die möglichen Substitutionspotentiale bewertet, und es wird versucht, die in der zeitlichen Abfolge real auftretenden Substitutionen zu erfassen. Demnach stellt das *reale Substitutionsprinzip* letztlich also eine zeitlich abhängige Größe dar, die den Aufwand der Bilanzierung unter Umständen erheblich vergrößert, betrachtet man den Anbau nachwachsender Rohstoffe nicht nur im status quo, sondern auch in der zeitlichen Abfolge. Der große Vorteil ist dabei aber, daß dadurch die Bilanzierungen wesentlich realitätsbezogener werden, als wenn die Methoden bisheriger Bilanzierungen (im wesentlichen mengen- oder heizwertbezogen) angewandt werden.

Desweiteren ist bei der Bilanzierung mit Äquivalenzprozessen anzumerken, daß die Summe der Umweltbelastungen *aller* Produkte (einschließlich dem Hauptprodukt) eines Prozesses – alle bilanziert mit Äquivalenzprozessen – in der Regel *nicht* den Umweltbelastungen des Prozesses entspricht. Dies stellt letztlich allerdings kein Problem dar, denn entweder werden einzelne Produkte *vergleichend* bewertet (s. hierzu Kap. 1.2) womit die Bezugsgröße feststeht, oder aber es werden Systeme miteinander verglichen, was erst recht zu keiner Inkonsistenz führt.

In den Fällen, bei denen die Bilanzierungsmethode nach Äquivalenzprozessen nicht angewandt werden kann (s.o.), müssen andere Bewertungsgrößen herangezogen werden. Dabei scheint es sinnvoll, energetische Bemessungsgrößen dann einzusetzen, wenn die entsprechenden Produkte einer thermischen Verwertung zugeführt werden, und ansonsten eher wirtschaftliche als physische Größen zu verwenden. Hierbei ist allerdings besonders darauf zu achten, wie sich die Preisbildung gestaltet. Sind die Preise "künstlich verfälscht" beispielsweise durch Subventionen (einige landwirtschaftlichen Produkte werden durch Subventionen billiger, als sie es ohne Subventionen wären) oder wie dies bei einigen Luxusartikeln (künstliche Anhebung des Preises) der Fall ist, so bleibt keine andere Wahl, als physische Bemessungsgrößen einzusetzen, sofern ein der Realität einigermaßen entsprechender Preis nicht bestimmt werden kann.

An dieser Stelle muß noch angemerkt werden, daß der Arbeitsaufwand bei der Anwendung des Äquivalenzprinzips bei Bilanzierungen ungleich höher ist als der bei der Verwendung von physischen, energetischen oder auch wirtschaftlichen Bemessungsgrößen, da für jedes Kuppelprodukt ein entsprechender Äquivalenzprozeß bilanziert werden muß, der darüber hinaus auch noch die Bilanzierung weiterer Äquivalenzprozesse nach sich ziehen kann.

Fazit: **Bei der Bilanzierung von nachwachsenden Rohstoffen gibt von den hier diskutierten Bemessungsgrößen die Bilanzierung nach Äquivalenzprozessen unter Einbeziehen des _realen Substitutionsprinzips_ die realen Verhältnisse am ehesten wieder. In den Fällen, bei denen eine Bilanzierung nach Äquivalenzprozessen nicht möglich ist, können energetische oder wirtschaftliche Bemessungsgrößen angewandt werden, je nachdem, ob ein Kuppelprodukt der thermischen Verwertung zugeführt wird oder nicht. Kommt es zu der Bewertung nach wirtschaftlichen Bemessungsgrößen, sollten entsprechend den obigen Ausführungen möglichst unverfälschte Preise der Bilanzierung zugrundegelegt werden.**

Abschließend werden die Unterschiede, die sich durch die Verwendung verschiedener Bemessungsgrößen bei der Bilanzierung ergeben können, anhand eines Beispiels quantitativ aufgezeigt. Die entsprechenden Zahlenwerte sind in Tabelle 1.1 zusammengefaßt.

Bei dem Beispiel handelt es sich um die CO_2-Emissionen bei der Produktion des Kraftstoffs Rapsmethylester, wobei die bei der Produktion anfallenden Kuppelprodukte Rapsextraktionsschrot (Nebenprodukt bei der Rapsölgewinnung aus Raps) und Glycerin (Nebenprodukt bei dem Umesterungsprozeß) mit den drei Bemessungsgrößen Äquivalenzprozeß, Masse sowie Heizwert bilanziert wurden. Die in der Tabelle angegebenen Zahlenwerte beziehen sich auf die Nutzenergie von 1 kg Dieselkraftstoff, im folgenden Dieselkraftstoffäquivalent (DÄ) genannt[22], eine Bezugsgröße, die sich aus der Anwendung der Bilanzierung nach Äquivalenzprozessen ergibt (Rapsmethylester wird als Dieselkraftstoffsubstitut produziert). Die Relationen der Zahlen sind jedoch in ihrer Aussagekräftigkeit allgemeingültig.

Bei der Produktion von 1 kg DÄ an Rapsmethylester werden insgesamt 2,3 kg CO_2 freigesetzt. Werden die beiden Kuppelprodukte Rapsextraktionsschrot und Glycerin entsprechend ihrer realen Einsatzzwecke, das ist als Futtermittel beim Rapsextraktionsschrot bzw. Substitution synthetisch produzierten Glycerins beim Glycerin, mit Äquivalenzprozessen bilanziert, so ergeben die beiden Gutschriften zusammen 1,5 kg CO_2. Auf den Rapsmethylester entfallen somit (als Belastung) 0,8 kg CO_2. Der weitere Vergleich mit Dieselkraftstoff, dem eigentlichen Ziel der vergleichenden Bilanzierung, wird hier nicht geführt, da an dieser Stelle die Auswirkungen unterschiedlicher Bemessungsgrößen diskutiert werden sollen.

---

22   Die genaue Ableitung dieser Größe findet sich in Kap. 2.5.3

Tabelle 1.1   Bilanzierung der mit der Produktion von Rapsmethylester verbundenen CO_2-Emissionen für verschiedene Bemessungsgrößen, bezogen auf die Nutzenergie von 1 kg Dieselkraftstoff.

Bilanzierung der CO_2-Emission für Rapsmethylester in kg CO_2[*]				
	Äquivalenzprozeß[**]		Masse	Heizwert
	"real"	"therm."		
Emission durch Produktion	2,3	2,3	2,3	2,3
Gutschriften:				
Rapsextraktionsschrot	0,7	2,8	1,2	0,8
Glycerin	0,8	0,2	0,1	0,1
Bilanz	0,8	− 0,7	1,0	1,4

[*]   die *absoluten* Zahlenwerte beziehen sich exakt auf die Nutzenergie von 1 kg Dieselkraftstoff; die Relationen sind allgemeingültig. Näheres siehe Text.

[**] real: Verwendung von Rapsschrot als Futtermittel, Glycerin substituiert synthetisch produziertes Glycerin.

therm.: thermische Verwertung beider Produkte

Quelle: eigene Berechnungen

Würden Rapsextraktionsschrot und Glycerin thermisch verwertet werden, so wäre — unter Beibehaltung der Äquivalenzprozeßbilanzierung! — die Gesamtbilanz bereits deutlich "positiv", d.h. mit bereits jedem *produzierten* (!) kg DÄ an Rapsmethylester wären fossile Energieträger in einer Größenordnung von 0,7 kg CO_2 substituiert. Dazu kämen noch die Substitutionseffekte bei der Nutzung von Rapsmethylester. Derartige Betrachtungsweisen (Substitutionspotentiale) läßt eine Aufteilung nach den Bemessungsgrößen Masse bzw. Heizwert[23] nicht zu.

Den Zahlenwerten der Tabelle 1.1 ist zu entnehmen, daß sich die Ergebnisse je nach betrachteter Bemessungsgröße erheblich voneinander unterscheiden. Selbst der Wert für Rapsextraktionsschrot bei thermischer Verwertung unterscheidet sich um den Faktor 3,5 (= 2,8/0,8) von dem bei Aufsplittung nach dem Heizwert, obwohl bei beiden der Heizwert einfließt. Der Grund ist hier — abgesehen davon, daß bei Äqui-

---

[23]   Bei der Bemessungsgröße Heizwert wurde korrekt mit dem Produkt aus Masse und Heizwert bilanziert.

valenzprozessen über die Nutzenergie bilanziert wird —, daß bei der Heizwertaufsplittung über Verhältniswerte (Verhältnis der Heizwerte jeweils multipliziert mit der Menge), bei Äquivalenzprozessen aber "nur" über die realen Mengen bilanziert wird.

Die Ergebnisse nach der Äquivalenzprozeßbilanzierung sind bei diesem Beispiel sowohl für den realen Fall als auch für die theoretische Annahme einer thermischen Verwertung der Kuppelprodukte deutlich positiver, d.h. die CO_2-Emissionen sind niedriger, als bei den beiden anderen Bilanzierungsarten. Dies kann allerdings nicht verallgemeinert werden. Bei der Betrachtung anderer nachwachsender Rohstoffe bzw. anderer Systeme kann sich dies auch anders verhalten.

Das Beispiel macht deutlich, wie entscheidend die Wahl der Bemessungsgröße das Ergebnis einer Bilanz beeinflussen kann. Es zeigt aber auch, wie dringend notwendig es ist, sich in Zukunft auf die Art und Weise der Bilanzierung von nachwachsenden Rohstoffen festzulegen, damit die jeweiligen Ergebnisse miteinander verglichen werden können.

1.4 Erstellung von Energiebilanzen

Wie in Kap. 1.1 bereits diskutiert, stellt sich insbesondere beim Einsatz nachwachsender Rohstoffe als Energieträger die Frage, ob insgesamt für die Produktion und Aufbereitung von nachwachsenden Rohstoffen mehr Energie erforderlich ist, als letztlich durch die nachwachsenden Rohstoffe geliefert wird. Die für die Produktion benötigte Energie wird von sogenannten Endenergieträgern aufgebracht. Bei der Untersuchung des Energiebedarfs für den Gesamtprozeß reicht es aber nicht aus, lediglich diese Endenergien aufzusummieren, da sie über sogenannte *Vorketten* unter Energieeinsatz in einem in der Regel mehrstufigen Prozeß aus Primärenergieträgern gewonnen werden und die hierbei einfließenden Energien ebenfalls berücksichtigt werden müssen.

Beispiel

Der Energieverbrauch bei der Verwendung von Dieselkraftstoff setzt sich aus dem eigentlichen Energieinhalt des Kraftstoffs und der für die Bereitstellung von Dieselkraftstoff aufzubringenden Energien zusammen. Dazu gehören alle Energieaufwendungen für die Exploration, Förderung, Aufbereitung und den Transport von Rohöl bis zur Raffinerie, für die Gewinnung von Dieselkraftstoff aus Rohöl in der Raffinerie sowie für den Transport des Dieselkraftstoffs von der Raffinerie bis zur Tankstelle.

Die **Bestimmung des Gesamtenergiebedarfs** eines Prozesses, beispielsweise also der Gesamtenergiebedarf zur Bereitstellung des Kraftstoffs Rapsmethylester aus dem nachwachsenden Rohstoff Raps, beruht auf folgenden Prinzipien: Alle in den betreffenden Prozeß einfließenden Energieträger werden in sogenannte *Energieäquivalente* umgerechnet, das sind die Energieinhalte der jeweiligen Energieträger[24]. Damit werden genau genommen allerdings nur die Primärenergieträger erfaßt. Bei den Endenergieträgern (Heizöl, Kraftstoffe, Strom etc.) müssen noch die jeweiligen Vorkettenenergien hinzugerechnet werden. Die Umrechnung dieser Energieformen in Primärenergie geschieht über die Wirkungsgrade der jeweiligen Vorketten[25]. Durch Aufsummieren der einzelnen Primärenergieeinsätze wird schließlich der Gesamtenergiebedarf auf der Basis von Primärenergie erhalten.

---

[24] Dazu zählen prinzipiell alle fossilen und nichtfossilen, also regenerativen Energieträger.

[25] Der Bestimmung von Wirkungsgraden werden in der Regel durchschnittliche Generierungen zugrundegelegt. In speziellen Einzelfällen allerdings ist es gerechtfertigt, davon abzuweichen. Beispielsweise wird von der Deutschen Bundesbahn in eigenen Kraftwerken sogenannter Bahnstrom erzeugt. Bei der Bilanzierung dieses Bahnstroms wäre es nicht sinnvoll, die für das öffentliche Stromnetz der Bundesrepublik durchschnittlichen Emissionsfaktoren zu verwenden.

Bei der Ermittlung des Gesamtenergiebedarfs gehen nicht nur die zur Energiegewinnung, sondern auch alle als Rohstoffe innerhalb des betrachteten Prozesses eingesetzten fossilen Energieträger mit ein. Beispielsweise wird bei der Produktion von Methanol, einem wichtigen Grundstoff für den Umesterungsprozeß zur Produktion von Rapsmethylester, Methan sowohl als Heizgas als auch als Prozeßgas benötigt. Beide Methananteile stellen aber potentiell den gesamten Energieeinsatz zur Produktion von Methanol dar, auch wenn nur ein Anteil (Heizgas) tatsächlich zur Energieproduktion eingesetzt wird. Bei dieser Vorgehensweise erweist sich allerdings die Zurechnung von regenerativen Energien als problematisch. Diese Zuordnung ist in der Literatur keineswegs unumstritten. Beispielsweise wird vom Umweltbundesamt das als Rohstoff bei der Papierproduktion eingesetzte Holz dem Energieeinsatz zugerechnet[26], während Franke von einer derartigen Zurechnung absieht[27].

Hierzu ist zu bemerken, daß prinzipiell bei der Erstellung einer Energiebilanz alle energetisch relevanten Größen bilanziert werden sollten, denn nur eine vollständige Bilanz kann über die Qualität des der Bilanz zugrundeliegenden Prozesses entscheiden. Darüber hinaus ist es global betrachtet irrelevant, ob eine bestimmte Menge an regenerativer Energie in dem einen oder in einem anderen Prozeß eingesetzt wird. Dies gälte letztlich sogar auch dann, wenn der gesamte Weltenergiebedarf durch regenerative Energien gedeckt werden könnte (s. hierzu die ausführliche Diskussion in Kap. (1.1). Dessen ungeachtet sollten allerdings innerhalb der Energiebilanz regenerative Energien und damit nachwachsende Rohstoffe separat ausgewiesen werden, um ein mögliches "Einsparpotential" kenntlich zu machen.

Die Darstellung des Gesamtenergiebedarfs in Form von Primärenergie für einen bestimmten Prozeß hat mehrere Nachteile. An dieser Stelle soll lediglich der für die hier ungestellte Betrachtung relevante betrachtet werden: Werden die verschiedenen Energieträger zur Energiegewinnung verbrannt, werden dabei unterschiedliche Mengen an CO_2 freigesetzt – bezogen auf den jeweils gleichen Energieinhalt! Bezogen auf die so gewonnene Energiemenge ist beispielsweise die CO_2-Emission bei der Verbrennung von Kohle wesentlich höher als bei der Verbrennung von Erdgas. Deshalb ist es zur Bestimmung der CO_2-Emissionen und auch anderer Umweltbelastungen notwendig, lie einzelnen Energieträger genau aufzulisten; bei Angabe lediglich des Gesamtenergiebedarfes kann nämlich nicht auf die zugrundeliegenden Energieträger zurückgesechnet werden. Auch geht die Information verloren, ob bzw. welche regenerative Energieträger eingesetzt werden.

Eine Energiebilanz sollte aber nicht nur zum Selbstzweck, sondern auch zielgerichtet m Hinblick auf die Bilanzierung von Umweltbelastungen erstellt werden. Damit die Ergebnisse der Energiebilanz für den Anbau und die Verwertung von nachwachsenden

---

[6] Umweltbundesamt (Hrsg.): Vergleich der Umweltauswirkungen von Propylen- und Papiertragetaschen. Reihe TEXTE 5/88, Berlin (1988)

[7] Franke, M.: Umweltauswirkungen durch Getränkeverpackungen. E.F.-Verlag für Energie- und Umwelttechnik, Berlin (1984)

Rohstoffen in der Tat als eine der Grundlagen in die Bilanzierung der verschiedenen Umweltbelastungen eingehen können, bedarf es folgender Vorgehensweise:

1. Bestimmung der für alle Teilprozesse benötigten Endenergien unterteilt nach einzelnen Energieträgern (Strom, Kraftstoffe etc.) entsprechend der vorher festzulegenden Systemgrenzen (s. Kap. 1.2).

2. Umrechnung *aller* Endenergien in Primärenergie unter Berücksichtigung aller jeweiligen Vorkettenverluste getrennt nach den einzelnen Endenergieträgern.

3. Die eigentliche Darstellung der Energiebilanz erfolgt über die Primärenergieträger und nicht über die Endenergieträger.

Diese Abfolge ergibt sich als logische Konsequenz der oben angestellten Überlegungen. Dennoch wurden bisher nachwachsende Rohstoffe in der Regel nicht nach dieser Abfolge bilanziert. Ein Grund dafür war, daß das Aufstellen von Energiebilanzen zur Bilanzierung der gesamten Energieflüsse einschließlich Sonneneinstrahlung, Photosyntheseeffekt etc. ausgelegt und nicht mit der zusätzlichen Anforderung belegt war, als Basis für die Bilanzierung von CO_2 und anderen Umweltbelastungen zu fungieren. Aber selbst unter dieser Prämisse wurden die bisherigen Bilanzierungen nachwachsender Rohstoffe in der Regel nicht korrekt durchgeführt: Die oben genannten Punkte wurden **nicht in sich konsistent beachtet** (s. Vorwort)!

Bezüglich *Punkt 1* wurden in aller Regel die Systemgrenzen für den Teilbereich der Produktion von nachwachsenden Rohstoffen (Landwirtschaft) so gewählt, daß die Energiebedarfe zur Produktion von Betriebsmitteln wie Traktoren und Scheunen oder auch Industrieanlagen zur Produktion von Düngemitteln in der Bilanz berücksichtigt wurden[28], während für die der Produktion nachgeschaltete Aufbereitung der nachwachsenden Rohstoffe lediglich die dafür notwendigen Prozeßenergien betrachtet wurden. Damit aber werden wesentliche Energieaufwendungen **nicht** erfaßt (s. hierzu auch Kap. 2.6). Bezüglich *Punkt 2* wurde die Rückrechnung auf Primärenergie nicht grundsätzlich konsequent vorgenommen. Während für den Teilbereich "Landwirtschaft" die Energien grundsätzlich auf Primärenergie bezogen wurden, sind oftmals die nachgelagerten Prozeßenergien nicht auf Primärenergie umgerechnet worden[29]. Vor allem durch den hier oftmals eingesetzten Energieträger Strom, mit dem Kühlhäuser, Trocknungsanlagen, Ölpressen etc. betrieben werden, entsprechen die so gewonnenen Energiebilanzen nicht mehr den realen Verhältnissen[30].

---

[28] Das hängt im wesentlichen damit zusammen, daß diese Systemgrenzen bei der Berechnung der für die Düngemittelproduktion aufzubringenden Energien üblicherweise angewandt werden.

[29] Beispiele bezüglich Raps als nachwachsender Rohstoff finden sich in Teil 2 dieses Buches.

[30] Der Wirkungsgrad bei der Stromerzeugung beträgt im bundesdeutschen Mittel etwa 33,5 %. Das heißt, das zur Produktion einer Energieeinheit an Strom etwa drei Energieeinheiten an Primärenergie aufgebracht werden müssen.

Fazit: **Die hier vorgestellte Vorgehensweise zur Darstellung des Energiebedarfs zur Produktion und Aufbereitung von nachwachsenden Rohstoffen unterscheidet sich zum Teil vom Prinzip her und zum Teil im Anspruch an eine in sich konsistente Bilanzierungsweise von der Bilanzierungsweise eines Großteils der bisher angefertigten Energiebilanzen bzgl. nachwachsender Rohstoffe. Da die Energiebilanz aber als (wesentlicher) Teil in die gesamte Bilanzierung der mit der Produktion und Verwendung von nachwachsenden Rohstoffen verbundenen Umweltbelastungen eingeht, muß die Art und Weise der Erstellung einer Energiebilanz auf die gesamte Bilanzierung abgestimmt sein. Das wird mit der hier dargestellten Methode berücksichtigt.**

Die Ergebnisse aus der bisher diskutierten Ermittlung des Gesamtenergiebedarfs haben erst dann einen Aussagegehalt, wenn sie im Rahmen einer Energiebilanz bewertet werden. Prinzipiell betrachtet man dazu die sogenannte *Inputseite*, der alle energetischen Aufwendungen zur Produktion und Aufbereitung der nachwachsende Rohstoffe zugeschrieben werden. Dieser gegenübergestellt wird die *Outputseite*, auf der alle möglichen Energieerträge gegengerechnet werden. Das heißt also, daß die Bilanzierung derart vorgenommen wird, daß der nach obiger Maßgabe ermittelte **Gesamtenergiebedarf komplett der Inputseite** zugeschrieben wird.

Für die Gegenrechnung, also die **Ermittlung der Energieerträge auf der Outputseite**, war es bisher üblich, die Bilanzierung entsprechend der Heizwerte aller Produkte des Gesamtprozesses durchzuführen. Bei der Produktion von Rapsmethylester beispielsweise kommen hierfür als Produkte neben dem Rapsmethylester die beiden Kuppelprodukte Rapsextraktionsschrot (Rückstand bei der Rapsölgewinnung) und Glycerin (Nebenprodukt beim Umesterungsprozeß) infrage. Beide Kuppelprodukte werden a priori allerdings nicht thermisch verwertet, weshalb eine solche Bilanzierung vom Prinzip her nicht zu rechtfertigen ist. Entsprechend den Ausführungen im Kapitel 1.2 "Wahl der Bewertungsverfahren" bietet sich hierfür die Bilanzierungsmethode nach Äquivalenzprozessen an. Hierbei stellt sich die Frage nach den Einsatzzwecken des produzierten nachwachsenden Rohstoffs und aller seiner Kuppelprodukte. Entsprechend den in Äquivalenzprozessen aufzubringenden Energiemengen werden alsdann für jedes Produkt separat entsprechende Energiegutschriften der Outputseite angerechnet.

Auch wenn ein Stoff, sei er das eigentliche Hauptprodukt oder ein Kuppelprodukt, direkt energetisch genutzt wird wie beispielsweise Rapsmethylester, wird ebenfalls nach dem Prinzip der Äquivalenzprozeßbilanzierung verfahren: Hierbei wird als Bezugsgröße die tatsächlich nach dem Stand der Technik nutzbare Energie, die Nutzenergie, und nicht der Heizwert dem Äquivalenzprozeß zugrundegelegt. Damit werden reale Verhältnisse und damit auch reale Energieeffekte, das der Methodik der Äquivalenzprozeßbilanzierung zugrundeliegende Prinzip, beschrieben. Diese Vorgehensweise wird im folgenden anhand eines Beispieles, der Nutzung des bei der Produktion von Raps anfallenden Rapsstrohs als Brennstoff, näher erläutert.

Beispiel

Für die Gewinnung von verfeuerbaren Rapsstrohbriketts oder -pellets muß eine gewisse Inputenergiemenge aufgebracht werden, das ist "direkte" Energie für die Bergung, das Vorpressen und den Transport des Rapsstrohs sowie für dessen Brikettierung als auch "indirekte" Energie durch Nährstoffentnahme aus dem Boden durch Entfernen des Rapsstrohs vom Feld, die über das Äquivalenzprinzip (Energiebedarf zur Produktion von Düngemitteln) bestimmt wird. Gegengerechnet wird jetzt – und das ist das wesentliche Element der hier vorgestellten Vorgehensweise – nicht die tatsächlich durch die Rapsstrohverfeuerung gewonnene Energie, sondern die in einem Äquivalenzprozeß dadurch substituierte Energie. Diese bestimmt sich über die Nutzenergie aus der Rapsstrohverfeuerung mit einem Wirkungsgrad für Rapsstrohverfeuerungsanlagen von ca. 85 %, der die Nutzenergie von ölbefeuerten Anlagen gegenübergestellt wird. Aus dieser läßt sich die mit dem Wirkungsgrad von ölbefeuerten Anlagen von ca. 90 – 95 % die tatsächlich benötigte Menge an Heizöl bestimmen, der dann abschließend noch alle Energieaufwendungen für die Bereitstellung des Heizöls (Vorkette) hinzugerechnet werden. Davon abgezogen wird die Inputenergie, so daß sich damit die gesamte, mit der Verfeuerung des Rapsstrohs verbundene Energieeinsparung basierend auf der Substitution von fossilen Energieträgern ergibt.

Somit kann zusammengefaßt werden, daß bei der Erstellung einer Energiebilanz der mit der Produktion und Aufbereitung von nachwachsenden Rohstoffen verbundene Gesamtenergiebedarf den Energiegutschriften aus all den Äquivalenzprozessen gegengerechnet wird, die durch die nachwachsenden Rohstoffe und deren Kuppelprodukte substituiert werden.

Die Ergebnisse einer Energiebilanz werden üblicherweise mit sogenannten *Input/Output-Faktoren* wiedergegeben. Dazu wird das Verhältnis der Summe aller Energien auf der Inputseite mit der Summe aller Energien auf der Outputseite gebildet. Das so gewonnene Verhältnis wird bezogen auf den Zähler auf die Zahl 1 genormt (durch Division des Verhältnisses mit der Summe aller Energien auf der Inputseite), so daß sich ein Verhältnis $1 : x$ ergibt. Ist $x > 1$, so ist der Prozeß mit einem Nettoenergieertrag, einem Energiegewinn, verbunden. Ist $x < 1$, fordert der Prozeß einen höheren Energieaufwand, als letztlich Energie eingespart wird. Hierzu ist zu bemerken, daß es sich bei den Input/Output-Faktoren um Kenngrößen handelt, deren Ableitung stets angegeben werden muß, denn sie basieren auf der letztlich willkürlichen Darstellungsweise der Energiebilanz[31]:

---

[31]   Die in der Literatur übliche und auch hier vorgestellte "willkürliche Darstellungsweise" ergab sich historisch gesehen aus der Bilanzierung aller Energieströme einschließlich der Sonneneinstrahlung und aus dem Aufkommen der Betrachtungsweise nach Kosten/Nutzen-Verhältnissen (hier: Input/Output).

Prinzipiell könnten die Einzelergebnisse der Energiebilanz auch in anderer Form dargestellt werden. Beispielsweise wäre es unter dem Aspekt der Substitution eines fossilen Energieträgers durch einen nachwachsenden Rohstoff ebenso sinnvoll, alle durch Kuppelprodukte entstehende Gutschriften auf der Inputseite gutzuschreiben, also von dem Gesamtenergiebedarf abzuziehen, so daß auf der Inputseite nur noch der Energiebedarf für die Produktion des Energieträgers aus dem nachwachsenden Rohstoff steht. Auf der Outputseite stünde dann lediglich die durch den nachwachsenden Rohstoff substituierte fossile Energie. Bei einer solchen Vorgehensweise würden sich aber völlig andere Input/Output-Faktoren ergeben, sie könnten sogar negativ werden. **Das eigentliche Ergebnis der Bilanzierung hingegen bleibt hiervon unberührt,** es handelt sich dabei lediglich um eine andere Darstellungsweise.

Um diesem Dilemma aus dem Weg zu gehen, könnte man eigentlich ganz auf die Input/Outputfaktoren verzichten, und die Energien der Input- und der Outputseite direkt miteinander verrechnen. In diesem Fall hätte man absolute Zahlenwerte, die nicht mehr von der Wahl der Gutschriftenzuordnung abhängen. Bei einem negativen Gesamtergebnis (Wert kleiner Null) ist der Anbau von nachwachsenden Rohstoffen mit einem Nettoenergieertrag verbunden. Ist das Gesamtergebnis vom Zahlenwert her positiv, muß mehr Energie für die Produktion von nachwachsenden Rohstoffen aufgebracht werden, als später eingespart wird.

Bei der Zusammenfassung der Ergebnisse der Energiebilanz in Teil 2 dieses Buches wurde bewußt auf eine solche Darstellungsweise verzichtet und Input/Outputfaktoren verwandt, damit die mit dem hier dargestellten Prinzip der Äquivalenzprozeßbilanzierung ermittelten Ergebnisse mit den Werten aus der Literatur verglichen werden können.

1.5 Erstellung von CO_2-Bilanzen

Werden nachwachsende Rohstoffe als Energieträger genutzt, so gelangt bei ihrer Verbrennung nur solcher Kohlenstoff in Form von CO_2 in die Atmosphäre, der vorher durch den Prozeß der biologischen Fixierung — ebenfalls in Form von CO_2 — der Atmosphäre entzogen wurde. Grundsätzlich aber verbleiben Teile der gewachsenen Pflanze wie Wurzeln und Erntereste, manchmal gar der weitaus größte Teil der Biomasse wie bei der Ernte von Rapskörnern, in und auf dem Boden. Diese Biomasse entstand aber auch im wesentlichen aus atmosphärischem CO_2, so daß prinzipiell auch diese nichtgenutzten Pflanzenteile bilanziert werden müßten. Wie ist demnach eine entsprechende Bilanzierung vorzunehmen?

Hierzu muß das Gesamtgefüge der Funktionsweise eines Ökosystems betrachtet werden, vor allem auch die biologischen Umsätze der Mikrolebewesen im aeroben und anaeroben Milieu, und nicht nur die Pflanzen, aus denen die eigentlichen nachwachsenden Rohstoffe gewonnen werden. Bei intakten Ökosystemen wie dem tropischen Regenwald oder Vegetationsbioszönosen wie Taiga- oder Tundrasteppe befindet sich seit vielen Tausenden von Jahren die in der belebten und nichtbelebten Biomasse eingebundene Kohlenstoffmenge in einem stationären Gleichgewicht. Das ist u.a. auch daran zu erkennen, daß sich die Menge an kohlenstoffhaltigem Bodenmaterial (Erde, Humus etc.) in dieser Zeit praktisch nicht verändert hat. D.h. aber nichts anderes, als daß (dort) der Kohlenstoffkreislauf im Prinzip in sich geschlossen ist[32].

Wird *lebende* Biomasse wie beispielsweise Rapskörner zur Gewinnung nachwachsender Rohstoffe aus einem solchen Ökosystem entnommen, so werden die verbleibenden Reste (in diesem Fall das Rapsstroh und die Wurzeln der Rapspflanzen) im Prinzip nach den gleichen biologischen Verfahren umgesetzt, wie wenn noch die gesamte Pflanzenmasse vorhanden wäre. Das geschieht einerseits durch Aufnahme von Kohlenstoff aus der Biomasse durch wachsende Pflanzen und andererseits durch Umsetzungsprozesse der verschiedensten Bodenlebewesen, Mikroorganismen, Bakterien usw. mit der Folge von CO_2-Emissionen. Mit der Pflanzenentnahme mögen sich die einzelnen Umsetzungsprozesse in ihren Relationen zueinander zwar verschieben[33], dennoch wird der Kohlenstoffkreislauf an sich dadurch nicht wesentlich gestört — lediglich der zeitliche Ablauf kann dadurch verändert werden.

---

[32] Lediglich die Ozeane stellen eine Kohlenstoffsenke dar. Siehe hierzu: Heintz, A., Reinhardt, G.: Chemie und Umwelt, 2. Auflage, Vieweg Verlag, Wiesbaden (1991)

[33] Durch Entfernen oberirdischer Biomasse werden an der Oberfläche eher aerobe als anaerobe Umsetzungsprozesse ablaufen.

Ein ähnlicher Effekt zeigt sich auch, wird *tote* Biomasse dem Ökosystem entzogen wie beim Einsammeln von Holz zur Energiegewinnung. Dann nämlich wird die in der Biomasse enthaltene Kohlenstoffmenge schlagartig in Form von CO$_2$ freigesetzt, während sich dieser Prozeß in der Natur über mehrere Jahre hinweggezogen hätte.

Ursächlich für die Bilanzierung von CO$_2$ war aber im wesentlichen die Abschätzung der (anthropogenen) CO$_2$-Emissionen und des damit verbundenen Anstiegs der atmosphärischen CO$_2$-Konzentration angesichts eines drohenden anthropogenen Treibhauseffekts. Für die CO$_2$-Konzentration der Atmosphäre ist es aber sehr wohl entscheidend, über welchen Zeitraum hinweg sich die CO$_2$-Emission erstreckt, und beispielsweise auch, wie lange CO$_2$ in nachwachsenden Rohstoffen in Form von Kohlenstoff zwischengespeichert wird, bevor es wieder in die Atmosphäre gelangt.

Üblicherweise werden derartige zeitabhängige Effekte bei CO$_2$-Bilanzierungen bzgl. nachwachsender Rohstoffe nicht berücksichtigt. Dennoch sollte im Einzelfall überprüft werden, inwieweit sich die Bilanzierungsweise des "schlagartigen Freisetzens des gesamten betrachteten Kohlenstoffinventars" auf den Kohlenstoffkreislauf und auf die Bilanz auswirkt.

Ein weiteres Problem hinsichtlich der Bilanzierung von CO$_2$ bei nachwachsenden Rohstoffen ist die Frage nach der Art und Weise der Einrechnung möglicher "Biomassedifferenzen", die in ursächlichem Zusammenhang mit dem Anbau nachwachsender Rohstoffe stehen. Darunter ist folgendes zu verstehen: Wird beispielsweise tropischer Regenwald brandgerodet, um diesen in Viehweiden umzuwidmen, wird ein Hundertfaches an Biomasse vernichtet als durch die Viehweide späterhin gebunden wird. Die mit dieser Biomassedifferenz direkt gekoppelte Menge an freigesetztem CO$_2$ müßte aber eigentlich in die Bilanz miteinbezogen werden.

Bei der Rodung des tropischen Regenwaldes handelt es sich hierbei aber um ein *einmaliges* Ereignis, während die Inkulturnahme von Flächen in der Regel mit dem Ziel geschieht, diese Flächen auf Jahrzehnte zu bewirtschaften. Die der Biomassedifferenz äquivalente CO$_2$-Menge müßte demnach auf den gesamten geplanten Zeitraum der Bewirtschaftung verteilt werden. Gleichzeitig wäre aber zu berücksichtigen, daß sich die mit dem einmaligen Abholzen verbundenen Umweltauswirkungen — und so auch der dadurch verursachte Anstieg der atmosphärischen CO$_2$-Konzentration — im Lauf der Zeit abmildern. Bei der Bilanzierung derartiger CO$_2$-Emissionen bietet sich ein über einen zu definierenden Zeitraum hinweg degressiver Ansatz unter Berücksichtigung der mittleren Verweilzeit von CO$_2$ in der Atmosphäre an (s. hierzu: "Exkurs: Degressive Verfahren", am Ende dieses Kapitels).

Bei dieser Betrachtungsweise könnte jedoch beispielsweise Agrarfläche in der Bundesrepublik — sofern es sich um Flächen handelt, die bereits im letzten Jahrhundert oder noch früher zur landwirtschaftlichen Nutzung umgewidmet wurden — ohne weiteres ohne Berücksichtigung der Effekte durch die Biomassedifferenzen bilanziert werden. Letztlich bleibt in jedem Einzelfall zu prüfen, inwieweit sich der Fehler bei Vernachlässigung der Effekte durch Biomassedifferenzen auf das Gesamtergebnis auswirkt.

Fazit: Bei der Bilanzierung nachwachsender Rohstoffe werden sowohl die genutzten als auch die im und auf dem Boden verbleibenden Pflanzenteile unter dem Aspekt des CO_2 nicht, d.h. zu Null, bilanziert. Inwieweit zeitliche Effekte und/oder auch Effekte durch "Biomassedifferenzen" in die Bilanzierung einzubeziehen sind, ist im Einzelfall zu überprüfen.

Demgegenüber werden alle Energie verbrauchenden und damit CO_2 verursachenden Einzelprozesse zur Produktion und Aufbereitung von nachwachsenden Rohstoffen bilanziert. Dazu gehören alle Energieaufwendungen, die mit der Saat, Bestandspflege und Ernte der Pflanzen, deren Transport und industriellen Aufbereitung, der Produktion von Düngemitteln und Pflanzenschutzmitteln u.v.a.m. verbunden sind. Gegengerechnet werden die Energie- und damit CO_2-Mengen, die für alle anfallenden Kuppelprodukte über das Prinzip der Äquivalenzprozeßbilanzierung bestimmt werden (s. hierzu Kap. 1.3).

Die mit jedem einzelnen Prozeß verbundenen CO_2-Emissionen werden aus den Ergebnissen der Energiebilanz über die dort ermittelten Primärenergieträger für diese Prozesse separat erhalten. Anschließend werden die einzelnen CO_2-Emissionen entsprechend der durch die Energiebilanz vorgegebene Bilanzierungsweise als Gutschriften oder Belastungen aufgeteilt. Erhalten wird so die gesamte, mit der Produktion und Aufbereitung eines nachwachsenden Rohstoffs verbundene CO_2-Emission, bereits bereinigt um die den Kuppelprodukten äquivalenten CO_2-Mengen.

Wie aber wird die CO_2-Emission aus den Primärenergieträgern bestimmt? Die Art und Weise der Bestimmung der CO_2-Emissionen aus kohlenstoffhaltigen Brennstoffen wird international nicht einheitlich durchgeführt. Eine Möglichkeit der Bestimmung ist, die CO_2-Emissionen auf der Basis einer vollständigen Oxidation des gesamten Kohlenstoffinventars des umgewandelten Energieträgers zu berechnen. Dieses Verfahren hat sich mittlerweile bei den Bilanzierungen für die Bundesrepublik Deutschland durchgesetzt[34]. Allerdings führt eine derartige Berechnung in der Regel zu einer leicht höheren CO_2-Menge als der im Abgas von Verbrennungsanlagen real gemessenen Mengen an CO_2. Dieses gilt insbesondere für die Verbrennung von Kraftstoffen in Ottomotoren ohne Katalysator bzw. in abgeschwächter Form auch für Dieselmotoren. Dort liegen im Abgas auch nichtoxidierte bzw. unvollständig oxidierte kohlenstoffhaltige Substanzen vor, wie z.B. Rußpartikel, Kohlenwasserstoffe und Kohlenmonoxid.

Derartige Substanzen werden aber überwiegend in kurz- bis mittelfristigen Zeiträumen zu Kohlendioxid oxidiert, bei den gasförmigen Stoffen vor allem über photochemische Prozesse in der Troposphäre[35]. Bei dieselbetriebenen Fahrzeugen macht der unvollständig oxidierte, prinzipiell längerlebige Anteil weniger als 0,5 % des Kohlenstoffin-

---

[34] Enquête-Kommission "Vorsorge zum Schutz der Erdatmosphäre" des 11. Deutschen Bundestages (Hrsg.): Studienprogramm "Internationale Konvention zum Schutz der Erdatmosphäre sowie Vermeidung und Reduktion energiebedingter klimarelevanter Spurengase", Bonn (1990)

[35] Heintz, A., Reinhardt, G.: Chemie und Umwelt, 2. Auflage, Vieweg, Wiesbaden (1991)

ventars des Kraftstoffs aus[36]. Auch diese Substanzen dürften vor allem dann, wenn sie auf den Boden gesunken sind bzw. auf Pflanzenoberflächen adsorbiert wurden, in einigen Jahren durch Mikroorganismen zum überwiegenden Teil mineralisiert worden sein. Dementsprechend werden hier, dem Vorgehen für die Arbeiten der Enquête-Kommission "Vorsorge zum Schutz der Erdatmosphäre" folgend[37], die CO$_2$-Emissionen aufgrund des Kohlenstoffinventars unter der Annahme der vollständigen Oxidation berechnet.

In einem letzten Bilanzierungsschritt wird die gesamte mit der Produktion und Aufbereitung eines nachwachsenden Rohstoffes verbundene und – wie oben beschrieben – bereits um die den Kuppelprodukten äquivalente CO$_2$-Menge bereinigte CO$_2$-Emission derjenigen CO$_2$-Emission gegengerechnet, die sich über das durch den nachwachsenden Rohstoff zu substituierende Produkt ermitteln läßt. Bei der Substitution beispielsweise von Dieselkraftstoff durch Rapsmethylester wird die gesamte mit dem direkten Verbrauch von Dieselkraftstoff plus mit dessen Produktion (Vorkette) verbundene CO$_2$-Freisetzung bilanziert.

Dabei kann es zu negativen Zahlen kommen, wie analog hierzu auch bei der Bilanzierung der Energie negative Zahlen auftreten können[38]. Das heißt aber nicht, daß das betrachtete System eine *tatsächliche* Kohlenstoffsenke darstellt; vielmehr bedeutet es, daß mit der Substitution eines fossilen Energieträgers durch einen nachwachsenden Rohstoff nicht nur die auf Nutzenergie bezogene Menge an fossilem Brennstoff substituiert wird, sondern gleichzeitig noch eine darüber hinausgehende Menge an fossilem Brennstoff. Beispielsweise, und das zeigen die Ergebnisse der in Teil 2 ausführlich dargestellten Bilanzierung bzgl. Raps als nachwachsender Rohstoff, läßt sich durch die Substitution von Dieselkraftstoff durch Rapsmethylester unter gleichzeitiger thermischer Nutzung des Rapsstrohs nicht nur der gesamte zu substituierende Dieselkraftstoff ersetzen, sondern gleichzeitig pro substituiertem kg Dieselkraftstoff eine zusätzliche Menge an Dieselkraftstoff in Höhe von 1,05 kg.

Exkurs: Degressive Verfahren

In vielen Fällen nehmen Umweltbelastungen, die durch ein einmaliges Ereignis entstehen, mit der Zeit ab. Eine solche zeitabhängige Abnahme bezeichnet man als *degressiv*. Das degressive Abnahmeverhalten von Umweltbelastungen hängt von vielen Faktoren wie Reaktionsfähigkeit der zugrundeliegenden Substanz (bzw. deren Abbaubarkeit) oder auch von der Kinetik der betreffenden Abbaureaktion ab. Dementsprechend kann das Abnahmeverhalten je nach betrachteter Umweltbelastung unterschiedlich verlaufen, es kann beispielsweise linearen oder exponentiellen Charakter haben.

---

[36]   Höpfner, U.: Stellungnahme zur Anhörung der Enquête-Kommission "Vorsorge zum Schutz der Erdatmosphäre" des 11. Deutschen Bundestages am 24. Juni 1989, BT-Drucksache

[37]   Höpfner, U.: a.a.O.

[38]   Siehe hierzu Tabellen beispielsweise am Ende des Kap. 1.3 bzw. am Ende des Kap. 2.4.5.

Im folgenden wird ein degressives Verfahren zur Beschreibung der zeitabhängigen Änderung von Umweltbelastungen am Beispiel des CO_2 näher erläutert.

Die durch einen einmaligen Eintrag von CO_2 in die Atmosphäre angestiegene atmosphärische CO_2-Konzentration, wie beispielsweise durch Rodung tropischen Regenwaldes, nimmt mit der Zeit wieder ab. Die Abnahme an atmosphärischem CO_2 ist an dessen mittlere atmosphärische Verweildauer τ von CO_2 gekoppelt und kann unter Vernachlässigung der biogenen Hintergrundkonzentration durch folgende Gleichung beschrieben werden[39]:

$$N(t) = N_0 \cdot e^{-t/\tau} \qquad \text{(Gl. 1)}$$

Hierbei ist N_0 die durch das einmalige Ereignis in die Atmosphäre emittierte CO_2-Menge. $N(t)$ ist die Menge an CO_2, die sich nach der Zeit t (gerechnet ab dem Zeitpunkt des einmaligen Ereignisses) noch in der Atmosphäre befindet. Diesem Ansatz zufolge nimmt das atmosphärische CO_2 mit der Zeit t *exponentiell* ab.

In der Regel wird CO_2 allerdings nicht durch ein einmaliges Ereignis, sondern über einen Zeitraum hinweg emittiert – wie dies beispielsweise bei dem Verbrennen von Kraftstoffen in Kfz der Fall ist. Die Abhängigkeit der CO_2-Menge in der Atmosphäre von der Zeit wird in solchen Fällen allgemein durch folgende Differentialgleichung beschrieben:

$$dN(t)/dt = Q(t) - N(t)/\tau \qquad \text{(Gl. 2)}$$

$Q(t)$ ist die Quellrate, mit der CO_2 in die Atmosphäre freigesetzt wird. Gl. 2 ist nur in Spezialfällen analytisch lösbar. Wird CO_2 beispielsweise über einen Zeitraum hinweg konstant emittiert, wie das z.B. bei Kohlekraftwerken näherungsweise der Fall ist, ist die Quellrate Q nicht mehr von der Zeit abhängig und Gl. 2 kann analytisch gelöst werden. In einem solchen Fall ergibt sich die Abhängigkeit der CO_2-Menge in der Atmosphäre von der Zeit – auch hier wieder der einfacheren Darstellung wegen unter Vernachlässigung der biogenen Hintergrundkonzentration – zu:

$$N(t) = Q \cdot \tau \cdot \left(1 - e^{-t/\tau} \right) \qquad \text{(Gl. 3)}$$

Aus dieser Gleichung läßt sich ableiten, daß sich bei konstanter CO_2-Emission nach einem genügend langen Zeitraum ein stationäres Gleichgewicht von CO_2 in der Atmosphäre ausbildet mit $N = Q \cdot \tau$.

---

[39]   Siehe u.a.: Becker, K.H., Löbel, J. (Hrsg.): Atmosphärische Spurenstoffe und ihr physikalisch-chemisches Verhalten, Springer, Berlin/Heidelberg (1985)

Insgesamt wird CO_2 allerdings nicht konstant, sondern mit unterschiedlichen Raten, die teilweise überlagert sind, freigesetzt. In solchen Fällen bedarf es zur Lösung der Differentialgleichung (Gl. 2) in der Regel numerischer Methoden[40]. Hierbei müssen dann auch die biogene Hintergrundkonzentration und die entsprechenden Quell- und Abbauraten einbezogen werden.

---

[40] Siehe hierzu z.B.: Richter, O., Söndgerath, D.: Parameter Estimation in Ecology, VCH, Weinheim (1990) oder Rauch, H.: Modelle der Wirklichkeit – Simulation dynamischer Systeme mit dem Mikrocomputer, Heise, Hannover (1985)

1.6 Zusammenfassung

Sollen Energie- und CO_2-Bilanzen von nachwachsenden Rohstoffen dem Anspruch gerecht werden, die dem betrachteten System zugrundeliegenden Verhältnisse möglichst realistisch zu beschreiben, so muß die Wahl sowohl der Systemgrenzen, als auch die der Bemessungsgröße, nach der letztlich bilanziert wird, auf dieses Ziel abgestimmt sein. Die Ableitung dieser Parameter basiert auf dem Grundprinzip "vergleichender Bilanzierungen", indem die nachwachsende Rohstoffe in dem für ihre Verwendung jeweils am besten geeigneten Einsatzzweck bilanziert werden. Eine derartige Vorgehensweise ist notwendig, denn ein quantitatives Ergebnis einer Bilanz beispielsweise eines Energieträgers aus nachwachsenden Rohstoffen ist nur dann weiterführend, wenn es der Bilanz des Energieträgers, der durch den betreffenden nachwachsenden Rohstoff substituiert werden könnte, gegenübergestellt wird.

Unter diesem Aspekt werden die Systemgrenzen und die Bemessungsgröße wie folgt festgelegt:

- Als Systemgrenze wird dem Anbau nachwachsender Rohstoffe Brachland bzw. ein vom Menschen nicht genutztes Ökosystem gegenübergestellt. Ob die ursprünglich vorhandene Vegetation in die Bilanz miteinbezogen wird, muß von Fall zu Fall entschieden werden.

- Bei den für die Produktion und Aufbereitung von nachwachsenden Rohstoffen notwendigen Betriebsmitteln wird es in der Regel ausreichen, lediglich deren Betrieb zu bilanzieren, da die Produktion und der Unterhalt von Betriebsmitteln aufgrund des Prinzips der vergleichenden Bilanzierung in den meisten Fällen vernachlässigt werden kann.

- Die Bilanzierung von nachwachsenden Rohstoffen sollte mittels der technischen Bemessungsgröße des *Äquivalenzprozesses* unter Einbeziehen des *realen Substitutionsprinzips* durchgeführt werden. In den Fällen, bei denen eine Bilanzierung nach Äquivalenzprozessen nicht möglich ist, können energetische oder wirtschaftliche Bemessungsgrößen angewandt werden, je nachdem, ob ein Kuppelprodukt der thermischen Verwertung zugeführt wird oder nicht. Kommt es zu der Bewertung nach wirtschaftlichen Bemessungsgrößen, sollten möglichst unverfälschte Preise der Bilanzierung zugrundegelegt werden (näheres hierzu s. Kap. 1.2).

Alle anderen sachlichen, zeitlichen und räumlichen Systemgrenzen sollten genau benannt und in Sensitivitätsanalysen untersucht werden, vor allem dann, wenn es sich um starke Vereinfachungen handelt.

Mit der Wahl des Äquivalenzprozesses als Bemessungsgröße unter Einbeziehung des realen Substitutionsprinzips ist gewährleistet, daß die derzeit tatsächlich vorhandenen Verhältnisse möglichst real abgebildet in die Bilanzen eingehen. Vor allem durch die Anwendung des Prinzips der Äquivalenzprozeßbilanzierung aber unterscheidet sich die hier skizzierte Bilanzierungsweise von Grund auf von den bisherigen Bilanzierungsmethoden, die zur Bilanzierung nachwachsender Rohstoffe eingesetzt wurden.

Die Wahl der Bemessungsgröße kann in entscheidendem Maß das Ergebnis einer Bilanz beeinflussen, wie das Beispiel Ende des Kap. 1.3 zeigt. Damit erweist sich aber auch, wie dringend notwendig es ist, sich in Zukunft auf die Art und Weise der Bilanzierung von nachwachsenden Rohstoffen festzulegen, damit die jeweiligen Ergebnisse miteinander verglichen werden können.

Ein weiterer wesentlicher Aspekt der hier dargestellten Bilanzierungsweise ist aber auch, daß mit dem hier beschriebenen Weg prinzipiell auch andere Umweltbelastungen wie beispielsweise weitere Luftschadstoffe bilanziert werden können. Das ist umso mehr wichtig, als sich unter dem Gesichtspunkt einer gesamtökologischen Bewertung nachwachsender Rohstoffe eine Bilanzierung nicht nur auf Energieverbräuche und CO_2-Emissionen beziehen darf.

Es muß allerdings angemerkt werden, daß die Verwendung des Äquivalenzprozesses als Bemessungsgröße mit einem gegenüber anderen Bemessungsgrößen sehr hohen Arbeitsaufwand verbunden ist, da für jedes einzelne Produkt des betrachteten Prozesses ein entsprechender Äquivalenzprozeß bilanziert werden muß, der darüber hinaus auch noch die Bilanzierung weiterer Äquivalenzprozesse nach sich ziehen kann. Damit ist die Art und Weise des hier beschriebenen Wegs zur Bilanzierung nachwachsender Rohstoffe zwar wesentlich aufwendiger als der bei bisherigen Bilanzierungen beschrittene, dennoch ist eine solche Vorgehensweise notwendig, sollen die tatsächlich vorhandenen Verhältnisse möglichst realistisch bilanziert werden.

Teil 2

Energie- und CO_2-Bilanz
von Rapsöl und Rapsölester
im Vergleich zu Dieselkraftstoff

2.1 Vorbemerkung und Inhaltsverzeichnis zu Teil 2

Die hier dargestellte Studie "Energie- und CO_2-Bilanz von Rapsöl und Rapsölester im Vergleich zu Dieselkraftstoff" wurde im Sommer 1991 im ifeu-Institut für Energie- und Umweltforschung, Heidelberg, im Auftrag des Umweltbundesamtes, Berlin, erstellt, und zwar im Rahmen einer von diesem angefertigten gesamtökologischen und -ökonomischen Bewertung von Rapsöl und dessen Derivaten als Dieselkraftstoffsubstitute mit dem Titel "Ökologische Bilanz von Rapsöl und Rapsölmethylester als Ersatz von Dieselkraftstoff (Ökobilanz Rapsöl)"[1].

Die im folgenden wiedergegebene "Energie- und CO_2-Bilanz von Rapsöl und Rapsölester im Vergleich zu Dieselkraftstoff" enthält alle wesentliche Teile des dem Umweltbundesamt originär zugegangenen Endberichts; lediglich Kap. 2.2 wurde hier stark gekürzt, da in Teil 1 dieses Buches die entsprechenden Ableitungen für die verschiedenen Parameter wie beispielsweise Systemgrenzen ausführlich dargestellt sind, so daß hier entsprechende Verweise auf die jeweiligen Kapitel vollauf genügen.

Bei der Erarbeitung der im ifeu-Institut angefertigten Studie übernahm Dr. Ulrich Höpfner die Ausarbeitung der Unterkapitel 2.3.1 und 2.3.2 sowie die Überarbeitung des gesamten Kapitels 2.3 und des Unterkapitels 2.4.1, Wolfram Knörr die Übertragung des ermittelten Datenmaterials in eine rechnergestützte Form samt der Durchführung der eigentlichen Berechnungen und Katharina Heiß die Übertragung der erhaltenen Ergebnisse in Tabellen und Graphiken.

Eingegangen in diese Studie sind viele Informationen, die über veröffentlichtes Material hinausgehen und als solche gekennzeichnet sind, und Hinweise von einer Reihe an Vertretern der chemischen, petrochemischen und rapsverarbeitenden Industrie, des Instituts für Biosystemtechnik der Bundesforschungsanstalt für Landwirtschaft, Braunschweig-Völkenrode, und des Umweltbundesamtes, denen an dieser Stelle — wenn auch in ungenannter Form — herzlich für Ihre Mithilfe gedankt sei.

---

[1] Die von A. Friedrich et al. erstellte Gesamtstudie "Ökologische Bilanz von Rapsöl und Rapsölmethylester als Ersatz von Dieselkraftstoff (Ökobilanz Rapsöl)" ist in der Reihe TEXTE des Umweltbundesamtes mit dem Umweltbundesamt als Herausgeber erschienen und von dort zu beziehen (Adresse: Umweltbundesamt, Bismarckplatz 1, 1000 Berlin 33).

Inhaltsverzeichnis zu Teil 2

2.2 Einführung

Rapsöl bzw. seine Derivate scheinen für die in der Bundesrepublik herrschenden landwirtschaftlichen und klimatischen Randbedingungen ein aussichtsreicher nachwachsender Rohstoff zu sein. Eingesetzt werden kann es in Verbrennungsmotoren anstelle von Dieselkraftstoff, da es − zumindest in seiner veresterten Form − ähnliche Verbrennungseigenschaften besitzt wie Dieselkraftstoff. Entsprechend dem in Teil 1 dieses Buches abgeleiteten Prinzip der *vergleichenden Bilanzierung* werden demnach die Energieverbräuche und die damit verbundenen CO_2-Emissionen der energetischen Nutzung von Dieselkraftstoff und Rapsöl bzw. Rapsölester ermittelt und einander gegenübergestellt.

Im Fall des Dieselkraftstoffs bedeutet dies, daß über die Emissionen bei der direkten motorischen Verbrennung hinaus die gesamte Bereitstellungskette bilanziert wird. Diese erstreckt sich von der Exploration über die Förderung, die Aufbereitung und den Transport des Rohöls zu Raffinerien sowie dessen dortige Aufbereitung bis schließlich zum Transport des in den Raffinerien produzierten Dieselkraftstoffs zum Endverbraucher. Auch Umfüll- und Verdunstungsverluste sind hier einzubeziehen. Alle Einzelschritte zusammengenommen werden im folgenden mit *Dieselkette* bezeichnet.

Im Fall der energetischen Nutzung von Rapsöl bzw. seiner Derivate werden die zahlreichen Energie verbrauchenden und damit CO_2 verursachenden Schritte, die zur Gewinnung des alternativen Kraftstoffes notwendig sind, bilanziert. Dazu zählen alle Einzelschritte, die mit der Saat, Bestandspflege, Düngung und Ernte von Raps sowie der Gewinnung von Rapsöl und gegebenenfalls mit dessen Umesterung verbunden sind − in ihrer Gesamtheit im folgenden mit *Rapskette* bezeichnet. Zusätzlich ist ein besonderes Augenmerk auf die Energiebilanz der vielen Hilfsstoffe wie Düngemittel, Pflanzenschutz- und Chemierohstoffe, aber auch auf die mögliche anderweitige Nutzung von Nebenprodukten wie Rapsextraktionsschrot aus der Rapsölgewinnung oder Glycerin aus dem Umesterungsprozeß zu legen.

Im folgenden werden in Kurzform die wesentlichen Merkmale der hier angewandten Bilanzierungsweise ohne nähere Erläuterung aufgelistet. In Klammern sind jeweils die Kapitel aus Teil 1 des Buches angegeben, in denen die jeweilige Vorgehensweise ausführlich beschrieben und begründet sind.

- Dem Anbau von Raps wird Brachland bzw. ein vom Menschen nicht genutztes Ökosystem gegenübergestellt (Kap. 1.2).

- Bilanziert wird der eigentliche Betrieb von Betriebsmitteln wie Traktoren, Ölpressen oder auch Industrieanlagen, nicht aber deren Produktion und Unterhalt, auch nicht die mit deren Produktion, Unterhalt oder Betrieb verbundenen Stör- und Unfälle (Kap. 1.2).

- Die ermittelten Daten beziehen sich nach Möglichkeit auf die aktuelle Situation im Westteil der Bundesrepublik Deutschland. Eine Erweiterung auf das Gebiet der ehemaligen DDR, was sich vor allem in den geänderten Basisdaten der Nutzung von Elektrizität und Dampf auswirken würde, wird nicht vorgenommen. Die Daten zu den grundlegenden energetischen Prozessen beziehen sich im wesentlichen auf das Jahr 1988 (Kap. 1.2).

- Angewandt wird grundsätzlich das Prinzip der *Äquivalenzprozeßbilanzierung* unter Einbeziehung des *realen Substitutionsprinzips*. Sofern dies nicht möglich ist, wird dies gesondert dargelegt und die Wahl einer anderen Bemessungsgröße begründet (Kap. 1.3).

- Bestimmt werden die für alle Teilprozesse der Diesel- und der Rapskette benötigten Endenergien getrennt nach den einzelnen Energieträgern. Die Endenergien werden alle einzeln in Primärenergie unter Berücksichtigung der jeweiligen Vorkettenverluste umgerechnet (Kap. 1.4).

- Aus den jeweiligen Primärenergieträgern werden für jeden Teilprozeß einzeln die zugehörigen CO_2-Emissionen bestimmt. Dabei wird ein 100 %iger Umsatz der jeweiligen Kohlenstoffinventare zu CO_2 angesetzt. Die energetische Nutzung von Rapsöl bzw. dessen umgeesterten Form, das direkte Verbrennen, wird zu "Null" bilanziert (Kap. 1.5).

Die gewählte Darstellung bemüht sich, die betrachteten Teilprozesse der Diesel- und Rapskette einzeln entsprechend den oben aufgelisteten Einzelschritten qualitativ und quantitativ deutlich zu machen. In einigen Fällen konnte die Untersuchung aufgrund des vom Umweltbundesamt vorgegebenen engen Zeitrahmens nicht derart in die Tiefe gehen, wie dies unter Umständen hätte notwendig sein müssen. In diesen Fällen werden getroffene Annahmen als solche kenntlich gekennzeichnet.

2.3 Dieselkette

Energieverbrauch und CO_2-Emissionen durch die Nutzung von Dieselkraftstoff

Für den Betrieb eines Dieselmotors ist der **direkte** Einsatz von Dieselkraftstoff notwendig, was mit Schadstoffemissionen des Motorenabgases verbunden ist. Darüber hinaus sind für die Herstellung des Dieselkraftstoffes **indirekte** energetische Aufwendungen vonnöten, wobei wiederum Emissionen entstehen. Hierzu zählen die Emissionen infolge der Verwendung von Energie zur Exploration, Förderung und Aufbereitung von Rohöl, zu dessen Transport von der Förderstätte zur Raffinerie, zur Aufbereitung in der Raffinerie sowie zum Transport zum Endverbraucher. Dementsprechend wird die "Dieselkette" in folgende fünf Einzelschritte aufgeteilt:

— Exploration, Förderung, Aufbereitung und Transport von Rohöl bis zur Raffinerie

— Dieselkraftstoffgewinnung in Raffinerien

— Transport zum Endverbraucher

— Verluste durch Verdunstungs- und Umfüllprozesse

— motorische Verbrennung von Dieselkraftstoff.

Im folgenden werden diese fünf Einzelschritte separat diskutiert und abschließend zusammengefaßt. Dabei wird davon ausgegangen, daß der verwendete Dieselkraftstoff ausschließlich in westdeutschen Raffinerien erzeugt wurde. Im Jahr 1988 stammte ein Drittel des Gesamtverbrauchs an Dieselkraftstoff in der Bundesrepublik Deutschland aus Importen /1/. Eine eigene Betrachtung der entsprechenden energetischen und emissionsmäßigen Beiträge von importiertem Dieselkraftstoff kann hier nicht vorgenommen werden. Die hier erhobenen Daten beziehen sich, sofern möglich, auf das Jahr 1988.

2.3.1 Exploration, Förderung, Aufbereitung und Transport von Rohöl bis zur Raffinerie

Zur Beschreibung und mengenmäßigen Darstellung der Energiebereitstellungskette "Rohöl bis Raffinerie" wird im wesentlichen auf die ausführlichen Arbeiten des Öko-Instituts Darmstadt /2, 3/ zurückgegriffen. Die in diesen Arbeiten ermittelten Faktoren (Bezugsjahr 1987) wurden auch als einheitliche Basisdaten der Berechnungen festgelegt, die die Gutachter des umfangreichen Studienprogramms für die Enquête-Kommission "Vorsorge zum Schutz der Erdatmosphäre" des 11. Deutschen Bundestages durchgeführt haben. Neuere Arbeiten liegen nicht vor /4/.

Der in der Bundesrepublik erzeugte Dieselkraftstoff wird aus Mineralöl hergestellt. 1987 wurden 63,8 Mio t Rohöl importiert. Der Anteil der inländischen Förderung war mit 3,8 Mio t, das sind 5,6 % des inländischen Gesamtaufkommens, relativ gering /1/. 47,4 % des im Jahr 1987 importierten Rohöls kamen aus den OPEC-Ländern, 39,3 % aus Westeuropa (überwiegend Nordsee-Öl) und 13,3 % aus anderen Regionen wie Südamerika und UdSSR.

Die **Exploration** von Rohölquellen, d.h. die Suche nach Lagerstätten und deren Erschließung, erfordert im Vergleich zu der dann geförderten Produktmenge einen nur sehr geringen Energieaufwand. Er wird mit weniger als 0,05 % beziffert /2/ und kann somit vernachlässigt werden.

Für die **Ölförderung** sind unterschiedliche energetische Aufwendungen notwendig, die von der Förderart abhängen. Man unterscheidet *primäre* Fördertechniken, die im wesentlichen mit Pumpen (elektrisch oder mit Gasturbinen angetrieben) erfolgen, *sekundäre* Fördertechniken, bei denen die nicht durch Pumpen förderbaren Ölvorkommen z.B. durch Einpressen von Wasser (onshore-Ölförderung) gewonnen werden, und die *tertiäre* Öl-Förderung, bei der heißer Dampf oder Kohlendioxid eingesetzt werden. Für die verschiedenen Fördertechniken wurde — ebenfalls in /2/ — der Energieaufwand aufgrund der vorliegenden Quellen bestimmt und anteilsmäßig auf die verschiedenen Förderländer aufgeteilt.

Im Anschluß an die Förderung wird das Röhol **aufbereitet**, um Öl, Wasser und Gas zu trennen. Schließlich wird das Rohöl zu den Raffinerien in Westeuropa und der Bundesrepublik transportiert. Der **Transport** erfolgt beim Nordseeöl durch Pipelines und beim Öl aus den OPEC-Staaten mit Tankern.

Aus den in /1/ genannten Angaben läßt sich abschätzen, daß die Prozeßkette "Exploration ⟶ Förderung ⟶ Transport (bis zur Raffinerie Bundesrepublik)" folgende energetische Aufwendungen erfordert (bezogen auf den Energieinhalt des Rohöls):

- OPEC-Öl: 1,8 %
- Nordsee-Öl: 1,0 %
- in der Bundesrepublik gefördertes Öl: 4,0 %.

Die Bedeutung dieses Prozeßkettenschrittes an der gesamten Dieselkette hängt somit davon ab, welchen Anteil das in der Bundesrepublik Deutschland geförderte Öl an dem Rohöleinsatz in bundesdeutschen Raffinerien bzw. welchen Stellenwert die sehr energieintensive tertiäre Förderung mit Dampf an der derzeitigen bzw. zukünftigen Rohölmenge hat.

Mit dem vereinfachenden Ansatz "50 % OPEC-Öl, 45 % Nordsee-Öl und 5 % bundesdeutsches Öl" errechnet sich ein mittlerer energetischer Aufwand von 1,6 % für die der Raffinerie vorgelagerten Prozeßkettenschritte.

In früheren Arbeiten, die insbesondere den Vergleich von Heizsystemen auf der Basis von Elektrizität versus Heizöl EL (Heizöl der Fraktion "extra leicht") zum Ziel hatten, war dieser der Raffinerie vorgelagerte Prozeßkettenschritt wesentlich höher angesetzt worden. So wurde beispielsweise in /5/ der energetische Aufwand für die Rohölförderung mit 5 % und für den Transport mit 2 %, das heißt insgesamt mit 6,9 % des Energieinhaltes des Rohöls angesetzt.

Die Bestimmung des zugehörigen CO_2-Faktors wird folgendermaßen vorgenommen: Die wichtigsten Prozeßschritte laufen entweder unter Einsatz von Erdölgas oder von Schwerölen ab. Erdölgas emittiert bei vollständiger Verbrennung 55.000 kg CO_2 pro TJ, Schweröl ca. 77.000 kg CO_2 pro TJ. Für den **Gesamtprozeß** wird von uns ein mittlerer Emissionsfaktor von 66.000 kg CO_2 pro TJ angesetzt. Der CO_2-Emissionsfaktor des Prozeßkettenschrittes "Exploration bis Raffinerie" beträgt dann 1.100 kg CO_2 pro TJ angeliefertes Rohöl.

2.3.2   Dieselkraftstoffgewinnung in Raffinerien

Der wichtigste energetische Aufwand bei der Herstellung von Dieselkraftstoff fällt im Bereich der Raffinerie an. Die bundesdeutsche Produktion von Dieselkraftstoff lag 1988 bei 12,2 Mio t, dies waren — auf den Energieinhalt bezogen — rund 14 % des gesamten Produktausstoßes der Raffinerien. Wie eingangs dargelegt, wird die diesem Vergleich zugrundegelegte Dieselkraftstoffmenge als vollständig in Raffinerien der Bundesrepublik erzeugt angesetzt.

Bereits den energetischen Aufwand der Raffinerien in der Bundesrepublik zu bestimmen ist recht schwierig. Zum einen werden neben dem Rohöl zahlreiche, in vorliegenden oder anderen Prozeßschritten erzeugte Sekundärenergieträger eingesetzt ("Produkten- oder Umwandlungseinsatz"), zum zweiten wird Prozeßwärme durch eigene oder fremde Feuerungsanlagen mit raffinerieeigenen Brennstoffen bzw. anderen Brennstoffen erzeugt, und schließlich wird Elektrizität sowohl aus eigenen Heizkraftwerken wie aus den Kraftwerken der öffentlichen Versorgung bezogen.

In der Tab. 2.1 wird der Versuch unternommen, hauptsächlich auf der Basis der Energiebilanz der Bundesrepublik Deutschland 1988 /1/ eine primärenergiebezogene Produktbilanz der bundesdeutschen Raffinerien aufzustellen. Es wird abgeschätzt, daß der Stromverbrauch zu 85 % aus Kraftwerken der öffentlichen Versorgung mit einem primärenergetischen Gesamtwirkungsgrad von 33,5 % gedeckt wird. Die restlichen 15 % sollen in den raffinerieeigenen Kraftwerken erzeugt werden, die wegen der gleichzeitigen Auskoppelung von Prozeßwärme nach /5, 6/ einen primärenergetischen Wirkungsgrad von 20 % aufweisen. Da uns über die Bezugsquellen der Fernwärme keine Daten zur Verfügung standen — und die Geringfügigkeit hier auch keine tiefergehenden Nachforschungen rechtfertigt —, wird abgeschätzt, daß die Hälfte der in der Energiebilanz angegebenen Menge in den raffinerieeigenen Heizkraftwerken erzeugt wird und somit in der Stromerzeugung enthalten ist, und daß die andere Hälfte mit einem primärenergetischen Wirkungsgrad von 80 % bereitgestellt wird (siehe hierzu die ausführliche Diskussion in /7/).

Aus diesen Angaben läßt sich der primärenergetische Wirkungsgrad der Raffinerieprozesse berechnen. Dieser gibt das Verhältnis des Produktausstoßes zu dem *gesamten* Produkteinsatz an. Zur Bestimmung gibt es zwei Möglichkeiten, die beide zu dem gleichen Ergebnis führen. Zum einen werden Produktausstoß und Produkteinsatz um jeweils den Beitrag der Sekundärenergieträger erniedrigt, die gleichsam im Prozeß wiedereingesetzt werden. Der Eigenverbrauch bleibt unverändert. Zum anderen wird der gesamte Produktausstoß auf den gesamten Produkteinsatz bezogen, wobei jetzt die im Produkteinsatz enthaltenen Sekundärenergieträger um ihren primärenergetischen Wirkungsgrad korrigiert werden. In beiden Fällen sind zum Produkteinsatz die primärenergiekorrigierten Eigenverbräuche hinzuzählen.

Danach ergibt ergibt sich ein **primärenergetischer Wirkungsgrad** der bundesdeutschen Raffinerien (1988) von 91,7 %. Maier hatte in /5/ "Eigenbedarf und Verluste" für 1984 mit 10,1 % des Rohöleinsatzes bestimmt; in /7/ wurde für dasselbe Jahr 10,0 % abgeleitet. In beiden Studien wurde eine Korrektur auf den Primärenergieträgereinsatz bei Strom vorgenommen. Die Abweichung zu den hier ermittelten 8,3 % liegt hauptsächlich in der Verbesserung des Wirkungsgrads im Raffineriebereich begründet. Die vorgenannten Wirkungsgradbestimmungen beziehen sich — ebenso wie in /6/ — auf den Rohöleinsatz. Die gleichsam wieder eingesetzten Sekundärenergieträger werden somit im Zähler und Nenner in Abzug gebracht. Die Mineralölwirtschaft orientiert sich hingegen bei der Angabe von Eigenverbrauch und Verlusten (1988: 5,3 %) auf den Gesamteinsatz "Rohöl und Produkte", ohne die primärenergetische Korrektur der Sekundärenergieträger vorzunehmen, und berücksichtigt darüber hinaus nicht die Verwendung der Elektrizität /8/.

Die CO_2-Bilanz der bundesdeutschen Raffinerien leitet sich unter Verwendung der in Tab. 2.1 angegebenen Einsatzmengen aus den Emissionsfaktoren der für die einzelnen Prozeßschritte eingesetzten Produkte, ihren jeweiligen primärenergiebezogenen Beiträgen sowie den durchschnittlichen Faktoren der Energieerzeugung der Kraftwerke der bundesdeutschen öffentlichen Versorgung ab. Der CO_2-Emissionsfaktor beträgt für 1988 5.800 kg CO_2 pro TJ Produktausstoß.

Noch schwieriger als die Erfassung des primärenergetischen Wirkungsgrades aller Raffinerien ist die Zuordnung des gesamten Energieverbrauchs bzw. der zugehörigen CO_2-Emissionen zu einzelnen Produkten. In der Raffinerie wird gleichzeitig eine Vielzahl von Produkten hergestellt, die sich in ihren Anwendungseigenschaften wesentlich voneinander unterscheiden. Die sogenannte Kuppelproduktion erlaubt es uns aufgrund der Datenlage nicht, den Energieeinsatz der einzelnen Prozeßschritte zu bestimmen und somit die entsprechenden Energieverbräuche und CO_2-Emissionen auf

Tabelle 2.1   Primärenergetische Produktbilanz der bundesdeutschen Raffinerien im Bezugsjahr 1988 in PJ

Produktbilanz der bundesdeutschen Raffinerien 1988		
Umwandlungseinsatz (PJ)	**Sekundär-energie**	**Primär-energie[a]**
Rohöl	3.172	3.172
Sekundärenergieträger	582	635
davon u.a.:		
Heizöl S	155	
Motorenbenzin	156	
Heizöl L	163	
Gesamt	3.754	3.807
Umwandlungsausstoß (PJ)		
Gesamte Produktmenge	3.748	
davon u.a.:		
Heizöl L	1.041	
Motorenbenzin	856	
Heizöl S	406	
Dieselkraftstoff	523	
Rohbenzin	278	
Eigenverbrauch, Verluste (PJ)		
Einsatz in Feuerungsanlagen		
Erdgas	12	13
leichte Fraktion	122	133
schwere Fraktion	62	68
Bezug von Strom	20	66
davon aus:		
öffentlichen Kraftwerken	17	51
eigenen Heizkraftwerken [b]	3	15
Bezug von Fernwärme [c]	3,1	1,9
Summe Eigenverbrauch		279
Verluste (Diff. Einsatz-Ausstoß)	6	6
Summe Eigenverbrauch und Verluste		285

a) Korrektur der Sekundärenergieträger auf Primärenergie; b) Wirkungsgrad der Stromerzeugung von 20 %; c) Annahme: zur Hälfte Erzeugung in eigenen Kraftwerken; SekEn = Sekundärenergie

Quelle: Arbeitsgemeinschaft Energiebilanzen, Berechnungen des ifeu   ifeu Heidelberg 1991

einzelne Produkte aufzuteilen. Dies läßt sich am Beispiel der Herstellung von Diesel-
und Ottokraftstoff erläutern:

Sowohl Otto- als auch Dieselkraftstoff sind mehr oder weniger veränderte Teile eines
gemeinsamen Ausgangsprodukts, so daß weder die alleinige Produktion von Dieselöl
noch von Benzin in sinnvoller Art und Weise möglich ist. Eine gedanklich eindeutige
Zuordnung auf die beiden Kraftstoffsorten ist daher kaum zu treffen. Überdies würde
sie vermutlich für jede Raffinerie in der Bundesrepublik anders aussehen. Eine solche
Zuordnung wird auch von der Mineralölwirtschaft für sehr problematisch gehalten und
nicht vorgenommen. Eine Möglichkeit, diesem Dilemma zu entgehen, wäre die in solchen Fällen übliche Aufteilung entsprechend dem jeweiligen Energiegehalt (Heizwert)
der Einzelprodukte ohne eine weitere Gewichtung (s. die ausführliche Diskussion in 7,
8, 10).

Allerdings wird seitens der Mineralölwirtschaft übereinstimmend Dieselkraftstoff tendenziell als (zur Zeit) energetisch weniger aufwendiges Produkt im Vergleich zu Ottokraftstoff angesehen. Nach einer Abschätzung der Deutschen Shell erfordert die Produktion von Dieselkraftstoff in der Raffinerie 4 %, die von Ottokraftstoff 10 % des
Energieinhaltes des eingesetzten Rohöls /11/. Eine amerikanische Studie setzt – speziell für die US-amerikanische Situation – den Raffinerieeigenverbrauch bei Dieselöl
mit 5 % und den bei Benzin mit 7 % an /12/. Eine Überprüfung dieser Angaben kann
hier nicht vorgenommen werden.

Um jedoch den Einfluß derartiger energetischer Unterschiede auf den Energieverbrauch der gesamten Kette deutlich zu machen, schätzen wir den Energieeinsatz im
Bereich "Dieselkraftstoffgewinnung in Raffinerien" nach oben und auch unten hin ab:
Bezieht man den durch die Raffinerieprozesse insgesamt verursachten Energieverbrauch (und sinngemäß auch die CO_2-Emissionen) allein auf das Kriterium des Energieinhaltes der Einzelprodukte, so stellt das für das Produkt Dieselkraftstoff eine Abschätzung nach oben hin dar. Hierfür gilt der zuvor bereits erwähnte energiespezifi-
sche Emissionsfaktor 5.800 kg CO_2 pro TJ Produkt. Berücksichtigt man in einer
zweiten Abschätzung die beiden genannten Quellen (/11/ und /12/), so kann der Energieeinsatz zur Produktion von Dieselkraftstoff derart abgeschätzt werden, daß er ca.
halb so groß ist wie derjenige für die Produktion von Ottokraftstoff. Diese Abschätzung stellt in der Tat eine untere Abschätzung – also die mit der Dieselkraftstoffpro-
duktion **mindestens** verbundenen Emissionen – dar. Unter der Annahme eines
"mittleren" Energieverbrauchs für Dieselkraftstoff plus Ottokraftstoff bei der Produktion in den Raffinerien ergibt sich unter Berücksichtigung der unterschiedlichen Pro-
duktionsmengen und Energieinhalte ein "unterer" energiespezifischer CO_2-Emissions-
faktor von 3.580 kg CO_2 pro TJ Dieselkraftstoff.

2.3.3　　Transport zum Endverbraucher

Der Transport des in der Raffinerie erzeugten Dieselkraftstoffes von der Raffinerie bis zum Endverbraucher, d.h. bis zur Tankstelle, wird mit der Bahn und mit dem Lkw vorgenommen. Den energetischen Wirkungsgrad des Transportes setzen wir gemäß /3/ mit 0,6 % des Energieinhaltes des Kraftstoffes an. Für die Verteilung von Heizöl EL war in /5/ ein Wert von 0,5 % bestimmt worden. Für die mit dem Transport von Dieselkraftstoff verbundenen CO$_2$-Emissionen verwenden wir nach /3/ die Emissionsfaktoren (jeweils bezogen auf den unteren Heizwert von Dieselkraftstoff) 38 kg CO$_2$ pro TJ für Bahntransport bzw. 428 kg CO$_2$ pro TJ für den Lkw-Transport. Für den kompletten mittleren Transport des Dieselkraftstoffes von der Raffinerie bis zum Endverbraucher ergibt sich daraus ein CO$_2$-Emissionsfaktor von 0,017 kg CO$_2$ pro Liter Dieselkraftstoff.

2.3.4　　Verluste durch Verdunstungs- und Umfüllprozesse

Während der Standzeiten von dieselbetriebenen Fahrzeugen kommt es zu Verdunstungsverlusten ebenso wie beim Tankvorgang durch die Freisetzung der dieselkraftstoffgesättigten Luft aus dem Innenraum des Tankgefäßes. Dieses Verdrängen an dieselgesättigter "Luft" kann folgendermaßen abgeschätzt werden − hier der besseren Verständlichkeit wegen nicht auf den Energieinhalt, sondern auf die Volumeneinheit l bezogen: Der Dampfdruck von Dieselkraftstoff bei Raumtemperatur wird mit 10 $\pm$ 20 mbar angegeben /13/. Für eine *obere Abschätzung* können für den Dampfdruck von Dieselkraftstoff 30 mbar angesetzt werden. Aus diesem läßt sich unter der Annahme idealen Gasverhaltens mit einem Wert von 226 für die mittlere Molmasse von Dieselkraftstoff 0,288 g Dieselkraftstoff pro Liter dieselkraftstoffgesättigter Luft berechnen, das sind mit 0,835 kg/l für die Dichte von Dieselkraftstoff ca. 0,35 ml. Bei einem Umfüllprozeß verdampft demnach Dieselkraftstoff in einer Menge von umgerechnet 0,35 ml/l, das entspricht 0,035 Vol.-%.

Dies gilt für **einen** Umfüllprozeß. Laut /13/ sind derzeit die verschiedenen Umfülleinrichtungen für Dieselkraftstoff nicht mit einem Gaspendelsystem oder einem diesem gleichwertigen Verfahren ausgestattet. Da in der Regel Dieselkraftstoff zwischengelagert wird, fallen demnach insgesamt fünf Umfüllprozesse an, bei denen dieselkraftstoffgesättigte Luft in die Atmosphäre emittiert wird, betrachtet man den gesamten Weg des Dieselkraftstoffs von der Raffinerie bis in den Tank des Endverbrauchers.

Die **Verdunstungsverluste** können aufgrund des niedrigen Dampfdrucks von Dieselkraftstoff gegenüber den bereits sowieso geringen Umfüllverlusten außer Betracht gelassen werden. Damit ergeben sich Emissionen an Dieselkraftstoff pro getanktem Liter von umgerechnet *maximal* 1,75 ml, pro kg Dieselkraftstoff also *maximal* 1,5 g.

2.3.5 Verbrauch von Dieselkraftstoff

Die bei der Verbrennung von Dieselkraftstoff frei- bzw. umgesetzte Energie und die zugehörigen CO_2-Emissionen sind durch den Energieinhalt des Kraftstoffes sowie dessen Kohlenstoffgehalt bestimmt. Diese Produkteigenschaften schwanken innerhalb einer gewissen Bandbreite, die u.a. vom Herkunftsland des Rohöls, der raffinerietechnischen Behandlung und dem Einsatzzweck (Sommer-, Winterdiesel) abhängt. Die Arbeitsgemeinschaft Energiebilanzen verwendet für Dieselkraftstoff den energetischen Umrechnungsfaktor von 42.705 kJ/kg /1/. Dieser Wert entspricht auch aktuellen Marktuntersuchungen /13/. Die Dichte muß entsprechend DIN 51601 zwischen 0,815 und 0,855 g/l liegen und beträgt im Mittel 0,835 g/l, der Kohlenstoffgehalt liegt bei 860 g/kg. Tab. 2.2 gibt einen Überblick über wichtige Eigenschaften des Dieselkraftstoffs, die in dieser Arbeit des öfteren Verwendung finden.

Tabelle 2.2 Charakteristische Kenngrößen von Dieselkraftstoff

Dichte in kg/l		0,835
Energiegehalt in kJ/kg		42.700
" in kJ/l		35.700
Emissionsfaktor (direkte Verbrennung)	in kg CO_2/l	2,63
"	in kg CO_2/kg	3,15
"	in kg CO_2/GJ	73,8
Quellen: Arbeitsgemeinschaft Energiebilanzen u.a.		ifeu Heidelberg 1991

2.3.6   Zusammenfassung

Die mit der Nutzung von Dieselkraftstoff verbundenen Energieverbräuche und die zugehörigen CO_2-Emissionen ergeben sich durch die Addition des **direkten** Kraftstoffverbrauchs und der **indirekten** Energieverbräuche, die durch das Zurverfügungstellen des Kraftstoffs entstehen. Tab. 2.3 zeigt die indirekten Energieverbräuche, im einzelnen für die Exploration, Förderung, Aufbereitung und den Transport des Rohöls bis zur Raffinerie, für dessen Aufbereitung bzw. für die Produktion von Dieselkraftstoff sowie für dessen Transport bis zum Endverbraucher jeweils bezogen auf die entsprechenden Energieträger.

Tabelle 2.3   Energieeinsatz zur Gewinnung und zur Verfügungstellung von Dieselkraftstoff entsprechend der "Energiekette Diesel"

Energieeinsatz		
Exploration und Transport von Rohöl bis Raffinerie		
Exploration Übersee-Transport Pipeline **gesamt**	**1,6 %**	bezogen auf die Energie des geförderten Rohöls
Raffinerieverfahren		
Verarbeitung des gesamten Rohöls	**8,3 %**	bezogen auf die Energie aller Raffinerieprodukte
Transport zum Endverbraucher		
Bahn + Lkw	**0,6 %**	bezogen auf den Energieinhalt von transportiertem Dieselkraftstoff
Quellen: GEMIS, Berechnungen des ifeu		ifeu Heidelberg 1991

Hieraus leiten sich entsprechend den Ausführungen in den Abschnitten 2.3.1 bis 2.3.5 CO_2-Emissionsfaktoren ab. In den Angaben der Tab. 2.4 beziehen sie sich auf die

Masse von jeweils 1 kg getanktem Dieselkraftstoff; dabei werden die untere und obere Abschätzung für den Bereich "Raffinerie" berücksichtigt (s. Abschnitt 2.3.2). Die indirekten CO_2-Emissionen bewegen sich in einem Bereich von 8 bis 11 % der direkt emittierten CO_2-Emissionen. Da sich der Unterschied der beiden betrachteten Zuordnungsmöglichkeiten auf lediglich 2,5 % beläuft, gehen wir in der Abfolge dieser Studie – wie allgemein üblich – von der anteilmäßigen Zuordnung bzgl. des Energieinhaltes aus und legen somit unseren Berechnungen einen mittleren Gesamtemissionsfaktor von 3,49 kg CO_2 pro verbrauchtem kg Dieselkraftstoff zugrunde.

Tabelle 2.4 CO_2-Emissionsfaktoren für Dieselkraftstoff aufgeteilt nach den einzelnen Sektoren der "Energiekette Diesel"

Emissionsfaktoren in kg CO_2 pro kg Dieselkraftstoff	
Emissionen indirekt	
Exploration und Transport des Rohöls bis Raffinerie	0,06
Raffinerieverarbeitung[*]	0,16 – 0,26
Transport: Raffinerie bis Endverbraucher	0,02
Verdunstung	< 0,005
Summe indirekt[*]	**0,25 – 0,34**
Emission direkt	**3,15**
Gesamtemission[*]	**3,40 – 3,49**
[*] : untere und obere Abschätzung, s. Text	
Quellen: GEMIS, Berechnungen des ifeu	ifeu Heidelberg 1991

2.4 Rapskette

Energieverbrauch und CO_2-Emissionen durch die Verwendung von Rapsöl bzw. dessen Derivaten als Treibstoffsubstitut

2.4.1 Darstellung der Rapskette und Berechnungsgrundlagen

Für die Verwendung als Treibstoff kann Rapsöl sowohl in reiner Form als auch in Form eines Derivates nach einem chemischen Umesterungsprozeß eingesetzt werden. Dementsprechend kann die Rapskette, wie in Abb. 2.1 angedeutet, in zwei bzw. drei größere Einheiten unterteilt werden: Rapsanbau (d.h. Saat, Bestandspflege, Düngung sowie Ernte), Rapsölgewinnung und gegebenenfalls Umesterung.

Aus Abb. 2.1 geht ebenfalls hervor, daß die Rapsölgewinnung entweder in zentralen Ölmühlen oder direkt vor Ort in kleinbäuerlichen Betrieben durchgeführt werden kann. Die Rapskette stellt also nicht, wie etwa die zuvor diskutierte Dieselkette, eine geradlinige Struktur dar, sondern vielmehr eine Kette mit verschiedenen Möglichkeiten von Abzweigungen aber auch Zuleitungen, wie im folgenden diskutiert wird.

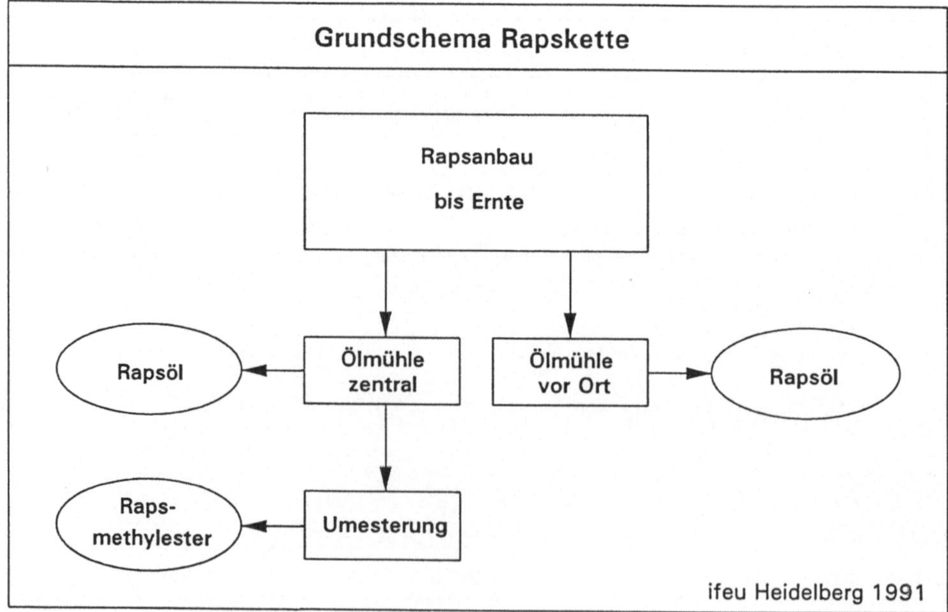

Abb. 2.1 Grundschema der Rapskette

Ein ausführliches Fließschema der Rapskette zeigt Abb. 2.2. Der landwirtschaftliche Teil dieser Kette beginnt mit der Vorbereitung des Feldes und endet mit der Ernte. Die Nachbereitung des Feldes wie beispielsweise das Unterpflügen des Rapsstrohs gehört damit in den Zuständigkeitsbereich der Folgefrucht. Der landwirtschaftliche Teil unterteilt sich im einzelnen in Saat, Bestandspflege und Düngung sowie Ernte des Rapses. Die Saat ist gekennzeichnet durch Produktion, Transport und Ausbringung des Saatguts. Die Bestandspflege (einschließlich Düngung) betrifft hauptsächlich die Anwendung von Düngemitteln und Bioziden, die ebenfalls produziert, transportiert und ausgebracht werden müssen. Der Teilkomplex "Ernte" umfaßt neben der eigentlichen Ernte der Rapskörner auch deren Transport zum Erzeugerhof und deren Aufbereitung inklusive Lagerung.

In diesem Bereich befindet sich eine erste Option, nämlich Gülle anstelle von technisch produzierten Düngemitteln einsetzen zu können. Eine zweite Option findet sich im Bereich "Ernte": Das anfallende Rapsstroh kann entweder untergepflügt oder geerntet werden mit anschließender thermischer Verwertung. Des weiteren muß berücksichtigt werden, daß das bis in eine Tiefe von 1,50 m reichende Wurzelsystem der Rapspflanze nicht geerntet wird, sondern im Boden verbleibt.

Die Rapssaat wird nach der Ernte in der Regel auf dem Bauernhof getrocknet und dort gelagert. Die Rapsölgewinnung kann dann direkt vor Ort oder auch in zentralen Ölmühlen durchgeführt werden. Der dabei anfallende Preßkuchen kann wegen seines hohen Eiweißgehaltes als Viehfutter Verwendung finden. Das gleiche gilt für das Rapsextraktionsschrot aus der grundsätzlich nur in zentralen Ölmühlen durchgeführten Extraktion des dort bereits vorgepreßten Preßkuchens. Das gewonnene Rapsöl muß entsäuert, entschleimt und gebleicht werden und kann dann entweder umgeestert werden oder aber direkt in der Form des reinen Rapsöls als Treibstoffsubstitut Verwendung finden. Wird Rapsöl umgeestert, fallen neben dem gewünschten Produkt auch größere Mengen an Glycerin an.

Für alle diese Einzelschritte bedarf es sowohl einer energetischen Analyse als auch einer Abschätzung bzgl. der CO_2-Emissionen. Dazu wird noch einmal auf die Ausführungen in Kap. 1.2 "Wahl der Systemgrenzen" in Teil 1 des Buches aufmerksam gemacht, d.h. bei den hier angestellten Untersuchungen werden die Bereitstellung und der Unterhalt von Betriebsmitteln **nicht** miteinbezogen. Zu diesen Betriebsmitteln zählen: Hochseeschiffe zum Transport von beispielsweise Rohphosphat, Traktoren, Scheunen und Zwischenlager, industrielle Produktionsanlagen für z.B. Ammoniak oder Biozide und viele andere mehr. Allerdings ist es bei der Betrachtung des Energieeinsatzes in der Landwirtschaft allgemein üblich, alle Betriebsmittel in vollem Umfang mitzuberücksichtigen. Dadurch ergeben sich mehr oder weniger große Diskrepanzen der hier angestellten Untersuchung zu bereits veröffentlichten Untersuchungen, die in den einzelnen Unterpunkten separat diskutiert werden.

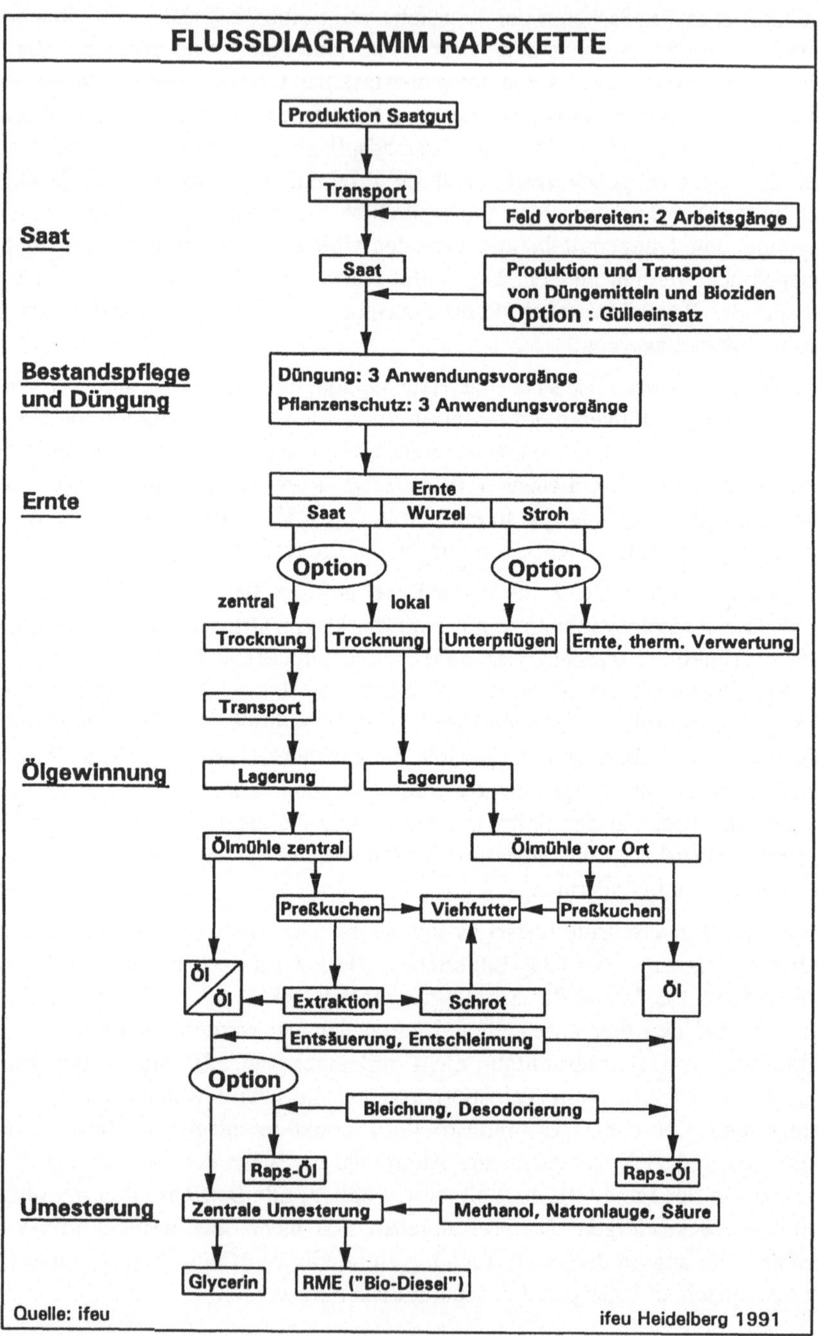

Abb. 2.2   Flußdiagramm der Rapskette

Für die im folgenden dargestellte gesamte Rapskette sind mehrere Werte von zentraler Bedeutung, da sie in nahezu alle Teilbereiche eingehen. Zu diesen Werten gehört die Erntemenge bezogen auf den Hektar Anbaufläche, da sich nahezu alle Einflußgrößen, wie Düngemittelmenge oder auch Traktorstunden, auf die Anbaufläche beziehen. Hierbei kann es sich natürlich nur um eine **mittlere** Erntemenge handeln. Abb. 2.3 zeigt die mittleren Erntemengen pro Hektar Anbaufläche für die letzten 15 Jahre. In diesem Zeitraum stieg der mittlere Hektarertrag tendenziell langsam an und betrug im Jahr 1990 ca. 30,2 dt/ha. Gemittelt über die mittleren Erträge der letzten sechs Jahre und den Durchschnitt der Jahre 1975-1984 ergibt sich ein "derzeitiger" mittlerer Hektarertrag von 30,9 dt/ha.

Diese Zahlenangaben beziehen sich ausschließlich auf den Anbau von Winterraps, der Sommerraps macht nur etwa 1,8 % der Gesamtanbaumenge bzw. -erntemenge in der Bundesrepublik aus /14/. Darüber hinaus wird nur ein Teil des Sommerrapses zur Körnerrapsproduktion angebaut, so daß es vollkommen ausreicht, bei der Betrachtung der Ölgewinnung den Winterraps alleine zugrundezulegen. Oftmals wird angeführt, daß die Erträge von Raps wesentlich höher ausfielen, würde Raps anstelle von Weizen angebaut — unter dieser Maxime könnten dann in der Tat Erträge von 35-40 dt/ha angesetzt werden. In dieser Studie soll aber der **derzeitige** Rapsanbau mit den **derzeitigen** landwirtschaftlichen und agrikulturchemischen Gegebenheiten untersucht werden, prospektive Annahmen dürfen demnach hier nicht miteinfließen. Das betrifft auch die tatsächlich vorhandene, zumindest tendenziell jährliche Steigerung der Hektarerträge (siehe Abb. 2.3). Derartige Veränderungen sowohl in der Ertragslage des Rapses, als auch durch verbesserte Technologien bei der Verarbeitung der Rapskörner müßten in einer gesonderten Arbeit untersucht werden. Dementsprechend wird bei den folgenden Betrachtungen von einer **mittleren Erntemenge von 30,9 dt/ha** ausgegangen.

Eine weitere wichtige Einflußgröße ist der Dieselkraftstoffverbrauch von Schleppern. In der Bundesrepublik sind weit über 500 Schleppertypen mit einem Leistungsbereich von 20 bis 206 kW erhältlich. Die Dieselkraftstoffverbräuche liegen hierbei zwischen 5 und 46 l/h /15/. Ein mittlerer Dieselkraftstoffverbrauch über alle Schleppertypen in der Bundesrepublik war der Literatur nicht zu entnehmen und wäre darüber hinaus auch nicht sinnvoll, da der Dieselkraftstoffverbrauch in besonderem Maß von den Einsatzzwecken abhängig ist. Aus diesem Grund wird der Dieselkraftstoffverbrauch für die einzelnen Bearbeitungsvorgänge jeweils separat der Literatur entnommen. In den Fällen, in denen keine Verbrauchsangaben vorlagen, wurde ein **"mittlerer" Dieselkraftstoffverbrauch von 7 l/h** zugrundegelegt, der in etwa einem durchschnittlichen Dieselkraftstoffverbrauch bei "leichten Arbeiten" entspricht /16/. Dies geben prinzipiell auch die Verbrauchsmessungen wieder, die über das Jahr 1990 an Versuchsschleppern der Bundesforschungsanstalt für Landwirtschaft (FAL) in Braunschweig-Völkenrode durchgeführt wurden /16/. Der dazugehörige **mittlere CO_2-Emissionsfaktor** beträgt unter Berücksichtigung der gesamten Dieselkette **20,4 kg CO_2 pro Schlepperstunde.**

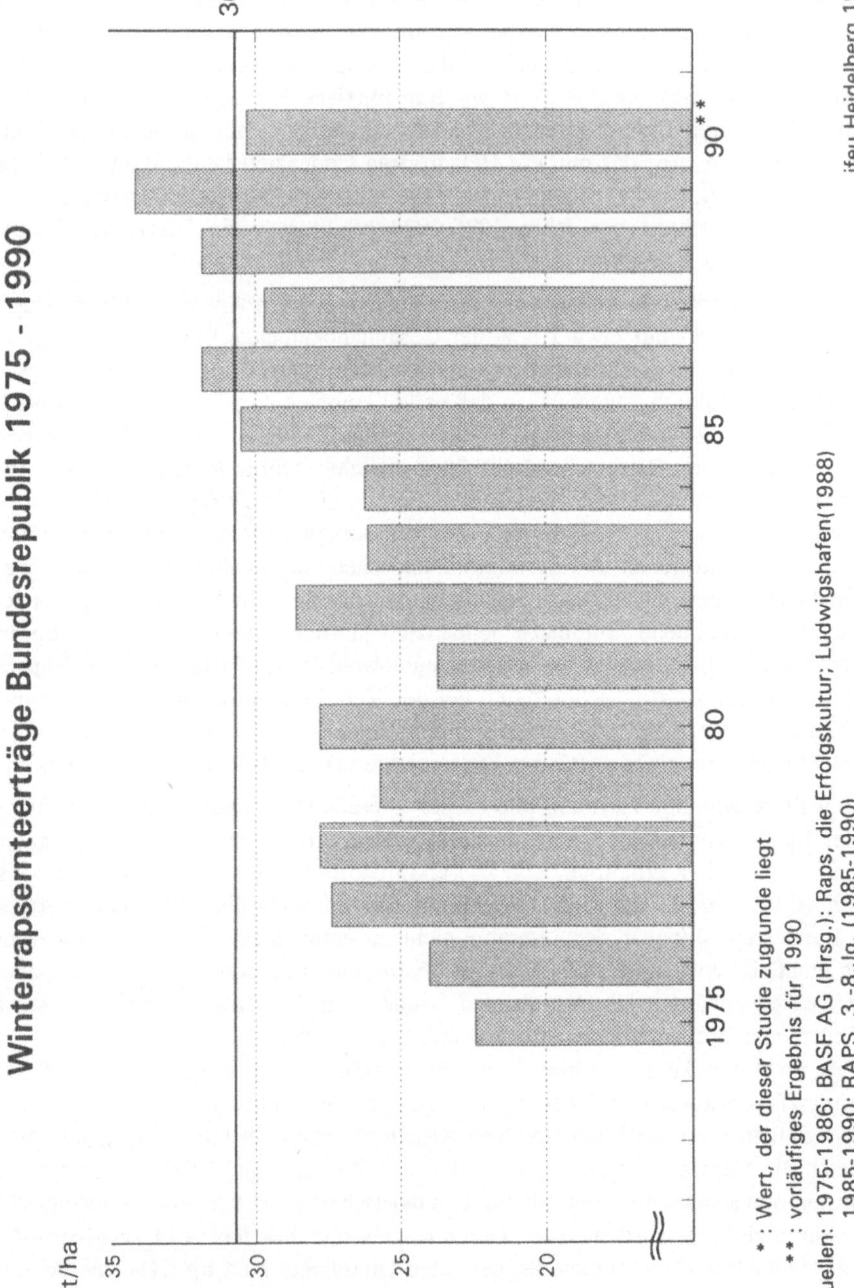

Abb. 2.3   Winterrapserträge in der Bundesrepublik 1975-1990

Ebenfalls sind für die Abschätzung der einzelnen Energiebedarfswerte innerhalb der Rapskette folgende Zuordnungen von zentraler Bedeutung: Energieinhalte von (Primär-) Energieträgern, entsprechende multiplikative Faktoren, die auf die jeweils vorgelagerte Kette des einzelnen Energieträgers abgestimmt sind und somit die Berechnung des Gesamtenergieinputs ermöglichen und schließlich die entsprechenden CO_2-Emissionsfaktoren. **Dabei beziehen wir in dieser Studie grundsätzlich die CO_2-Emissionsfaktoren auf die Gesamtkette der jeweiligen (Primär-) Energieträger!**

Die zahlreichen Schritte, die in den einzelnen Prozeßketten notwendig sind, basieren auf wenigen grundlegenden energetischen Prozessen, die hier zusammenfassend charakterisiert und in ihrem CO_2-Emissionsfaktor quantifiziert werden. In Tab. 2.5 sind die vorgenannten Kenngrößen für die Energieträger Methan, Heizöl, Steinkohle, (Industrie-) Dampf und Strom zusammengestellt.

Tabelle 2.5   Energieinhalte und CO_2-Emissionsfaktoren für verschiedene (Primär-) Energieträger

Energieinhalte und CO_2-Emissionsfaktoren			
Energie- träger	Energie- gehalt in MJ/kg	CO_2-Emissions- faktor in kg CO_2/GJ – direkt –	CO_2-Emissions- faktor in kg CO_2/GJ** – gesamt –
Methan	50,2	54,8	57,8
Heizöl EL	42,8	72,9	80,9
Steinkohle	29,3	93,2	96,1
Dampf*	2,7	102,3	108,1
Strom*	—	—	171,8

*: jeweils bundesdeutscher Split
**: jeweils einschließlich der dem Primärenergieverbrauch vorgelagerte Energiekette

Quellen: GEMIS und Berechnungen des ifeu   ifeu Heidelberg 1991

Insbesondere bei der Herstellung von Düngemitteln, aber auch bei der synthetischen Methanolproduktion und anderen Prozessen wird **Methan** bzw. Erdgas eingesetzt. Der CO_2-Emissionsfaktor der vollständigen Verbrennung beträgt 2,75 kg CO_2/kg Methan, der Energieinhalt liegt bei 50,2 MJ/kg. Für die vorgelagerte Prozeßkette der Bereitstellung von Methan stand uns kein Emissionsfaktor zur Verfügung. Ersatzweise verwenden wir die Daten für Erdgas, das zu rund 95 % aus Methan besteht /3/.

Die Daten für die CO_2-Emissionen der direkten Nutzung von **Dieselkraftstoff** bzw. der der motorischen Nutzung vorgelagerten Prozeßkette wurden im Kap. 2.3 hergeleitet. **Heizöl EL** wird hier wie Dieselkraftstoff behandelt. Die Daten für die Verbrennung von **Steinkohle** werden aus /2/ bzw. /3/ abgeleitet.

Dampf wird in der industriellen chemischen Produktion bzw. in verschiedenen Arbeitsschritten der "Rapskette" genutzt. Die dabei eingesetzten Brennstoffe sind sehr vielfältig, die realisierten Wirkungsgrade sind unterschiedlich. Es kommt erschwerend hinzu, daß die eingesetzten Dampfmengen oft in Masseneinheiten ohne die zugehörigen Temperaturen und Drücke angegeben sind. Der Energieinhalt des genutzten Dampfes ist demgegenüber abhängig von Temperatur und Druck. Beispielsweise hat Sattdampf bei einer Temperatur von 187 °C und einem dazugehörigen Druck von 12 bar einen Energieinhalt von rund 2771 MJ/kg bezogen auf Eiswasser.

Hilfsweise gehen wir wie folgt vor: Das Brennstoffeinsatzverhältnis wird mit 50 % Steinkohle, 37 % Heizöl und 13 % Erdgas festgesetzt, wie es in /17/ für eine bundesdurchschnittliche Erzeugung von Industriedampf abgeleitet worden ist. Der primärenergetische Wirkungsgrad der Dampferzeugung wird auf 85 % geschätzt. Es muß weiteren Arbeiten vorbehalten bleiben, die für die Bilanzen dieser Arbeit wichtigen Prozeßschritte herauszufinden, dann dort den Einsatz von Dampf genauer zu untersuchen und somit die Datenbasis zu verbessern.

In vielen Prozeßschritten wird **Elektrizität** genutzt. Es war im Rahmen dieser Arbeit nicht möglich, jeden einzelnen Prozeßschritt dahingehend zu untersuchen, ob der eingesetzte Strom eigenerzeugt war, und wenn ja, mit welchem Energieträger bei welchem Wirkungsgrad er hergestellt wurde. Hilfsweise setzen wir die jahresdurchschnittlichen Werte des Jahres 1988 für die Primärenergieträger und die Bruttostromwirkungsgrade der Kraftwerke der öffentlichen Versorgung der Bundesrepublik (EVU) an. Dort wurde im Jahr 1988 knapp die Hälfte des Brutto-Stroms mit Stein- und Braunkohlen erzeugt. Der Kernenergieanteil lag bei 39 %, der Wasserkraftanteil bei 5 %. In den Braunkohlekraftwerken wurden Brutto-Wirkungsgrade von rund 36 % erzielt, in den Steinkohlekraftwerken waren es knapp 40 %. Der Eigenverbrauch aller EVU-Kraftwerke lag bei 6,5 %. Der primärenergetische Wirkungsgrad des Stromverbrauchs lag damit im Jahr 1988 bei 33,5 % /9, 18/.

Eine Differenzierung des CO_2-Emissionsfaktors nach dem Zeitpunkt (Tageszeit, Jahreszeit) des Strombezugs und somit nach den zu verschiedenen Zeiten unterschiedlich genutzten Primärenergieträgern wird hier nicht vorgenommen. Die Faktoren für die den Kraftwerken vorgelagerten Prozesse werden aus den Arbeiten von Fritsche für die Enquête-Kommission "Vorsorge zum Schutz der Erdatmosphäre" /3/ übernommen.

2.4.2 Saat, Bestandspflege, Düngung und Ernte von Raps

2.4.2.1 Produktion, Transport und Ausbringung von Saatgut

Entsprechend Abb. 2.2 (Abschnitt 2.4.1) teilt sich der Gesamtkomplex "Saat" auf in folgende drei Punkte:

— Saatgutproduktion

— Transport

— Maschineneinsatz (Feldvorbereitung und Saat)

Saatgutproduktion

Das in der Bundesrepublik verwendete Saatgut wird im Prinzip im eigenen Land produziert; die Bundesrepublik gilt durch die Maxime der Risikoabsicherung sogar als Netto-Rapssaatgutexporteur. Saatgut wird auf "völlig normalem" Boden vermehrt, mit den rapseigenen Anbaumethoden, zu denen lediglich evtl. zusätzliche Biozidanwendungen im Vergleich zur Körnerrapsproduktion hinzukommen können.

Ob Rapskörner als Saatgut Verwendung finden dürfen, hängt nicht direkt von der Art und Weise oder vom Ort des Anbaus ab, sondern u.a. vom Fremdbesatz (Anzahl Pflanzen pro Fläche, die zur Fremdbestäubung befähigt sind) und von Arten, die bei der Saatgutreinigung schlecht oder gar nicht zu entfernen sind, wie z.B. das Klettenlabkraut. Diese und weitere Merkmale werden durch das Saatgutgesetz festgelegt.

Für den Energieeinsatz zur Saatgutproduktion folgt dementsprechend, daß dieser — ausgehend von der Saatgutmenge pro Fläche — durch ein rekursives Einsetzverfahren aus dem Gesamtenergieeinsatz "Saat bis Ernte" erhalten werden kann. Dazu müssen die Saatgutmenge (s. nächster Abschnitt) und der Gesamtenergieeinsatz (s. Abschnitt 2.4.2.4) bekannt sein. Die zahlenmäßige Bestimmung des energetischen Aufwands und der damit zusammenhängenden CO_2-Emissionsfaktoren kann somit erst **nach** der Bestimmung des Energieeinsatzes durchgeführt werden und ist unter "Exkurs" am Ende des Abschnitts 2.4.2.3.1 dokumentiert.

Transport

Die Saatgutproduktion ist in der Bundesrepublik aus logistischen Gründen in der Nähe der Saatgutaufbereitungsanlagen angesiedelt /14/, so daß hier keine größeren Entfernungen zu überbrücken sind. Des weiteren ist für die hier angestellten Betrachtungen wesentlich, wieviel Saatgut pro Anbaufläche eingesetzt wird.

Für den Rapsanbau gelten nach /19, 20/ folgende Grunddaten:

Mittlere Saatdichte:	70 Körner/m^2
Häufigster Reihenabstand:	24 cm
Mittlerer Kornabstand in der Reihe:	6 cm
Zahl der Körner pro m Reihenlänge:	17

Die Schwankungsbreite kann hierbei bis zu 300 % betragen. Das Tausendkorn-Gewicht (TKG) spielt eine wesentliche Rolle bei der Berechnung der benötigten Saatgutmenge und liegt bei den meisten Sorten zwischen 3 und 5 g, bei einigen Sorten leicht darüber /14/. Die Saatgutmenge berechnet sich durch Multiplizieren der erwünschten Keimpflanzen mit dem TKG und Division durch den erwarteten Feldaufgang. Bei Keimfähigkeiten von 90-100 % und erwartetem Feldaufgang von 70-100 % /14/ ergibt sich für die **benötigte Saatgutmenge** ein Wert von **3-5 kg/ha**.

Der erwartete Feldaufgang hängt nicht allein von der Keimfähigkeit des Saatguts ab, sondern auch von der Art des Säverfahrens (s. nächster Abschnitt). Für die Bundesrepublik kann bei 80 % Feldaufgang von einer **mittleren** Saatgutmenge von **5 kg/ha** ausgegangen werden. Zum Vergleich: Bei der sehr ausführlich dokumentierten Energieaufwandabschätzung zur Rapskette aus dem Jahr 1980 /21/ wurden noch 10 kg/ha angegeben.

Der Transportanteil von 5 kg Rapssaat aus der Gesamternte von ca. 30 dt/ha Anbaufläche zu den "sowieso schon in der Nähe befindlichen" Saatgutaufbereitungsanlagen (s. o.) ist marginal. Der Transport von der Saatgutaufbereitungsanlage über Verteilerstellen bis zum landwirtschaftlichen Betrieb kann ebenfalls vernachlässigt werden, da eine derart geringe Menge, die mühelos bei Ankauf von Düngemitteln o.ä. noch untergebracht werden kann, keine zusätzliche Fahrt — und somit Energieaufwand — verursacht.

Maschineneinsatz (Feldvorbereitung und Saat)

Der Maschineneinsatz gemäß dem Teil der Rapskette "Feldvorbereitung und Saat" teilt sich wie folgt auf /14/:

- **Stoppelbearbeitung:** Einarbeitung des Strohs der Vorfrucht.

- **Grundbodenbearbeitung:** Tiefe Lockerung des Bodens zur Schaffung genügend großen Porenvolumens.

- **Saatbettbereitung:** Rückverfestigung und gleichmäßige Einebnung der Oberkrume als Voraussetzung für das Säverfahren auf feines, krümeliges Saatbett.

- **Säen:** Ausbringung des Saatguts.

Nach den neuesten Zahlen des Kuratoriums für Technik und Bauwesen in der Landwirtschaft (KTBL) /22/ gelten folgende Arbeitsstunden-Werte für den Einsatz von Schleppern, die gemittelte Werte darstellen, bezogen auf eine mittlere Parzellengröße von 2 ha und jeweils mittleren Arbeitsgeräten: Pflügen (1,2 m): 2,1 h, Saatbettvorbereitung mit Gerätekombination: dreimal 1,8 h, Drillsaat: 0,7 h.

Für die Stoppelbearbeitung werden keine Zahlen genannt, sie wird hier dem Pflügen gleichgesetzt, da beide Arbeitsvorgänge wegen des Umwendens großer Mengen an Ackerboden ähnlich energieintensiv sein dürften.

Als Säverfahren kommen beim Raps als Feinsaat die Drill- und die Einzelkornsaat in Betracht /14, 19/. Der Feldaufgang ist bei der Einzelkornsaat größer als bei der Drillsaat. KTBL gibt den Aufwand lediglich für die Drillsaat an; eine Abschätzung unter Berücksichtigung der Einzelkornsaat ist wegen des sowieso schon in Relation zum Gesamtvorgang niedrigen Aufwands nicht vonnöten. Der Dieselkraftstoffeinsatz berechnet sich nach /23/ zu insgesamt 70 l/ha Anbaufläche (s. Tab. 2.6). Der entsprechende energetische Aufwand und die damit verbundenen CO_2-Emissionsfaktoren sind ebenfalls in Tab. 2.6 aufgelistet. Bei der Berechnung der CO_2-Emissionsfaktoren wurde bereits das Ergebnis der Dieselkette zugrundegelegt.

Tabelle 2.6 Mittlerer Aufwand zur Vorbereitung des Feldes und zur Saat bezogen auf ein Hektar Anbaufläche und den hiermit verbundenen Energieaufwand und CO_2-Emissionsfaktoren.

mittlerer Energieeinsatz pro ha Anbaufläche			
Schlepperstunden[*]	entspr. Dieseleinsatz in l[**]	entspr. Energieaufwand in MJ	entspr. CO_2-Emissionsfakt. in kg CO_2
Stoppelbearbeitung 2,1	16	640	46
Grundbodenbearbeitung, Saatbettbereitung und Sävorgang 4,6	54	2.160	154
gesamt 6,7	70	2.800	200

Quellen: [*]: KTBL 1990; [**]: Steinkampf 1979; sonst: eigene Berechnungen   ifeu Heidelberg 1991

2.4.2.2   Produktion, Transport und Ausbringung von Düngemitteln

Der Gesamtkomplex "Produktion, Transport und Ausbringung von Düngemitteln" ist hinsichtlich der insgesamt aufzuwendenden Energie in Form von landwirtschaftlichen Energiebilanzen in der Literatur schon vielfach beschrieben worden. Die erste umfassende Energiebilanz, die sich auf die britischen Verhältnisse in der Landwirtschaft bezog, entstand 1976 in Großbritannien /24/. Es folgte 1979 eine erste deutschsprachige Zusammenstellung und Wertung aller deutsch- und englischsprachigen, bis dahin erschienenen Arbeiten /25/, und 1980 erschien in den USA ein "Handbuch zum Energieeinsatz in der Landwirtschaft" /26/.

Diesen und auch den darauf folgenden Arbeiten ist gemein, daß sie sich auf den "Energieeinsatz" als solchen beziehen und nur in Ausnahmefällen die jeweiligen Primärenergieträger und deren Anteile angeben. Prinzipiell wäre eine konsequente Aufschlüsselung in Primärenergieträger auch nur mit Einschränkungen möglich gewesen, denn bei diesen Studien handelt es sich bereits um "klassische" Energiebilanzen, die beispielsweise das Erstellen neuer Gebäude, den Aufbau von Fabriken, die Produktion von Maschinen, die Produktion und den Einbau von Ersatzteilen und vieles andere mehr berücksichtigen. Mit anderen Worten: eine Abschätzung bzgl. der CO_2-Emissionen durch den Komplex der Düngemittel bzw. generell der Landwirtschaft liegt nicht vor, d.h. sie muß für diese Studie vorgenommen werden — auf Basis der bereits erstellten Bilanzen. Dabei sind zwei wesentliche Punkte zu beachten:

Erstens dürfen entsprechend den Ausführungen in Abschnitt 1.2 nur "betriebsmittelfremde" Energieaufwände berücksichtigt werden, d.h. die Energiebilanz darf z.B. durch die Erstellung von Gebäuden nicht belastet werden. Das zweite betrifft die absoluten Zahlenangaben. Wurden beispielsweise 1979 in /25/ noch 80 MJ bzw. in /27/ noch 60 MJ Energiebedarf pro kg synthetischen Stickstoff in technischen Düngemitteln angegeben, werden in einer kürzlich erschienenen Studie lediglich noch 51,3 MJ zugrundegelegt /17/. Es ist also zu prüfen, ob durch technische Verfahrensänderungen in den letzten Jahren die in der Literatur angegebenen Werte nach unten korrigiert bzw. angepaßt werden müssen.

Dies ist im Rahmen dieser Studie nicht bis ins kleinste Detail durchführbar. Eine sorgfältige Abschätzung erfolgt dennoch exemplarisch für die vier wichtigsten — weil energieintensivsten — Düngemittel: Stickstoff, Phosphor, Kalium und Kalzium. Eine Abschätzung der für Raps ebenfalls wichtigen Nährelemente Schwefel, Bor und Magnesium /28, 29/ muß hier unterbleiben, sollte aber bei weiterführenden Arbeiten durchgeführt werden. Im folgenden werden die genannten vier Hauptnährelemente jeweils einzeln nach folgenden Gesichtspunkten diskutiert:

I   Energieeinsatz und damit verbundene CO_2-Emissionen zur Bereitstellung von technischen Düngemitteln

II Nährstoffbedarf von Raps und Düngemittelaufwand zur Produktion von Körnerraps bzw. Körnerraps plus Rapsstroh

III Energieeinsatz und damit verbundene CO_2-Emissionen durch den Transport und die Ausbringung von technischen Düngemitteln

I **Energieeinsatz und damit verbundene CO_2-Emissionen zur Bereitstellung von technischen Düngemitteln**

Die vier Hauptnährelemente Stickstoff, Phosphor, Kalium und Kalzium werden in dieser Reihenfolge entsprechend ihrer Energiebedarfsmengen diskutiert.

Stickstoff (in kg N)

Technische Stickstoffdüngemittel sind die energieintensivsten Düngemittel, da zur ihrer Darstellung Luftstickstoff über chemische/physikalische Verfahren synthetisch gebunden werden muß. Stickstoffhaltige Düngemittel aus Lagerstätten wie Chile-Salpeter oder rezenten Quellen wie Guano machen weniger als 2 % der stickstoffhaltigen Handelsdünger aus /25/. Die technische Fixierung von Luftstickstoff erfolgt über die Ammoniaksynthese nach dem Haber-Bosch-Verfahren, in dem Wasserstoff und Stickstoff in einer exothermen Reaktion unter Volumenverminderung bei hohen Drücken katalytisch zur Reaktion gebracht werden /30, 31/. Für das Gesamtverfahren — dem eigentlichen Haber-Bosch-Verfahren ist noch die Bereitstellung der Synthesegase vorgeschaltet — ist unter dem Strich eine Energiezufuhr notwendig.

Für die Energiebilanz, vor allem aber für die CO_2-Emissionsabschätzung ist die genaue Kenntnis der Einzelschritte bei der technischen Stickstoffixierung notwendig. Für die Darstellung des Wasserstoffs und des Stickstoffs für die Haber-Bosch-Synthese kommen in einem ausgeklügelten Reaktionsverfahren lediglich Erdgas (Methan), Wasser und Luft zum Einsatz. Im sog. Primärreformer entstehen aus Methan und Wasserdampf Kohlenmonoxid (CO) und Wasserstoff (H_2), im Sekundärreformer aus Methan und Luft (ca. 80 % Stickstoff und ca. 20 % Sauerstoff) ebenfalls CO und H_2 neben Wasser. Mit diesem Wasser und zusätzlichem Wasserdampf wird in einem Konvertierungsprozeß sämtliches CO zu CO_2 oxidiert, wobei weiteres H_2 entsteht. In der Gesamtbilanz entsteht aus Methan, Wasserdampf und Luft neben CO_2, das über die Gaswäsche ausgewaschen werden kann, Wasserstoff und Stickstoff, sog. *Synthesegas*. Über das Haber-Bosch-Verfahren wird das Synthesegas schließlich zu Ammoniak umgesetzt /30, 31/.

Energetisch betrachtet fließen in die Ammoniaksynthese dementsprechend Energien über zwei Kanäle ein, einmal über den Energieinput durch Methan als *Prozeßgas*, aus dem 58 % des H_2 des Synthesegases stammen (der Rest kommt vom Wasserdampf) und einmal ebenfalls durch Methan als sog. *Heizgas* (Energiespender) — mit einem bei der industriellen Anwendung verbundenen Verhältnis von etwa 60:40 /32/. Bezüglich der CO_2-Emissionen braucht für die Ammoniaksynthese also lediglich die Gesamtmenge an benötigtem Methan betrachtet zu werden. Diese Gesamtmenge hängt ab von der Art der Anlage, von den Energieim- und -exporten aus der industriellen Peripherie und von der Verfügbarkeit des Rohstoffs Methan.

Nach rein stöchiometrischem Umsatz betrüge die für die Produktion von 1 kg Ammoniak (NH_3) benötigte Methanmenge 0,583 Nm^3 mit einem Energieinhalt von 20,9 MJ bezogen auf den unteren Heizwert /33/. De facto waren in den 50er Jahren ungefähr 50 MJ, in den mittsechziger bis zu den mittsiebziger Jahren im Mittel 45 MJ und von 1975 bis 1985 mit den Niedrigenergiekonzepten unter 40 MJ/kg NH_3 jeweils Stand der Technik /33/, Dampfexportabschläge jeweils nicht miteingerechnet.

Ende der 70er Jahre wurden in England (ICI) 64 MJ, in den USA 49 MJ und in der Bundesrepublik (BASF) 40 MJ pro kg Ammoniakstickstoff (NH_3-N) benötigt /32/. 1983 wurde das Verfahren von ICI auf 50 MJ und 1987 auf 40 MJ pro kg NH_3-N verbessert /32/. Die Einsparungen waren in den letzten 20 Jahren gekennzeichnet durch Verfahrensverbesserungen bei der Synthesegasherstellung und bei der (der Synthese vorgeschalteten) Kompression und weniger auf dem Gebiet der eigentlichen Synthese /31/. Heutzutage technisch machbar sind größenordnungsmäßig 30 MJ/kg NH_3-N bei neuen Anlagen /33/. Da NH_3-Produktionsanlagen eine Laufzeit über mehrere Dekaden haben, gehen wir wie /32/ für unsere Berechnungen von **40 MJ pro kg NH_3-N** an reiner Produktionsenergie aus. Zum Vergleich: Für das Jahr 1986 wurde nach Auskunft des Fachverbands Stickstoffindustrie der Mittelwert der in der Bundesrepublik eingesetzten Stickstoff-Produktionsverfahren mit 41,8 MJ/kg angegeben /34/.

90 % des produzierten Ammoniaks geht in die Düngemittelproduktion /30/. Insgesamt sind in der Bundesrepublik 16 Einfachstickstoffdünger zugelassen /35/, die, sofern sie technisch produziert werden, auf Ammoniak basieren. Der größte Teil des Ammoniaks geht in die Harnstoff-, Ammonium- (Lösen in Wasser) und Salpetersäureproduktion (katalytische Verbrennung von NH_3 zu Stickstoffmonoxid (NO) und anschließender Oxidation nach Ostwald) /30/. Zur Produktion der jeweiligen Einfachstickstoffdüngemittel aus Ammoniak sind naturgemäß unterschiedliche Energiezufuhren notwendig, die es abzuschätzen gilt. In /25/ werden tabellarisch für 7 verschiedene Stickstoffdüngemittel Werte für den Energiebedarf zur Produktion von Stickstoffdüngern nach verschiedenen Autoren aufgelistet (alle 70er Jahre). Exemplarisch seien hier die dort angegebenen Bandbreiten für Ammoniumnitrat und Harnstoff wiedergegeben: 58-92,4 bzw. 57-83,5 MJ/kg — vermutlich bezogen auf Düngemittel-Stickstoff.

Ein differenzierteres Bild war der Literatur nicht zu entnehmen. Eigenen Recherchen zufolge können bzgl. der beiden Leitsubstanzen Ammoniumnitrat und Harnstoff folgende Energieflüsse zugrundegelegt werden /36/:

Ammoniumnitrat: Für die katalytische NH_3-Verbrennung und Oxidation des entstandenen NO zu Salpetersäure nach dem Ostwald-Verfahren, eine stark exotherme Reaktion mit einer freiwerdenden Energie von 906,11 kJ/mol, wird derzeit eine Energiegutschrift in Höhe von 3,3 MJ/kg NH_3-N realisiert. Die anschließende Umsetzung zu Ammoniumnitrat benötigt 2,5 MJ und durch Aufbereitungs- und Reinigungsverluste muß 1,8 MJ in Rechnung gestellt werden, jeweils pro kg NH_3-N. Zusammen ergibt das 1 MJ/kg NH_3-N Energieaufwand.

Harnstoff: Die Harnstoffsynthese, bei der NH_3 und CO_2 unter Druck zur Reaktion gebracht werden, benötigt einen Energieinput von 8 MJ/kg NH_3-N. Als Verlust bei der Aufbereitung bzw. Reinigung wird 1 MJ angesetzt, d.h. insgesamt ergibt sich für Harnstoff ein Produktionszuschlag von 9 MJ/kg NH_3-N.

Dic produzierten Düngemittel müssen für den Verkauf in handelsübliche Einheiten verpackt, beschriftet und zwischengelagert werden. Für die 50,8 kg fassenden Polyethylensäcke gibt /37/ 410 MJ/t Produkt an bzw. 1040 MJ/t Produkt für den kompletten Vorgang des Absackens bis zur Lagerung. Als Gesamtenergieinput ergibt sich somit für Ammoniumnitrat ex fabrica 42 MJ und für Harnstoff ex fabrica 50 MJ, jeweils pro kg Düngemittel-Stickstoff. Als **mittleren Energiebedarf** zur Bereitstellung von 1 kg technischem Stickstoff ex fabrica **setzen wir 45 MJ** an. Dieser Wert liegt sicherlich in der richtigen Größenordnung, zur besseren Abschätzung jedoch müßten auch die anderen Stickstoffdünger und deren Marktanteile mitberücksichtigt werden, was im Rahmen dieser Untersuchung nicht geleistet werden konnte. Da sich der Energiebedarf für Stickstoffdünger ex fabrica gegenüber demjenigen für die reine Produktion um lediglich 12,5 % erhöht und hierbei ein gewisser Anteil ebenfalls auf Methan als Energieträger zurückzuführen ist, wird die CO_2-Emission zu 100 % auf Methan bezogen. Dies ist zulässig, da der hierbei auftretende Fehler kleiner ist als der bei der gesamten Energieabschätzung. Somit ergibt sich pro kg technischem Stickstoff ein **CO_2-Emissionsfaktor von 2,6 kg CO_2/kg N** unter Berücksichtigung von Exploration, Transportverlusten etc. von Erdgas (Methan).

Phosphor (Phosphat in kg P_2O_5)

Phosphatdünger wird im wesentlichen aus Rohphosphaten (Hauptlagerstätten in Nordafrika, USA und GUS) und als Nebenprodukt bei der Eisenverhüttung aus phosphathaltigem Eisenerz gewonnen. Rohphosphat (Phosphorit und Apatit) ist praktisch wasserunlöslich. Deswegen muß das Phosphat mit chemischen Methoden in eine wasserlösliche Form gebracht werden, soll es als Düngemittel Verwendung finden. Der größte Teil des behandelten Rohphosphats wird zu Superphosphat verarbeitet, indem Rohphosphat mit Schwefelsäure aufgeschlossen wird. Somit ist der gesamte Prozeß "Bergmännischer Abbau von Rohphosphat" bis "Produktion wasserlöslicher Phosphatformen (z.B. Superphosphat)" näher zu betrachten. Grundlagen hierzu wurden in /37/ erstellt und werden auf die Verhältnisse dieser Studie angepaßt und die dazugehörigen CO_2-Emissionsfaktoren errechnet.

Rohphosphatabbau im Bergwerk: In /37/ werden pro Tonne geförderten Phosphaterzes 400 MJ an Energieaufwand angesetzt. Der größte Teil der eingesetzten Energie kommt von Dieselkraftstoffen. Wir legen hier 11 l Dieselkraftstoff zugrunde.

Aufkonzentration des Phosphaterzes: Phosphaterz hat einen Anteil von ca. 12-15 % an Phosphaten (bezogen auf P_2O_5), der mit einfachen Flotationsmethoden auf 35 % gesteigert werden kann. Hierzu werden nach /37/ pro Tonne aufgearbeiteten Materials 2 kg Natronlauge, 25 kWh Strom, 2,1 kg Schmieröl und 2,7 kg Fettsäuren benötigt. Zur Bereitstellung von 2 kg Natronlauge werden nach /38/ 14,63 MJ thermische und 6,04 kWh elektrische Energie benötigt. Schmieröl und Fettsäuren rechnen wir mit 137 MJ auf der Basis von Dieselkraftstoffen zu 3,8 l um. Insgesamt ergibt sich damit ein Energiebedarf von 533,5 MJ/t Phosphatkonzentrat. Der CO_2-Emissionsfaktor läßt sich damit direkt aus den 31 kWh Strom, 14,6 MJ Dampf und 3,8 l Dieselkraftstoff errechnen.

Schifftransport: Für Großbritannien wird für die transportierte Durchschnittstonne aufkonzentrierten Rohphosphats eine Entfernung von 2.782 km angegeben /37/. Bei Lagerstätten in Nordafrika, den USA und den GUS erscheint uns dies als zu niedrig angesetzt, übernehmen diesen Wert aber mangels anderer verfügbarer Daten. Bei 0,2 MJ pro Tonnenkilometer /37/ ergibt sich ein Energieinput von 574 MJ/t aufkonzentrierten Rohphosphats, das sind in etwa 16 l Dieselkraftstoff.

Düngemittelfabrikation: Nach /37/ werden ohne nähere Aufschlüsselung für den Gesamtprozeß der Produktion von 1 t Superphosphat mittels Schwefelsäure im großtechnischen Maßstab 10.800 MJ bezogen auf 100 % P_2O_5 genannt. Da bei großtechnischen Prozeßführungen in der chemischen Industrie möglichst auf Dampf als Energieträger und nicht auf Strom zurückgegriffen wird, rechnen wir zur CO_2-Emissionsabschätzung mit entsprechendem Dampfbedarf.

Summa summarum ergibt sich somit für die gesamte Produktion ein **Energiebedarf von 16,6 MJ/kg P_2O_5** (ohne Vorkette). Der CO_2-Emissionsfaktor läßt sich auf der Basis von 31 kWh Strom, 10.815 MJ Dampf und 42 l Dieselkraftstoff berechnen zu **1,75 kg CO_2/kg P_2O_5**.

Für die endgültige Festlegung der entsprechenden Werte muß berücksichtigt werden, daß in der Bundesrepublik nicht nur Superphosphat als Phosphatdüngemittel Verwendung findet. Amtlich zugelassen sind 6 Einnährstoffdünger (Phosphat) und 18 phosphathaltige Mehrnährstoffdünger /35/, die, wie die bereits zuvor diskutierten Stickstoffdünger, unterschiedliche Energiebedarfe zu ihrer Bereitstellung benötigen. Beispielsweise werden in /25/ für Thomasphosphat 6 MJ/kg genannt, ebenso in /39/. Als Durchschnittswerte über alle Düngemittelphosphate findet man (nur Bereitstellung) in /27/ pro kg P_2O_5 7 MJ, in /40/ 11,5 MJ, in /41/ 12-14 MJ und in /25/ werden neun Autoren angeführt mit Durchschnittswerten von 7,3, zweimal 12, viermal 14, 14,3 und 14,7 MJ.

Wir gehen im folgenden bei unseren Berechnungen von einem **mittleren Energieaufwand von 14 MJ/kg P_2O_5** (ohne Vorkette) aus, das sind insgesamt 17,4 MJ/kg P_2O_5. Setzt man die CO_2-Emissionen zu den zuvor in ausführlicher Darstellung erhaltenen Ergebnissen in Relation, ergibt sich der dazugehörige **mittlere CO_2-Emissionsfaktor zu 1,48 kg CO_2/kg P_2O_5**.

Kalium (Kali in kg K_2O)

Die größten Kalilagerstätten befinden sich in Deutschland, Frankreich, GUS, USA und Kanada /42/. Die dort in der Regel in der Nähe der Erdoberfläche lagernden Kalisalze können mit relativ geringem Energieeinsatz abgebaut werden, zumal sie relativ weiche Gesteine darstellen. Die so gewonnenen Kalirohsalze, meist Carnallit und Sylvinit, müssen chemisch aufbereitet werden, da sie mit Steinsalz, Anhydrit und Kieserit durchsetzt sind, wobei der Kaliumsalzanteil ca. 50 % beträgt. Für das Gewinnen der Kalirohsalze werden in /37/ 266 MJ pro t Kaliumchlorid-Äquivalent (im folgenden kurz mit KCl bezeichnet) angegeben und für die Kaliumanreicherung 1.134 kg Dampf und 50 kWh Strom pro t KCl. Das sind samt Vorleistungen 4.762 MJ/t KCl. Für den Schifftransport werden, ebenfalls in /37/, 342 MJ/t genannt, in etwa also 10 l Dieselkraftstoff.

Zusammengerechnet (Kalisalzgewinnung, Aufbereitung und Transport) beträgt demnach der energetische Aufwand 5.104 MJ/t KCl. Umgerechnet auf die in der Landwirtschaft übliche Größe K_2O erhält man unter Einbeziehen der Molmassen **8 MJ/kg K_2O** (ohne Vorkette). Der **CO_2-Emissionsfaktor** berechnet sich mit 16 l Dieselkraftstoff, 50 kWh Strom und 1.137 kg Dampf und bezogen auf K_2O zu **0,86 kg CO_2/kg K_2O**.

Für die Bewertung des **mittleren** Energieeinsatzes muß berücksichtigt werden, daß nicht nur Kaliumchlorid, sondern auch Kaliumsulfat und Kaliumnitrat als Düngemittel Verwendung finden, wobei aufgrund der Tatsache, daß viele Pflanzen wie beispielsweise die Kartoffelpflanzen gegen die Wirkung von Chloriden empfindlich sind, oftmals Sulfate gegenüber den Chloriden bevorzugt werden /30/. Für den mittleren Energiebedarf zur Bereitstellung von kaliumhaltigen Düngemitteln sind in der Literatur folgende Werte zu finden, alle in MJ bezogen auf 1 kg K$_2$O: nach /40/ 4,7, nach /27/ 6, nach /41/ ebenfalls 6, nach /39/ 4-7 und nach sechs verschiedenen Autoren, die in /25/ tabellarisch gegenübergestellt werden: 6,7, 8, 8,3, 8,5, 9 und 9,7. Wieso in /25/ als mittlerer Wert 9-10 MJ angegeben wird, kann nicht nachvollzogen werden; er beruht wahrscheinlich aber auf Fehlern bei molmassenbezogenen Umrechnungen. Bei Energiebilanzen bezüglich Raps sind in /43/ 6 und /21/ 9 MJ angerechnet worden. Als rein rechnerischer Mittelwert der oben aufgelisteten Durchschnittswerte ergibt sich 7,43 MJ/kg K$_2$O.

Mit den vorgenannten Daten können aufgrund der expliziten Entwicklung der Abhängigkeit der CO$_2$-Emission vom Gesamtenergiebedarf auf der Basis von /37/ genau eben diese ohne weiteres als **mittlere** Werte übernommen werden. Sie liegen damit innerhalb des rein rechnerischen Bereichs der Fehlerabschätzung. Somit gilt für den **mittleren Energiebedarf** zur Bereitstellung (Gewinnung, Transport und Aufbereitung) von kaliumhaltigen Düngemitteln **8 MJ/kg K$_2$O (ohne Vorkette),** das sind insgesamt 10,5 MJ/kg K$_2$O (Vorkette eingerechnet), mit einem **mittleren CO$_2$-Emissionsfaktor von 0,86 kg CO$_2$/kg K$_2$O.**

Kalk (in kg CaO)

Düngekalk, der im eigentlichen Sinn nicht als Pflanzendüngemittel, sondern als Bodenverbesserer (pH-Wert-Erhöhung /44/) in der Landwirtschaft eingesetzt wird, ist in der Bundesrepublik nach dem Kalkabkommen als Düngemittel in 11 verschiedenen Rezepturen zugelassen /35/. Die wichtigsten davon sind Kohlensaurer Kalk (CaCO$_3$), Branntkalk (CaO), Löschkalk (Ca(OH)$_2$), Hüttenkalk (CaO) und Mischkalk (CaCO$_3$ + CaO/Ca(OH)$_2$) — die Summenformeln jeweils bezogen nur auf Kalzium. Bis auf die Abfallkalke wie beispielsweise Hüttenkalk werden alle Düngekalke aus natürlich vorkommendem Kalk, entweder aus Kalkstein oder aus Dolomit, gewonnen.

Um an das Rohmaterial Kalk zu gelangen, muß im Regelfall das darübergelegene Gestein entfernt werden. Dann kann das Kalkgestein gesprengt, verladen und zur Aufbereitung abtransportiert werden. Die Aufbereitung kann entweder durch direktes Mahlen (Kohlensaurer Kalk), energieintensives Brennen (Branntkalk) oder Brennen plus Löschen mit Wasser (Löschkalk) geschehen. Bei den letzteren schließt sich noch ein Mahlvorgang an. Je nach Aufbereitungsverfahren, die im Prinzip als konsekutiv anzusehen sind, ergeben sich um mehrere 100 % voneinander verschiedene Energiebedarfswerte.

Für den bergmännischen Energieeinsatz werden nach /37/ 367 MJ pro Tonne Kalkgestein, also CaCO$_3$ (!), angegeben, für Transport, Mahlen plus Abpacken weitere 1.340 MJ/t, das sind zusammen 1.707 MJ/t. Bezogen auf die in der Landwirtschaft übliche Größe CaO sind das 3,05 MJ/kg CaO. Zum Vergleich hierzu werden in /45/, der einzigen Quelle, in der die verschiedenen Düngekalke einzeln energetisch bewertet werden, 0,8 MJ/kg Reinnährstoff – was per Konvention kg CaO bedeuten müßte, dort aber nicht explizit angegeben ist – genannt. Für die damit zusammenhängenden CO_2-Emissionen kann durch den Dieselkraftstoffeinsatz bei der Gewinnung und durch den Stromeinsatz bei den Mahlwerken von einem energetischen Verhältnis 25:75 ausgegangen werden.

Für den weiteren möglichen Aufbereitungsschritt des Kalkbrennens werden in /41/ zur Produktion von Branntkalk inklusive "Vorkette" 4,2 MJ/kg CaO angesetzt. Da zur Darstellung von Löschkalk Branntkalk lediglich mit Wasser versetzt wird, wobei eine starke Wärmeentwicklung auftritt /30/, dürfte Löschkalk einen ähnlichen Wert besitzen wie Branntkalk. Die Bereitstellung von Mischkalk als Gemisch von Kohlesaurem und zumindestenes einem Viertel Brannt- oder auch Löschkalk /35/ erfordert dementsprechend einen Energieeinsatz in Höhe von ca. 3,4 MJ/kg CaO. Für Hüttenkalk als Abfallprodukt bei der Stahlerzeugung (Hochofenschlacke) wird energetisch lediglich die Weiterbearbeitung, also das Vermahlen, in Rechnung gestellt, das sind nach /45/ 0,8 MJ/kg CaO.

Es stellt sich die Frage, wie hoch ein **mittlerer Energiebedarf** angenommen werden kann. Als Angaben für mittlere Energiebedarfswerte waren in der Literatur lediglich zwei Angaben zu finden: 1,12 MJ/kg CaO (im Original: 2 MJ/kg $CaCO_3$) in /37/ und 1,4 MJ/kg CaO in /27/. In /25/ und /40/ finden sich keine diesbezüglichen Angaben. Bei Energiebilanzen bezüglich Raps wurde in /21/ Düngekalk überhaupt nicht berücksichtigt und in /43/ mit 2,1 MJ/kg Reinnährstoff, wahrscheinlich also CaO, bewertet. Hier fehlen nähere Angaben sowie Literaturhinweise. Bemerkenswerterweise handelt es sich hier um das arithmetische Mittel der in /45/ genannten Zahlen. Ohne der genaueren Kenntnis der für die Bundesrepublik gültigen Verbrauchszusammensetzung von Düngekalken, die in der hier zu erstellenden Studie wegen des engen vorgegebenen Zeitrahmens nicht solide ausfindig gemacht werden konnte, kann die Aussagekraft dieses Wertes nicht beurteilt werden.

Wir gehen aus diesem Grund von einem **mittleren Energiebedarf** zur Bereitstellung von Düngekalkmitteln in einer Höhe von ca. **1,5 MJ/kg CaO** (ohne Vorkette) aus. Für die damit einhergehende CO_2-Emission gilt folgende Überlegung: Für die Bereitstellung von Kohlensaurem Kalk gelten vorstehende Werte. Der darüber hinausgehende Energieeinsatz ist im wesentlichen durch die Produktion von Brannt- und Löschkalk bedingt – Abfallkalke einmal vernachlässigt. Statistisch gesehen ist die Differenz von 0,7 MJ/kg CaO also allein auf den Aufbereitungsschritt des Kalkbrennens anzurechnen, das ist thermische Energie in Form von "Brennstoffen" /30/. Wir setzen hier mangels verfügbarer Daten zur Fehlerminimierung ein Drittelmix Kohle/Erdöl/Gas bezogen auf 0,7 MJ an. Dazu kommen aus den oben bereits aufgelisteten Werten abgeleitete Energieinputs von ca. 0,005 l Dieselkraftstoff und ca. 0,2 kWh Strom pro kg CaO. Insgesamt ergibt sich damit ein **mittlerer CO_2-Emissionsfaktor von 0,18 kg CO_2/kg CaO.**

II Nährstoffbedarf von Raps und Düngemittelaufwand zur Produktion von Körnerraps bzw. Körnerraps plus Rapsstroh

Im vorigen Abschnitt wurde der Energieeinsatz zur Bereitstellung von Düngemitteln bezogen auf jeweils **1 kg Reinnährstoff** beschrieben, der Energieeinsatz **pro ha** aber hängt ab vom Nährstoffgehalt bzw. Nährstoffbedarf der Rapspflanzen und von deren Erträgen. Zu deren Bestimmung dienen folgende Überlegungen, die grundlegend für eine umfassende Betrachtung des Agrarökosystems sind und in Teilergebnissen von bisherigen Studien bezüglich der Energiebilanzen zum Rapsanbau abweichen.

Ein wesentlicher Punkt hierbei ist, daß unserer Meinung nach die Höhe der in die Berechnungen einfließenden Düngemittelgaben **weder** mit den **tatsächlich ausgebrachten Düngemittelmengen noch** mit den rein rechnerisch erhaltenen bundesdeutschen **Durchschnitts-Düngemittelmengen** gleichzusetzen sind, und zwar aus folgendem Grund: Der Raps als Kulturpflanze stellt relativ hohe Ansprüche an die Bodenverhältnisse. Am Winteranfang wie auch am Ende des Winters fordert er hohe pflanzenverfügbare Nährstoffgehalte; es ist eine Pflanze mit hohem Nährstoffinput. Andererseits kann sein bis zu 1,50 m tief verzweigtes Wurzelsystem Nährstoffe in tieferen Schichten des Bodens fixieren. Nach Abernten der Rapssaat verbleiben in der Regel das Rapsstroh und das Wurzelsystem auf dem Acker und werden untergepflügt. Dadurch mineralisieren die im Rapsstroh und im Wurzelsystem enthaltenen Nährstoffe in eine mehr oder weniger pflanzenverfügbare Form, und dienen somit als "Düngemittel" für die Folgefrucht. Dementsprechend hat Raps einen relativ hohen Vorfruchtwert, der für jeden Pflanzennährstoff einzeln bestimmt werden muß. Von daher ist es nicht richtig, der Rapspflanze den kompletten Düngemittelinput anzuschreiben, es muß eine Gutschrift in Höhe der dem Feld überlassenen Mineralstoffe (korrekter: **pflanzenverfügbaren (!) Mineralstoffe**) erfolgen.

Für die Bestimmung der Höhe des kompletten Düngemittelinputs, der als Parameter zur Berechnung der Gutschrift natürlich ebenfalls bestimmt werden muß, dient folgende Überlegung: In der Bundesrepublik werden bekanntermaßen die Böden bzgl. der Nährstoffversorgung grob in fünf Klassen eingeteilt, von A bis E. Bei der Bodenklasse C befindet sich der Boden in optimalem Zustand bzw. Nährstoffangebot, es muß eine Düngung lediglich in Höhe der durch die Kulturpflanze entzogenen Mineralstoffe, eine sogenannte Erhaltungsdüngung, durchgeführt werden. In den Klassen D und E kann die Düngung reduziert werden bzw. ganz entfallen, da im Boden (mehr als) ausreichend viele Pflanzennährstoffe vorhanden sind. Bei den Klassen A und B muß mehr als nur eine Erhaltungsdüngung durchgeführt werden, da die Böden sich in einem "Mangelzustand" befinden. Die Klassen D und E repräsentieren Böden, die zumindest innerhalb einer langfristigen landwirtschaftlichen Nutzung als nicht wünschenswert gelten. Die Klassen A, B, D und E stellen mithin keinen stationären Zustand eines Agrarökosystems dar. Da in dieser Studie nicht prognostiziert werden soll, muß aber der stationäre Zustand des Systems zugrundegelegt werden. Von daher wäre es nicht richtig, den bundesweiten Durchschnitt an Düngemittelgaben zu wählen, sondern es müssen diejenigen Düngemittelgaben verwandt werden, die bei der Bewirtschaftung allein der Bodenklasse C eingesetzt werden.

Die Bestimmung sowohl der Düngemittelgaben als auch der Höhe des Vorfruchtwertes von Raps ist von einer Vielzahl von Faktoren abhängig. So muß das Korn/Stroh-Verhältnis bekannt sein (zur Bestimmung der Rapskorn- und Rapsstrohertragsmengen) ebenso wie die Bergequote, von der im wesentlichen die Höhe der Rapsstrohernte abhängt. Berücksichtigt werden müssen auch die unterschiedlichen Nährstoffdynamika im Agrarökosystem. Stickstoff wird beispielsweise bis zu 15 % /32/ bzw. 30 % /46/ aus dem Boden ausgewaschen und denitrifiziert (20-80 kg N/ha nach /47/), das heißt in eben dieser Größenordnung muß über den eigentlichen Bedarf hinaus gedüngt werden. Andererseits findet ein NO_x-Eintrag über die Atmosphäre statt (10-30 kg N/ha /48/), der von der Gesamtdüngermenge wieder — zumindest zu einem bestimmten Teil — abgezogen werden muß.

Bei Phosphat betragen die Verluste durch Verlagerung, Festlegung und Erosion ca. 40 % und bei Kali im wesentlichen durch adsorptive Prozesse und Auswaschungen 20 % der Gesamtzufuhr /46/. **Mit anderen Worten: Der *tatsächliche* Düngemittelinput liegt auch bei der Bodenklasse C höher als der *reine* Nährstoffbedarf der Pflanze.**

Die vorgenannten Werte wie Korn/Stroh-Verhältnis, Nährstoffbedarf, Vorfruchtwert etc. wurden bisher in der Literatur nicht aufeinander abgestimmt dargestellt, und darüber hinaus weichen Einzelangaben bis um mehrere 100 % voneinander ab. Deshalb mußten die entsprechenden Werte in einer sorgfältigen und umfangreichen Analyse erst ermittelt und aufeinander abgestimmt werden.

Das **Korn/Stroh-Verhältnis** wird in /46/ auf S. 329 explizit mit 1:1,7 angegeben, an anderer Stelle (S. 328) aber zwischen 1:1,8 und 1:2,4. In /21/ wird das Verhältnis mit 1:1,72 angegeben mit Hinweis auf eine Textstelle /49/, aus der dieser Wert nicht verifiziert werden konnte. In /50/ findet sich das Verhältnis 1:1,9. Ob sich die vorgenannten Werte auf Trockensubstanz oder auf die Restfeuchte der Handelsware (9% Wassergehalt bei Rapssaat, 16-17% bei Rapsstroh) beziehen, konnte den jeweiligen Literaturstellen nicht entnommen werden. Die einzigen sonst publizierten Werte sind in /51/ zu finden, die sich auf Trockensubstanz beziehen. Dort werden einerseits publizierte Werte von 1:3,2 bis 1:3,4 und andererseits Werte basierend auf persönlichen Mitteilungen von 1:1,0 bis 1:5,9 aufgelistet, jeweils mit den entsprechenden Anmerkungen, wie diese Werte erhalten wurden (teilweise durch Rapsanbau auf 1 qm- oder 10 qm-Parzellen oder auch durch Einzelpflanzenauswertung !). Die dort eigens angestellten Versuche im Parzellenanbau und unter praxisnahen Bedingungen ergaben Unterschiede weit außerhalb der Signifikanz, sogar bei gleichen Bedingungen und unterschiedlicher Sortenwahl. Als praxisnaher Wert kann mit den dortigen Werten 1 : 1,66 abgeleitet werden. Gemäß den detaillierten Ausführungen /51/ und obigen Textquellen legen wir unseren Berechnungen ein **mittleres Korn/Stroh-Verhältnis von 1 : 1,7** zugrunde, das entspricht einem Rapsstrohertrag von 47,8 dt/ha (Hinweis: Bezug ist Trockenmasse !).

Im folgenden werden für die vier hier angesprochenen Nährstoffe die einzelnen Entzugswerte durch Rapsstroh und Rapskorn, der Bedarf der Gesamtpflanze unter Berücksichtigung der Verlagerungsprozesse und aus diesen der Vorfruchtwert festgelegt in der Reihenfolge:

- Stickstoff
- Phosphat
- Kalium
- Kalzium

Hierbei gelten folgende Konventionen: Als Einheit gilt grundsätzlich kg Reinnährstoff pro Hektar, wobei sich "Reinnährstoff" auf die in der Landwirtschaft üblichen Angaben (wie vorstehend) bezieht. Dem Hektarertrag liegen die bereits abgeleiteten Werte von 30,9 dt Rapssaat bzw. 52,5 dt Rapsstroh pro ha zugrunde. Bei der Ernte von Rapsstroh wird eine Bergequote von 80 % /51/ unterstellt, das sind 42 dt Rapsstroh pro ha. Der Wert der hier angenommenen Bergequote von 80 % wird in Abschnitt 2.4.2.3.2 näher begründet. Es bleibt festzustellen, daß die hier gewählte Darstellungsweise der direkten Vergleichbarkeit mit den tatsächlichen Stroherntemengen wegen gewählt wurde — es entfällt somit ein Umrechnungsfaktor. Für den potentiellen Gesamtstrohernteertrag bzw. für andere Bergequoten innerhalb der üblicherweise diskutierten Bandbreite (> 50 %) können die hier angegebenen Werte ohne weiteres linear umgerechnet werden. **Die Entzugswerte für Rapsstroh beziehen sich somit auf eine Bergequote von 80 %!** Alle aus der Originalliteratur entnommenen Werte wurden diesbezüglich umgerechnet.

Stickstoff

Der Entzug an Stickstoff durch die Gesamtpflanze wird in /29/ mit 140, in /46/ mit 170 und in /52/ mit 155-185 kg N/ha beziffert. Der Entzug durch Rapsstroh beträgt nach /51/ 29,4, nach /46/ 23,1 (S. 214) bzw. 25,2 (S. 218) und nach /29/ 49,4 kg N/ha. Für den Entzug durch Rapskorn werden 108 /29/ und 80-240 kg N/ha /14/ genannt, bei der letzten Quelle ohne weitere Unterteilung.

Es ergibt sich ein Entzug durch Rapsstroh (80 % Bergequote) zu 26 kg, der **Vorfruchtwert** von Raps beträgt demnach bei Unterpflügen des Rapsstrohs **32,5 kg N/ha**. Zum Vergleich: in /46/ wird der Vorfruchtwert von Raps bezüglich Stickstoff gleich Null gesetzt (!), in /53/ wird er mit 10-30 und in /14/ mit 40-60 kg beziffert.

Für den Bedarf an Stickstoff liegt eine Vielzahl an Angaben vor: 160-180 /53/, 198 /29/, 206 /52/, 216 /22/, 226 /14, 54/, 232 /55/ und 247 /56/. Naturgemäß hängt der

Stickstoffbedarf außer von den Bodenverhältnissen auch von dem erwarteten Ertrag ab. Dementsprechend sind die Düngeempfehlungen auch in der Regel aufgebaut. Es finden sich in der Literatur aber auch Werte, die sich weit außerhalb des Bereichs der obigen Zahlen bewegen, beispielsweise in /57/: 160 bei 35 dt, 200 bei 36 dt und 240 bei 37 dt erwartetem Ernteertrag oder 290 für das Bundesland Bayern /58/.

Legt man obige Zahlen zugrunde, so beträgt der mittlere Düngemittelbedarf unabhängig von mehreren statistischen Mittelwertbestimmungen 225 kg N/ha, wobei hier die Nährstoffausnutzung, Auswaschungs- und Denitrifikationsprozesse etc. bereits eingerechnet sind. Als **tatsächlich zu berücksichtigender Düngemittelbedarf** ergibt sich unter Einrechnung des Vorfruchtwerts **192,5 kg N/ha.**

Phosphat

Der Entzug an Phosphat durch die Gesamtpflanze wird in /29/ mit 33,4, in /46/ mit 92,7 und in /52/ mit 77-108 kg P_2O_5/ha beziffert. Der Entzug durch Rapsstroh beträgt nach /29/ 8,2, nach /51/ 6,3, nach /46/ 11,3 (S. 214) bzw. 12,6 (S. 218) und nach /59/ 21,4 kg P_2O_5/ha. Für den Entzug durch Rapskorn werden in /29/ 23,2 kg genannt.

Es ergibt sich ein Entzug durch Rapsstroh (80 % Bergequote) zu 10 kg, der **Vorfruchtwert** von Raps beträgt demnach bei Unterpflügen des Rapsstrohs **12,5 kg P_2O_5/ha.** Zum Vergleich: In /53/ wird der Vorfruchtwert von Raps bezüglich Phosphat mit 20 kg und in /46/ mit 10,5 kg beziffert.

Für den Bedarf an Phosphat liegen folgende Angaben vor: 41,7 /29/, 40-80 /14/, 60-90 /59/, 82,4 /52, 53/, 92,7 /22/ und 165,5 /55/. Legt man diese Zahlen zugrunde, so beträgt der mittlere Düngemittelbedarf unter Auslassen des minimalen und maximalen Wertes 85 kg P_2O_5/ha, wobei hier Verlagerungsprozesse etc. bereits eingerechnet sind. Als **tatsächlich zu berücksichtigender Düngemittelbedarf** ergibt sich unter Einrechnung des Vorfruchtwerts **72,5 kg P_2O_5/ha.**

Kalium

Der Entzug an Kalium durch die Gesamtpflanze wird in /29/ mit 153, in /46/ mit 155 und /52/ mit 185-216 kg K_2O/ha beziffert. Der Entzug durch Rapsstroh beträgt nach /29/ 101,4, nach /51/ 75,6 und nach /144/ 126. Für den Entzug durch Rapskorn werden in /29/ 26,2 genannt.

Es ergibt sich ein Entzug durch Rapsstroh (80 % Bergequote) zu 110 kg, der **Vorfruchtwert** von Raps beträgt demnach bei Unterpflügen des Rapsstrohs **137,5 kg K_2O/ha.** Zum Vergleich: In /53/ wird der Vorfruchtwert mit 100-130 und in /46/ mit 126 kg beziffert.

Für den Bedarf an Kalium liegen folgende Angaben vor: 110-230 /14/, 188 /55/, 192 /29/, 216 /53/, 220-260 /59/ und 227 /22, 52/. Legt man diese Zahlen zugrunde, so beträgt der mittlere Düngemittelbedarf 210 kg K_2O/ha, wobei hier die Nährstoffausnutzung und die Kaliumdynamik des Bodens bereits miteingerechnet wurde. Als **tatsächlich zu berücksichtigender Düngemittelbedarf** ergibt sich unter Einrechnung des Vorfruchtwerts **72,5 kg K_2O/ha.**

Kalzium

Der Entzug an Kalzium durch die Gesamtpflanze wird in /29/ mit 133, in /46/ mit 170 und in /52/ mit 124-216 kg CaO/ha beziffert. Der Entzug durch Rapsstroh beträgt nach /29/ 96,4, nach /51/ 67,2, nach /46/ 58 (Seite 214) bzw. 67,2 (Seite 218) kg CaO/ha. Für den Entzug durch Rapskorn werden 12,4 /29/ genannt.

Es ergibt sich ein Entzug durch Rapsstroh (80 % Bergequote) zu 64 kg CaO/ha. Der **Vorfruchtwert** muß allerdings gleich Null gesetzt werden, da das im Rapsstroh enthaltene Kalzium nach Mineralisation zwar als Kalziumion der Folgefrucht zur Verfügung steht, der pH-Wert des Bodens aber nicht erhöht wird, weswegen — wie oben beschrieben — ursächlich mit Kalkgaben "gedüngt" wird.

Für den Bedarf an Kalzium beim Rapsanbau liegen nur wenige Angaben vor, da Kalzium nicht als Düngemittel, sondern als Bodenverbesserer eingesetzt wird. In /53/ werden 162 und in /29/ werden 176 kg CaO/ha genannt. Der rechnerische Mittelwert aus diesen beiden Zahlen ergibt 168,9, aufgerundet 170 kg CaO/ha. Als **tatsächlich zu berücksichtigender Düngemittelbedarf** ergibt sich durch das Nullsetzen des Vorfruchtwerts **170 kg CaO/ha.**

III   Energieeinsatz und damit verbundene CO_2-Emissionen durch den Transport und die Ausbringung von technischen Düngemitteln

Die bisherige Darstellung des Energiebedarfs galt für Düngemittel ex fabrica. Vom Produktionsort müssen sie noch zum Großhändler und/oder Distributeur und von dort zum Endverbraucher (landwirtschaftlicher Betrieb) transportiert werden. Nach Zwischenlagerung werden sie auf dem Feld ausgebracht.

Für den **Transport** setzen wir in grober Abschätzung eine mittlere Entfernung von 300 km vom Produktionsort zum Endverbraucher an und unterstellen den Transport im Mittel mit Lkw, da einerseits die Bahn nicht bei allen Distributeuren Anschlüsse besitzt und andererseits die überaus große Abnahmemenge durch den Endverbraucher entsprechende Zuladekapazität benötigt. Wir gehen davon aus, daß sich die durch beispielsweise per Schiff antransportierten Harnstoff eingesparte Energie durch den statistischen Mehrverbrauch durch den Einsatz von Schlepper- oder Kleinfahrzeugen für Düngemitteltransporte aufhebt.

Der Durchschnittsgehalt an Stickstoff in Stickstoffdüngern beträgt ca. 25 %, die entsprechenden anderen Werte betragen ca. 25 % (P_2O_5), ca. 33 % (K_2O) und ca. 60 % (CaO) /35/. Für den Lkw-Transport setzen wir 40 g Dieselkraftstoff pro Tonnenkilometer an /60/. Unter Berücksichtigung der "tatsächlich zu berücksichtigende Düngemittelbedarfe" (siehe voriger Abschnitt) ergibt sich ein tonnagebezogener **mittlerer Kraftstoffeinsatz von 45 l Dieselkraftstoff** für den Transport der gesamten auszubringenden Düngemittelmenge pro ha. Das entspricht einem Energieinput von 1,8 GJ (mit Vorkette) und einem mittleren CO_2-Emissionsfaktor von 131 kg CO_2 pro kg Durchschnitts-Reinnährstoff.

Für die jeweils benötigten **Zwischenlagerungen** wird die Bilanz nicht belastet, da hierfür keine extrem hohen Energieeinsätze (z.B. Kühlung oder ähnliches) notwendig sind und die Bereitstellung von Betriebsmitteln (Gebäude etc.) vereinbarungsgemäß ausgeschlossen ist.

Die Ausbringung der Düngemittel auf das Feld erfolgt in aller Regel durch drei Anwendungen: die erste im Herbst zur Grundversorgung der aufkeimenden Pflanze, die zweite am Ende des Winters und die dritte vier Wochen später. In einigen Fällen wird von einer kombinierten Frühjahrsdüngung berichtet, der sich aber zusätzliche (witterungsbedingte) Feldgänge anschließen können. Wir setzen im Mittel drei Anwendungen an. Für einen Feldgang zur Düngung von Winterraps werden bei mittlerer Parzellengröße (2 ha) je nach Streuertechnik 0,3-0,9 h für die Grunddüngung (Herbst) und für die Kopfdüngung (Frühjahr, zwei Feldgänge) 0,6-0,8 h angeben /22/. Im Mittel kann 1,0 h/ha veranschlagt werden. Setzt man als mittleren Dieselkraftstoffverbrauch die vorgenannten 7 l/h an, so entspricht das einem Dieselkraftstoffeinsatz von 7 l/ha, einem Energieinput von ca. 280 MJ/ha einschließlich Vorkette und einem CO_2-Emissionsfaktor von 20,4 kg CO_2/ha.

Zusammengefaßt ergibt sich für "Transport und Ausbringung" ein **mittlerer Energiebedarf von 2,1 GJ/ha** einschließlich Vorkette und ein **mittlerer CO_2-Emissionsfaktor von 150 kg CO_2/ha.**

2.4.2.3   Kurze Zusammenfassung "Düngemittel"

Eine Zusammenstellung von Literaturangaben bezüglich "Düngemittel" ergab ein sehr undifferenziertes Bild. Bei Gegenüberstellungen ergaben sich Abweichungen von bis zu mehreren 100 % und es waren keine in sich konsistenten und vollständigen Daten zu finden, die die heutigen Verhältnisse beim Rapsanbau und der Düngemittelproduktion treffend beschreiben. Aus diesem Grund wurde basierend auf einer sorgfältigen und umfangreichen Literaturrecherche und aktuellen Analysen von industriellen Produktionsverfahren folgende Kerngrößen "neu" bestimmt:

— Energieaufwand zur Produktion der vier wichtigsten Pflanzennährstoffe Stickstoff, Phosphor, Kalium und Kalzium

— Korn/Stroh-Verhältnis und Bergequote der Rapsstrohernte zur Bestimmung der tatsächlichen Stroherntemengen

— Vorfruchtwert des Rapses jeweils bezogen auf die vier Pflanzennährstoffe Stickstoff, Phosphor, Kalium und Kalzium, die de facto eine Energiegutschrift in der Rapskette bedeuten

— Effektiver Pflanzennährstoffbedarf der Rapspflanze für die vier wichtigsten Nährstoffe Stickstoff, Phosphor, Kalium und Kalzium unter Berücksichtigung der jeweiligen (voneinander verschiedenen) Nährstoffdynamika im Agrarökosystem unter Einbeziehung von Auswaschungs-, Denitrifikations-, Verlagerungs-, Adsorptions- und Erosionseffekten

— Tatsächlicher für die Energiebilanz zu berücksichtigender Pflanzennährstoffbedarf für die genannten Nährstoffe: effektiver Nährstoffbedarf minus Vorfruchtwert

Tab. 2.7 listet die Ergebnisse dieser Abschätzungen für den effektiven Nährstoffbedarf, den Vorfruchtwert und die tatsächlich zu berücksichtigenden Werte für den Nährstoffbedarf auf. In Tab. 2.8 sind die Energieaufwände für die einzelnen Pflanzennährstoffe aufgelistet. Ein Teil der Werte zeigt gute Übereinstimmungen mit Literaturangaben, bei einigen Werten allerdings — allen voran für Stickstoffdünger — sind überaus signifikante Abweichungen festzustellen, hauptsächlich durch "neuere"/veränderte Produktionsbedingungen in der Landwirtschaft und in der chemischen Industrie (viele Literaturzitate, verfolgt man sie bis zur Originalliteratur, gehen auf die endsiebziger respektive Anfang der achziger Jahre zurück) aber auch durch gewisse Unterschiede in den zugrundegelegten Systemgrenzen.

Der damit verbundene hektarbezogene Gesamtenergieaufwand unter Einbeziehung von "Transport und Ausbringung" ist samt den dazugehörigen CO_2-Emissionsfaktoren ebenfalls in Tab. 2.8 aufgelistet. Es zeigt sich, daß die für die Produktion von Stickstoffdünger aufzuwendende Energie den weitaus größten Anteil am Gesamtaufwand "Düngemittel" besitzt, macht gleichzeitig aber auch deutlich, daß es

Tabelle 2.7   Tatsächlicher und in Bilanzen einzurechnender Nährstoffbedarf unter Berücksichtigung des Vorfruchtwertes für die vier Pflanzennährstoffe Stickstoff, Phosphor, Kalium und Kalzium

Nährstoffbedarfswerte beim Raps			
Pflanzen- nährstoff	effektiver Nährstoffbedarf in kg/ha	Vorfrucht- wert in kg/ha	in Bilanzen berücksichtigter Nährstoffbedarf in kg/ha
N	225	32,5	192,5
P_2O_5	85	12,5	72,5
K_2O	210	137,5	72,5
CaO	170	0	170,0
Quelle: Berechnungen des ifeu			ifeu Heidelberg 1991

Tabelle 2.8   Energieaufwand zur Produktion von technischen Düngemitteln (formulierte Ware) bezogen auf kg Reinnährstoff für die vier Pflanzennährstoffe Stickstoff, Phosphor, Kalium und Kalzium samt den dazugehörigen CO_2-Emissionsfaktoren und dem Energiebedarf für den Transport und die Ausbringung der formulierten Ware

Energieinput "Düngemittel"			
Pflanzen- nährstoff	Energieaufwand Produktion MJ/kg	Energieaufwand Produktion MJ/ha	CO_2-Emissions- faktor kg CO_2/ha
N	55,5	10.680	500
P_2O_5	17,4	1.260	110
K_2O	10,5	760	60
CaO	3,1	530	30
Transport und Ausbringung		2.070	150
gesamt		15.300	850
Quelle: Berechnungen des ifeu			ifeu Heidelberg 1991

nicht ausreicht, lediglich Stickstoffdüngemittel zu betrachten und die anderen Düngemittel zu vernachlässigen. Diese machen dennoch immerhin knapp 30 % des für die Düngemittelproduktion notwendigen Energiebedarfs aus.

Abschließend bleibt zu bemerken, daß aufgrund des vom Umweltbundesamt vorgegebenen engen Zeitrahmens die für die Rapspflanze ebenfalls wichtigen Nährstoffe Magnesium, Bor und Schwefel nicht mitberücksichtigt werden konnten. Das gleiche gilt auch für die Marktanteile der verschiedenen Düngemittel gleichen Pflanzennährstoffs, so daß die einzelnen tatsächlichen Werte eine Abweichung von den hier genannten "mittleren" Werten bis zu geschätzten 10 % haben (können).

2.4.2.4   Option: Gülle als Düngemittel

Prinzipiell erniedrigt sich der aufzubringende Energieinput bei Verwendung von Wirtschaftsdüngern anstelle von Mineraldüngemitteln — ob jene tatsächlich eingesetzt werden, ist vielmehr eine Frage der Verfügbarkeit und der Kostenrelation. Von den möglichen Wirtschaftsdüngern Gülle, Jauche, Mist, Kot oder auch Stroh finden im Rapsanbau vornehmlich Rinder- und Schweinegülle Verwendung. Im folgenden wird für diejenigen Fälle, in denen Rinder- bzw. Schweinegülle eingesetzt werden — es handelt sich somit nicht um bundesdeutsche Mittelwerte, sondern um strukturell bedingte Vorteilsausschöpfungen — untersucht, wie sich der Gülleeinsatz auf die gesamte Energiebilanz der Rapskette auswirkt.

Für eine solche Abschätzung bedarf es der genauen Kenntnis des Nährstoffgehaltes der beiden Güllesorten und den Ausbringungsmengen. In der Literatur waren zum **Nährstoffgehalt** in Rinder- bzw. Schweinegülle folgende Angaben zu finden:

Rindergülle

bezogen auf 10 % Trockensubstanz in kg Reinnährstoff pro 10 m^3:

Stickstoff (N):	Gesamtstickstoff: 45 /61/, 40 /14/, 44 /46, S. 210/, 46 /46, S. 209/; davon pflanzenverfügbarer Stickstoff: 20 /14, 61/, 19 /46/
Phosphat (P_2O_5):	20 /14, 61/ 21 /46, S. 210/, 24 /46, S. 209/
Kali (K_2O):	55 /14/, 65 /61/, 56 /46, S. 209/, 65 /46, S. 210/

Schweinegülle

bezogen auf 7 % Trockensubstanz in kg Reinnährstoff pro 10 m^3:

Stickstoff (N):   Gesamtstickstoff: 55 /61/, 60 /14/, 51 /46, S. 210/, 57 /46,
                         S. 209/;
                         davon pflanzenverfügbarer Stickstoff: 30 /14, 61/, 34 /46/

Phosphat (P$_2$O$_5$):   40 /14, 61/, 39 /46, S. 209/, 42 /46, S. 210/

Kali (K$_2$O):   30 /61, 14/, 28 /46, S. 210/, 33 /46, S. 209/

Die Nährstoffe liegen in der Gülle teils in direkt pflanzenverfügbarer und teils in nicht direkt pflanzenverfügbarer Form vor. Der anorganische, direkt pflanzenverfügbare Anteil an Stickstoff beträgt bei Rindergülle ca. 40 % /14, 61/ und bei Schweinegülle ca. 50 % /61/ bzw. 60-70 % /14/. Der organisch gebundene Stickstoff wird im Laufe der Zeit mineralisiert und somit pflanzenverfügbar. Hierbei wird aber ein großer Teil des Stickstoffs ausgewaschen bzw. über Denitrifikationsprozesse "abgebaut". Tatsächlich werden von dem ab initio nicht pflanzenverfügbaren Stickstoff ca. 20 % /14/ von der Pflanze aufgenommen, nach /62/ sind es 20-40 kg N/ha bei 35 m^3 Rinder- bzw. 25 m^3 Schweinegülle, das sind 25-50 %.

Phosphate liegen in der Gülle zu ca. 80 % in mineralisierter Form vor. 20 % sind organisch und damit für die Pflanze nicht verfügbar. Der Mineralisierungsvorgang verbunden mit Adsorptionsphänomenen und der speziellen Phosphatdynamik im Agrarökosystem lassen allerdings eine Nährstoffausnutzung über die Zeit von mehreren Jahren bei steter Gülleapplikation von 100 % zu /14, 61/. Gleiches gilt für Kali, das ab initio zu 81-89 % wasserlöslich ist /14/, langfristig dementsprechend eine Ausnutzbarkeit des Nährstoffs zu 100 % aufweist /14, 61/.

Die mittleren Werte für den Nährstoffgehalt von Rinder- bzw. Schweinegülle, die sich aus oben aufgelistetem Zahlenmaterial unter Berücksichtigung des Ausnutzungsgrades ergeben, sind in Tab. 2.9 zusammenfassend dargestellt. Die insgesamt ausgebrachten Nährstoffmengen hängen aber noch von den tatsächlich ausgebrachten, flächenbezogenen Güllemengen ab.

Tabelle 2.9   Gesamtstickstoff und pflanzenverfügbare Nährelemente in den Wirtschaftsdüngern Rinder- und Schweinegülle

<table>
<tr><td colspan="5" align="center">Nährstoffe in Wirtschaftsdüngern</td></tr>
<tr><td>Nährstoffträger *</td><td>Gesamtstickstoff
in kg/10m^3</td><td colspan="3">wirksame Nährstoffe in kg/10m^3
N   P$_2$O$_5$ K$_2$O</td></tr>
<tr><td>Rindergülle
Schweinegülle</td><td>45
55</td><td>27
40</td><td>20
40</td><td>60
30</td></tr>
<tr><td colspan="5">*: Trockensubstanz: Rindergülle 10%, Schweinegülle 7%</td></tr>
<tr><td colspan="5">Quellen: A. Zehetner, Raps 7 (1989) Nr.3, S.155-156; N. Cramer, Raps: Anbau und Verwertung, Ulmer, Stuttgart (1990); Ruhr-Stickstoff AG, Faustzahlen, Münster-Hiltrup (1988).
 ifeu Heidelberg 1991 </td></tr>
</table>

Als reines Zahlenmaterial waren hierzu folgende Angaben verwertbar:

Nach /14/:   Grunddüngung: 20 m^3 Schweine- bzw. 30 m^3 Rindergülle
              im Frühjahr: 20-30 m^3 Gülle

Nach /53/:   Grunddüngung: 15 m^3 Schweine- bzw. 20 m^3 Rindergülle
              im Frühjahr: 25-30 m^3 Rinder- bzw. 10-20 m^3 Schweinegülle

Nach /61/:   Grunddüngung: im Herbst: 20 m^3 Schweine- bzw. 40 m^3
                              Rindergülle (1:1 verdünnt)
              im Frühjahr: bis zu 30 m^3 Gülle pro Ausbringung

Nach /62/:   Grunddüngung: im Herbst:25 m^3 Schweine- bzw.
                              35 m^3 Rindergülle oder 15 m^3 Schweine- bzw.
                              20 m^3 Rindergülle als Kopfdüngung
              insgesamt max.:   60 m^3 Rinder- bzw. 50 m^3 Schweinegülle

Bei der Gülledüngung muß darauf hingewiesen werden, daß sie eine sehr gute Kenntnis der güllespezifischen Problemstellungen erfordert, daß vor allem die Nährstoffausnutzung in besonderem Maß von klimatischen Verhältnissen abhängig ist. Der Anwender muß bei der Gülledüngung sehr verantwortungsbewußt und sorgfältig reagieren. Die Gefahr von Umweltbelastungen durch unsachgemäße Handhabung und/oder Wetterschwankungen ist durch den hohen Anteil der organisch gebundenen Nährstoffe groß.

Wir gehen davon aus, daß der Gülleeinsatz professionell und sachgemäß durchgeführt wird. Wir legen unseren Berechnungen vereinbarungsgemäß die Bodenklasse C (= optimal versorgter, also nicht überversorgter Boden) zugrunde, auf die sich im übrigen alle oben genannten Zahlen beziehen. Für die Festlegung der tatsächlich einzusetzenden/eingesetzten Güllemengen gehen wir von folgender Überlegung aus: Prinzipiell wären mit Gülle alle erforderlichen Nährstoffe in ausreichendem Maß abdeckbar, mit der Folge, daß es zu einzelnen extrem überhöhten Nährstoffgaben bezogen auf Einzelnährstoffe kommen könnte, wie beispielsweise eine Kaliüberdüngung von ca. 200 % bei Stickstoffbedarfsdeckung mit Rindergülle. Das darf aus gesamtökologischen Gründen im Rahmen der hier aufgestellten Bilanz nicht hingenommen werden, auch wenn sich rein rechnerisch so der günstigste energetische Wert ergäbe. Wir gehen aus diesem Grund von einer Gülledüngung aus, die den Überdüngungseffekt minimiert, den Gülleeinsatz aber dennoch sinnvoll macht.

Diesbezüglich empfiehlt das Umweltbundesamt /125/, daß Gülle maximal bis zu einer Menge entsprechend 1,5 Dungeinheiten pro Hektar und Jahr ausgebracht werden sollte – gesetzlich erlaubt sind abhängig von den jeweiligen Landesgesetzgebungen in der Regel höhere Mengen. 1 Dungeinheit entspricht folgenden Nährstoffgehalten: 87,7 kg N, 34,5 P_2O_5 und 122,5 K_2O.

Als Grunddüngung im Herbst setzen wir, wie alle Autoren, auf völlige Nährstoffbedarfsausnutzung durch Gülle mit 30 m^3 Rinder- oder 20 m^3 Schweinegülle. Für die Frühjahrsdüngung verbleiben dann unter der Maßregel der Überdüngungsminimierung der Einsatz von lediglich 15 m^3 Rindergülle bzw. 10 m^3 Schweinegülle. Damit stehen diese Mengen zwischen einerseits den ökonomisch attraktivsten und gesetzlich erlaubten und andererseits den gemäß den Empfehlungen des Umweltbundesamtes ökologisch "gerade noch verträglichen" Ausbringemengen an Gülle. Mit einer Stickstoffmineralisationsquote von einem Drittel ergibt sich für die Verwendung von Schweine- und von Rindergülle ein Stickstoffdefizit – bezogen auf effektiven Nährstoffbedarf minus Vorfruchtwert – von 70 kg N/ha, einmal verbunden mit einer leichten Phosphatmehrgabe (Schweinegülle) und einmal verbunden mit einer leichten Kaliummehrgabe (Rindergülle).

Die vorstehenden Zahlen beinhalten ein vollständiges Abdecken des "zu berücksichtigenden Nährstoffaufwandes" für Phosphat und Kali in beiden Fällen. Die Differenz zu den "tatsächlich notwendigen Bedarfswerten" muß durch mineralische Düngemittel aufgebracht werden, fällt aber somit komplett in den Bereich "Vorfruchtwert" und ist somit energetisch nicht zu belasten.

Insgesamt ergeben sich fünf Punkte, die hinsichtlich der zu verrechnenden Energien und damit verbundenen CO_2-Emissionen in den Bereich "Gülle" einfließen:

— Energiebedarf zur Produktion von Gülle

— Energiebedarf zur Produktion von mineralischen Stickstoffdüngemitteln und Düngekalk

— Energiebedarf für den Transport und die Ausbringung der Düngemittel

— Energiebedarf für Transport und Ausbringung der Wirtschaftsdüngemittel Rindergülle bzw. Schweinegülle

— Energiegutschrift für den Vorfruchtwert aus der Gülledüngung

Der **Energiebedarf zur Produktion von Gülle** wird gleich Null gesetzt, da bei der derzeitigen landwirtschaftlichen Struktur in der Bundesrepublik Gülle als Abfallprodukt bei der Tierhaltung anzusehen ist. Der **Energiebedarf zur Produktion von mineralischen Stickstoffdüngemitteln** (70 kg N/ha) und **Düngekalk** (170 kg CaO/ha, die komplett erbracht werden müssen, da Gülle diesbezüglich keinerlei "Nährwertgehalt" besitzt) orientiert sich an den Werten, die in Abschnitt 2.4.2.2.2 dargestellt wurden. Das gilt auch für die Werte für den **Transport und die Ausbringung** von mineralischen Düngemitteln, wobei hier zwei Düngevorgänge angenommen werden — bei Rindergülle müssen Stickstoff und Kalk, bei Schweinegülle Stickstoff, Kalk und Kali ausgefahren werden. Durch diese modellhafte Betrachtungsweise entsteht ein Fehler von höchstens 1 %, wie aus den Ergebnissen Ende des Abschnitts abgeleitet werden kann.

Der **Transport und das Ausbringen von Gülle** wird folgendermaßen abgeschätzt: Anstelle von 1,2 t Mineraldüngemittel müssen für eine bedarfsgerechte Düngung durch Gülle ca. 40-50 t/ha, beide Angaben ohne Kalkung, bewegt werden. Das macht den Transport und das Ausbringen von Gülle wesentlich energieintensiver. Nach /14/ kann mit üblichen Tankwagen bei voller Kostendeckung bei kostenloser Schweinegülleabgabe ca. 10 km gefahren werden. Gülle als Düngemittel lohnt sich dementsprechend nur direkt in der Nähe von Tiermastbetrieben (oder wenn die Gülle vom Mastbetrieb zum "Rapsbauern" transportiert wird, was hier nicht weiter verfolgt wird). KTBL gibt in /22/ bezogen auf ein Fassungsvermögen des Tankwagens von 6 m^3 und einer mittleren Feldentfernung von 5 km bereits umgerechnet für Schweinegülle 7 Schlepperstunden/ha und für Rindergülle 9 Schlepperstunden/ha an. Für den Dieselkraftstoffverbrauch bei der Ausbringung von Gülle setzen wir einen Mehrverbrauch von zwei Litern gegenüber dem Durchschnittsverbrauch von 7 l/h an wegen des mit der Gülleverteilung und Gülletransportes verbundenen Leistungsmehrbedarfs. Damit ergibt sich ein Verbrauch an Dieselkraftstoff von 63 l/ha bzw. 81 l/ha.

Die **Energiegutschrift für den Vorfruchtwert aus der Gülledüngung** wird gleich Null gesetzt, da in der Regel Gülle über die gesamte Fruchtfolge und nicht nur einmalig beim Rapsanbau ausgebracht wird. Wäre die Gülledüngung ein einmaliges Ereignis, so müßte der Vorfruchtwert in vollem Umfang auf Mineraldüngerbasis angerechnet werden, so aber dürfte höchstens der Ausbringungsanteil entsprechend dem Vorfruchtwert angesetzt werden. Dieser kann aber ebenfalls Null gesetzt werden, da bei der Folgefrucht zwar nicht zwingend die gleichen, aber prinzipiell zumindest ähnliche Leistungen bezüglich des Ausbringens von Düngemitteln zu erbringen sind wie beim Raps.

Tabelle 2.10   Gesamtenergiebedarf und CO_2-Emissionsfaktoren für den Bereich "Düngung" in der Rapskette bei teilweisem Ersatz von technischen Düngemitteln durch die Wirtschaftsdünger Rindergülle und Schweinegülle

Energieinput "Wirtschaftsdünger"		
	Energieeinsatz in MJ/ha	CO_2-Emissionsfaktor in kg CO_2/ha
70 kg Mineralstickstoff	3.880	180
170 kg Düngekalk	530	30
Transport	650	50
Ausbringung Dünger	170	10
Ausbringung Gülle[*]	2.510/3.230	180/240
gesamt[*]	7.740/8.460	450/510
[*]: 1.Wert: Rindergülle, 2.Wert: Schweinegülle		
Quelle: Berechnungen des ifeu		ifeu Heidelberg 1991

In Tab. 2.10 sind die entsprechenden Zahlen für den Energieeinsatz und die dazugehörigen CO_2-Emissionsfaktoren zusammengestellt. Der **Gesamtenergiebedarf von 7740 bzw. 8460 MJ/ha einschließlich Vorkette bzw. der CO_2-Emissionsfaktor von 450 bzw. 510 kg CO_2/ha** können bei teilweisem Ersatz von technischen Düngemitteln durch die Wirtschaftsdünger Rinder- bzw. Schweinegülle in die Gesamtrapskette eingerechnet werden, indem sie statt der Ergebnisse aus Abschnitt 2.4.2.2.2 Verwendung finden.

2.4.2.5   Produktion, Transport und Ausbringung von Bioziden

Bei der Rapsproduktion kommt nahezu die gesamte Breite der Biozide zum Einsatz: Herbizide, Fungizide, Insektizide und Wachstumsregulatoren. Einige der Biozidmittel kommen routinemäßig zum Einsatz, andere nur bei Bedarf. Nach /22/ werden routinemäßig eine Herbizidspritzung vor der eigentlichen Saat und während der eigentlichen Pflege zwei Insektizidspritzungen durchgeführt. Alle anderen Anwendungen unterliegen dem Ermessen des "Rapsbauern" bzw. kommen je nach Schädlings- bzw. Krankheitsbefall zum Einsatz.

Bei der **Unkrautbekämpfung** gibt es weit mehr als ein Dutzend zugelassener Mittel, die in einer Aufwandmenge von 0,75-6 kg/ha bzw. l/ha eingesetzt werden /14, 22/. Für die Herbizidspritzung vor der Saat kann im Mittel von etwa 3 kg/ha ausgegangen werden /14/. Weitere Herbizidanwendungen beispielsweise gegen Vogelmiere, Klettenlabkraut, Kamille, Kreuzblütler etc. können nach der Saat vor dem Auflaufen und auch nach dem Auflaufen in Applikationsmengen von ca. 5 bzw. 2 kg/ha vorgenommen werden /14/.

Die **Insektizidanwendungen** richten sich gegen Rapsschädlinge, deren regionales Vorkommen und tatsächliches örtliches Auftreten nicht vorauszubestimmen ist. Die Zahl der möglichen Schädlinge ist groß, die wichtigsten sind Ackerschnecke, Rapserdfloh, Rapsstengelrüßler, Rapsglanzkäfer, Kohlschrotenrüßler und Kohlschrotenmücke /63/. Zu deren Bekämpfung bedarf es mit Ausnahme der Ackerschnecke relativ geringer Insektizidmengen (ca. 0,06-0,6 kg/ha /22/). Gegen Schnecken werden Moluskizide mit Mengen von etwa 3-4 kg/ha /22/ bzw. nach /63/ 3-8 kg/ha eingesetzt.

Vor allem nach milden Wintern werden Rapskulturen vermehrt von Pilzkrankheiten heimgesucht wie Falscher Mehltau, Phoma, Kohlhernie, Rapsschwärze, Weißstengeligkeit, Stengelfäule etc., denen **Fungizide** entgegenwirken sollen. Pro Anwendung kommen 1-3 kg/ha bzw. l/ha /14/ zum Einsatz bzw. nach /22/ 1,5 kg/ha. Verschiedene Regulatoren wie **Wachstumsregulatoren** kommen vereinzelt zum Einsatz, werden hier aber nicht näher betrachtet.

Für den gesamten Biozidaufwand wird in /64/ für das Jahr 1987 ein mittlerer Wert von 5,5 kg Präparate, also formulierte Ware, pro Hektar angegeben. Legt man den tatsächlichen Wirkstoffgehalt der Biozidpräparate zugrunde, so kann aus /65/ ein mittlerer Wirkstoffgehalt (nur Biozidpräparate für Rapsanbau) von ca. 40 % ermittelt werden. Wir legen dementsprechend unseren Berechnungen **2,2 kg Wirkstoff pro ha** zugrunde in Verbindung mit durchschnittlich vier Biozidanwendungen. Zum Vergleich: Als gesamten Biozidaufwand werden in den Rapsbilanzen in /21/ 3 kg Wirkstoff/ha und in /43/ 10 kg Wirkstoff/ha angenommen.

Für eine Biozidanwendung werden nach /22/ 0,4 Schlepperstunden/ha angegeben. Das entspricht für alle vier Anwendungen bei vorgenanntem Dieselkraftstoffverbrauch von 7 l/h für leichte Feldarbeiten 11,2 l Dieselkraftstoff/ha.

Der Energieaufwand zur Produktion von Bioziden ist in der Literatur bereits oft beschrieben worden, es konnten aber keine näheren Angaben darüber gefunden werden, wie diese Werte im einzelnen entstanden sind und vor allem, was sie enthalten. Im Gegensatz zu den Düngemitteln erfordern die Biozide einen enorm hohen Entwicklungsaufwand – und damit Energieinput. Unter 10.000 neu synthetisierten und als mögliche Biozidpräparate getesteten Verbindungen befindet sich statistisch gesehen lediglich nur ein Wirkstoff, der als Handelspräparat zugelassen wird. Der Forschungs- und Entwicklungsaufwand beträgt ca. 8-10 Jahre und erfordert ca. 80 Mio. DM Finanzmittel /66/, was auf einen signifikant hohen Energiebedarf schließen läßt, der aller Wahrscheinlichkeit nach in den bisher veröffentlichten Energiebilanzen nicht miteingeflossen ist.

Tabelle 2.11 Energiebedarf für die Produktion von Biozidwirkstoffen und Ausbringung der formulierten Ware samt den dazugehörigen CO_2-Emissionsfaktoren

Energieinput "Biozide"		
	Energieeinsatz in MJ/ha	CO_2-Emissionsfaktor in kg CO_2/ha
Produktion von 2,2 kg Biozidwirkstoffen	520	34
Transport und Ausbringung	450	33
gesamt	970	67
Quelle: Berechnungen des ifeu		ifeu Heidelberg 1991

In der Literatur werden als Durchschnittswerte 100 MJ/kg Wirkstoff /41/ bzw. 101 MJ/kg /67/ genannt, in /21/ werden 140 MJ/kg den dortigen Berechnungen zugrundegelegt. In /25/ werden sechs Autoren zitiert, die viermal 101, einmal 109 und einmal 300 MJ/kg als Durchschnittswert angeben. Dort werden auch Energiebedarfswerte zur Produktion von Einzelpräparaten und Durchschnittswerte für jeweils Herbizide, Insektizide und Fungizide genannt. Die Werte für Einzelpräparate liegen zwischen 100 und 464 MJ/kg, die Durchschnittswerte zwischen 95 und 106 MJ/kg. Die ausführlichsten Angaben waren in /40/ zu finden, in denen 25 Einzelpräparate mit Produktionswerten von 57-458 MJ/kg Wirkstoff aufgelistet sind. Der Durchschnittswert wird mit 205,1 MJ/kg angegeben.

Für die Abschätzung des CO_2-Emissionsfaktoren ist die Kenntnis der Primärenergiezusammensetzung der für die Biozidproduktion eingesetzten Energien notwendig.

Sie wird ebenfalls in /40/ mit 42 % Öl, 38 % Erdgas (natural gas) und 20 % Kohle beziffert. Wir legen unseren Berechnungen diesen Energiesplit zugrunde und übernehmen den **Energieaufwand von 205 MJ/kg Wirkstoff** (ohne Vorkette).

Tab. 2.11 listet die entsprechenden Werte für den Energieaufwand zur Produktion und Ausbringung einschließlich Vorkette samt den dazugehörigen CO_2-Emissionsfaktoren auf. Die transportbedingten Energieaufwände werden wie bei "Saatgut" aufgrund der niedrigen Mengen vernachlässigt.

2.4.2.6   Energieaufwand für Ernte und Lagerung der Rapssaat

Als Ernteverfahren können im Prinzip vier Verfahren eingesetzt werden, die im wesentlichen auf zwei Prinzipien, dem Schwaddrusch und dem Direktdrusch, basieren /68/:

— Ährenheberdrusch aus dem Schwad

— Schwaddrusch mit Pick-Up

— Direktdrusch ohne Halmabtötung

— Direktdrusch mit Einsatz von chemischen Ernteerleichterungsmitteln

Der **Ährenheberdrusch aus dem Schwad** kommt praktisch nicht mehr infrage, da sich erwiesen hat, daß seine Anwendung zu hohen Ernteverlusten führt, die höher liegen, als die durch dieses Verfahren gewonnenen Vorteile /68/. Der ebenfalls zweistufige **Schwaddrusch mit Pick-Up** war über viele Jahre hinweg das übliche Rapsernteverfahren, wurde aber durch die über die Jahre wesentlich verbesserte Erntetechnologie des **Direktdruschverfahrens** zurückgedrängt. Dadurch werden der Arbeitsgang des Schwadlegens und damit auch Kosten eingespart, und zweitens mindert sich das Ernterisiko, da nicht immer der optimale Zeitpunkt des Schwadlegens getroffen werden kann. Vergleicht man beide Verfahren unter optimalen Bedingungen, so werden bei Schwaddrusch höhere Erträge als bei Direktdrusch erziehlt, und es fallen bei Schwaddrusch höhere Erntekosten (zwei Arbeitsgänge) und niedrigere Trocknungs- und Reinigungskosten an als beim Direktdrusch. Unter dem Strich ist der Direktdrusch geringfügig vorteilhafter als der Schwaddrusch /14, 69/.

Das gilt streng genommen aber nur für optimal entwickelte Bestände. Bei schwach entwickelten oder auch verunkrauteten Beständen kann der Schwaddrusch vorteilhafter sein oder auch der **Direktdrusch mit Einsatz von chemischen Ernteerleichterungsmitteln** (Reglone), beispielsweise bei starkem Besatz von Rapsunkräutern wie Kamille, Klettenlabkraut oder Nachblühern /22/ oder auch, um den Erntezeitpunkt aus den verschiedensten Gründen vorzuverlegen bzw. zu beeinflussen /68/. Im Regelfall kommt inzwischen bei normalen Verhältnissen in der Bundesrepublik hauptsächlich der **Direktdrusch ohne chemische Vorbehandlungsmittel** zum Einsatz /14, 68, 69/, so daß hier der Energieaufwand allein für den Direktdrusch berücksichtigt wird.

Der komplette Vorgang der Ernte unterteilt sich in den Direktdrusch durch Mähdrescher und das Abfahren des Ernteguts mit Schleppern. Pro Hektar werden nach /22/ 1,5 Mähdrescherstunden und 0,7 Schlepperstunden bei folgenden mittleren Größen angegeben: 2 ha, Selbstfahrer-Mähdrescher (3,3 m) und 55 dt Zuladekapazität pro Fahrt. Nach /23/ beläuft sich der Dieselkraftstoffverbrauch für den Mähvorgang auf 12 l/h. Bei einem durchschnittlich angesetzten Dieselkraftstoffverbrauch von 7 l/h (s. Abschnitt 2.4.1) für das Abfahren des Ernteguts sind das für den **gesamten Erntevorgang 23 l Dieselkraftstoff/ha.**

Das geerntete Rapsgut muß vor dem Verkauf an die Ölmühlen bestimmte Qualitätskriterien erfüllen – neben dem Fremdbesatz betrifft das vor allem den Wassergehalt der geernteten Rapskörner. Liegt der Wassergehalt höher als 9 %, so werden von den Ölmühlenbetreibern Abschläge angerechnet. Daher erscheint eine hofeigene Rapsaufbereitung aus ökonomischen Gründen sinnvoll. Zudem gehen immer mehr Landwirte dazu über, Raps auf dem eigenen Erzeugerbetrieb zu lagern, um den Zeitpunkt der Weitergabe von Raps an die Ölmühlen selbst bestimmen zu können. Eine derartige Aufbereitung und Lagerung ist vor allem auch unter dem Gesichtspunkt der dezentralen Ölgewinnung von Bedeutung.

Die hofeigene Rapsaufbereitung beginnt mit dem Fördern des Ernteguts mit elektrisch betriebenen Förderbändern oder -schnecken, um es anschließend mit Schlitzlochsieben von unerwünschten Bestandteilen wie Stengelteilen oder Unkrautsamen zu befreien. Für die Abrechnung mit der Ölmühle darf Raps maximal 2 % an Fremdkörpern aufweisen, ohne daß Abzüge vorgenommen werden /14, 70/. Bevor Raps gelagert werden kann, muß sein Feuchtigkeitsgehalt auf unter 9 % gebracht werden, ansonsten ist er nicht lagerfest /71/ – außer wenn die Lagerung in Verbindung mit einer (energieintensiven) Kühlung durchgeführt wird. Nach der Trocknung wird Raps in Lagerzellen gelagert, die zumindest mit Belüftungseinrichtungen /22/ oder besser noch mit einem Kühl-/Belüftungssystem versehen sein sollten, da die maximale Lagerdauer in exponentieller Abhängigkeit zur Lagertemperatur steht /72, 73/.

Den größten Energieanteil an dem Gesamtkomplex "Hofeigene Rapsaufbereitung und -lagerung" besitzt der Teilschritt "Trocknung". In der Regel liegen die Wassergehalte des Rapses nach seiner Ernte zwischen 10 und 14 %, wobei auch extreme Feuchtigkeitsgehalte bis zu 25 % vorkommen /71/. Tab. 2.12 zeigt die Abhängigkeit vom Heizöl- und Strombedarf in Abhängigkeit der Ausgangsfeuchte des Erntegutes zur Trocknung von 1 dt Raps auf ein Restfeuchtegehalt von 9 %. Geht man von einem Ausgangswassergehalt von 16 % aus, so sind das 34 l Heizöl und 24,7 kWh Strom/ha. Der Energieaufwand aus den anderen Teilbereichen wird hier vernachlässigt.

Für "Ernte und Lagerung" ergibt sich einschließlich Vorkette insgesamt ein **mittlerer Energiebedarf von 2550 MJ/ha** bzw. ein **mittlerer CO_2-Emissionsfaktor von 180 kg/ha.**

Tabelle 2.12　　Energiebedarf für den Wasserentzug für 1 dt Rapssaat bezogen auf einen Wassergehalt nach der Trocknung von 9 % bei verschiedenen Ausgangswassergehalten

Energiebedarf für Rapssaat-Trocknung			
Feuchtegehalt der Rapssaat in % Wassergehalt	Heizölbedarf in l bei		Strombedarf in kWh
	direkter Beheizung	indirekter Beheizung	
16	1,0	1,2	0,8
18	1,3	1,5	1,1
20	1,7	1,9	1,4
22	2,0	2,3	1,7
24	2,4	2,8	2,0
Quelle: KTBL 1990			ifeu Heidelberg 1991

Exkurs: Produktion von Saatgut

Wie bereits in Abschnitt 2.4.2.1.1 erläutert, kann der Energiebedarf und der damit zusammenhängende CO_2-Emissionsfaktor zur Produktion von Rapssaatgut in einem rekursiven Verfahren **nach** der Bestimmung des Gesamtaufwandes bezüglich "Landwirtschaft" errechnet werden. Für Saat (ohne Saatgutproduktion), Aufzucht und Ernte ergibt sich nach den Ergebnissen der vorangehenden Abschnitte ohne Einbeziehung der beiden Möglichkeiten der "Optionen" ein Energiebedarf von 21,6 GJ/ha bzw. ein CO_2-Emissionsfaktor von ca. 1.300 kg CO_2/ha. Mit einer mittleren Saatgutmenge von 5 kg/ha (s. Abschnitt 2.4.2.1.1.: "Transport") und einem mittleren Ertrag von 30,9 dt/ha errechnen sich der **Energiebedarf zur Produktion von Saatgut (inklusive Vorkette) insgesamt zu 35 MJ/ha und der CO_2-Emissionsfaktor zu 2,1 kg CO_2/ha.**

2.4.2.7 Option: Rapsstrohverwertung

Das mit der Rapssaat gleichsam mitanfallende Rapsstroh kann, wie derzeit in der Bundesrepublik üblich, untergepflügt werden und dient damit der Folgefrucht als Nährstofflieferant, oder aber es kann abtransportiert und mit entsprechendem thermischen Energiegewinn verfeuert werden (s. hierzu Abb. 2.2). Die erste Möglichkeit wurde in Abschnitt 2.4.2.2.1 bei der Erörterung des Vorfruchtwerts ausführlich analysiert. Die noch nicht gebräuchliche, aber schon oft diskutierte Variante der thermischen Rapsstrohverwertung wird erst an dieser Stelle, da sie eine Option darstellt, energetisch und CO_2-mäßig näher untersucht.

Für den Transport von Rapsstroh muß dieses in Stückgutform gebracht werden. Dazu wird es direkt auf dem Feld zu Hochdruck-, Rund- oder Quaderballen gepreßt. In einigen Feuerungssystemen können solche Rapsstrohballen direkt als Brennstoff eingesetzt werden. Eine derartige Verfeuerung weist allerdings verschiedene Nachteile auf, weswegen es vor allem auch zur Erweiterung des Einsatzbereichs dieses Brennstoffs sinnvoll ist, Rapsstroh durch Pelletierung oder Brikettierung noch weiter aufzubereiten. Vorteile der so erhaltenen Rapsstrohpellets bzw. Rapsstrohbriketts sind eine Verringerung des Transportvolumens und Lagerraumbedarfs, Erhöhung der Energiedichte sowie der Manipulierfähigkeit und die Einsatzmöglichkeit in kleinen Feuerungsanlagen wie Kachel- oder Kaminöfen /14/. Da die Brikettierung eine bereits weit verbreitete Technik ist, diskutieren wir hier die Verwendung von Rapsstrohbriketts als Energieträger. Es ergeben sich damit folgende Einzelpunkte, die näher untersucht werden müssen:

- Energiebedarf zum Bergen, Pressen und Abtransportieren des Rapsstrohs
- Verringerung des Vorfruchtwerts von Raps durch die Rapsstrohbergung
- Energiebedarf der Brikettierungsanlage
- Transportenergie von Brikettierungsanlage zum Endverbraucher
- Energiegutschrift durch Verfeuerung der Rapsstrohbriketts

Energiebedarf zum Bergen, Pressen und Abtransportieren des Rapsstrohs

Der Energiebedarf zum Bergen, Pressen und Abtransportieren von Rapsstroh hängt in besonderem Maß von der Art des Preßverfahrens und Beladens des Wagens ab. In /22/ werden für mittlere Kenngrößen bezüglich Parzellengröße, Ballendurchmesser, Zuladekapazität etc. Werte von 1,6 Schlepperstunden/ha (Großpackenpresse) bis 4,0 Schlepperstunden/ha (Rundballenpresse) angegeben. Als mittlere Größe setzen wir 3 Schlepperstunden/ha an. Für den Transport der Ballen zur Brikettierungsanlage kann eine mittlere Entfernung von 15 km angenommen werden /50/. Bei einer mittleren Zuladekapazität von 4 t pro Fahrt /50/ sind mit dem Schlepper bei einem Hektarernteertrag von 46 dt (s. Abschnitt 2.4.2.2.1) 34,5 km zurückzulegen.

Der Gesamtdieselkraftstoffeinsatz beträgt unter der Annahme einer Durchschnittsgeschwindigkeit von 15 km/h und einem durchschnittlichen Dieselkraftstoffverbrauch ca. 29 l/ha, entsprechend einem Energiebedarf von 1,15 GJ/ha (einschließlich Vorkette) und einem CO_2-Emissionsfaktor von 84 kg CO_2/ha.

Verringerung des Vorfruchtwerts von Raps durch die Rapsstrohbergung

Durch die Entfernung eines Teils des Rapsstrohs vom Feld verringert sich der Vorfruchtwert von Raps, d.h. de facto ist ein höherer Düngemitteleinsatz notwendig, wird Rapsstroh thermisch verwertet. Bei der Berechnung der einzelnen Nährstoffmengen ist zu beachten, daß der mittlere Strohertrag 57,6 dt/ha und die mittlere Strohernte 46,1 dt/ha beträgt, wobei eine Bergequote von 80 % unterstellt wird /51/. Diese Zahlen sind bereits auf den diesbezüglich üblichen Feuchtegehalt des Rapsstrohs von 17 % bezogen.

Die absolute Höhe dieser Zahlen läßt sich direkt aus dem bereits zuvor diskutierten Korn/Stroh-Verhältnis (Abschnitt 2.4.2.2.1) ableiten. Die Bergequote dagegen ist derzeit schwieriger abzuschätzen, da es bisher nur wenige diesbezügliche Versuche gab. Aus einem Praxisversuch ergab sich eine Bergequote von 56 % /74/. Bei mehreren, über zwei Jahre sich erstreckenden Praxisversuchen wurden in der bisher umfangreichsten Versuchsreihe Bergequoten von 54-85 % mit herkömmlichen Mähdreschern/Erntegeräten erzielt /51/. In dieser Arbeit heißt es zusammenfassend: "Unter günstigen Voraussetzungen dürfte die Quote bei rund 70-80 % liegen." Da das Ernten von Rapsstroh derzeit nicht praktiziert wird, können nicht die **derzeitigen Verhältnisse** unseren Berechnungen zugrundegelegt werden. Wir gehen aber davon aus, daß durch verbesserte Erntetechnologien die Bergequote über kurz oder lang bei 80 % liegen dürfte, falls in Zukunft Rapsstroh mehr oder weniger flächendeckend als Brennstoff Verwendung finden sollte. Dementsprechend legen wir unseren Berechnungen eine **Bergequote von 80 %** zugrunde. Hierdurch ergibt sich eine Rapsstroherntemenge von 46,1 dt Rapsstroh/ha (17 % Feuchtegehalt). Zum Vergleich: In /21/ wurden 47 dt/ha den dortigen Berechnungen zugrundegelegt.

Aus den Angaben in Abschnitt 2.4.2.2.1 läßt sich mit obigen Zahlen die Erniedrigung der Vorfruchtwerte bedingt durch das Entfernen des Rapsstrohs vom Feld bezogen auf die Einzelnährstoffe zu folgenden Werten berechnen:

Stickstoff: 26   kg N/ha
Phosphat: 10   kg P_2O_5/ha
Kali: 110   kg K_2O/ha

Um das Fehlen dieser Nährstoffelementmengen auszugleichen, muß bei einer Ernte von Rapsstroh "zusätzlich gedüngt" werden. In die Berechnungen gehen somit die entsprechenden mengenbezogenen CO_2-Emissionsfaktoren zusätzlich ein. Die entsprechenden Werte können direkt aus den in Abschnitt 2.4.2.2.1 dargestellten Angaben berechnet werden.

Energiebedarf der Brikettierungsanlage

Die Brikettierung in Brikettierungsanlagen wird mit elektrisch betriebenen Brikettierpressen durchgeführt. Der Energieverbrauch liegt nach /50/ bei ca. 85 kWh/t und nach /51/ bei 3,5 kWh/dt brikettiertem Rapsstroh. Bei einem unterstellten Stromverbrauch von 60 kWh/t sind das 268 kWh/ha mit einem Energiebedarf von 3,1 GJ/ha (einschließlich Vorkette) bzw. ein CO_2-Emissionsfaktor von 166 kg CO_2/ha.

Transportenergie von Brikettierungsanlage zum Endverbraucher

Durch das Brikettieren ändert sich die Dichte des Rapsstrohs um mehr als eine Größenordnung. Sind es bei bereits gepreßten Ballen noch ca. 90 kg/m^3, so beträgt die Dichte der Rapsstrohbriketts ca. 1020 kg/m^3 /51, 75/. Nicht das Volumen, sondern die Masse ist somit transportmengenbeschränkend. Der Aufwand zum Transport der Rapsstrohbriketts steht in keinem Verhältnis zum Transport der Ballen, zumal ein Anlieferer zugleich einen Teil fertig gepreßter Briketts bei der anstehenden Rückfahrt (Leerfahrt) mitnehmen/verteilen könnte. Aus diesem Grund wird der hierfür notwendige energetische Anteil nicht berücksichtigt.

Energiegutschrift durch Verfeuerung der Rapsstrohbriketts

Die durch das Verfeuern von Rapsstrohbriketts freigesetzten CO_2-Emissionen belasten die Atmosphäre nicht zusätzlich, da der in den Briketts enthaltene Kohlenstoff durch das Aufwachsen der Pflanze der Atmosphäre entzogen wurde. Eine Bewertung kann demnach nicht **direkt** vorgenommen werden, sondern wird mittels des in Ökobilanzen üblichen Äquivalenzprinzips angestellt. Für einen Äquivalenzprozeß kommen die beiden Feststoffbrennkörper Holz und Kohle/Kohlebriketts nicht infrage, denn der Vergleich mit Holz kann auf direkte Weise nicht geführt werden, da Holz wie Rapsstroh rezenten Ursprungs ist. Der fossile Brennstoff Kohle als Vergleichsgröße entbehrt jeglicher Realität, da Kohle in landwirtschaftlichen Strukturen, in denen Rapsstrohbriketts Verwendung finden sollen, kaum mehr als Brennstoff eingesetzt wird. Aus diesem Grund ziehen wir als Vergleichsgröße Heizöl EL heran, dem im übrigen bezüglich der CO_2-Emissionen der Drittelmix Gas/Öl/Steinkohle als Brennstoffkombination in etwa gleichzusetzen ist.

Die durch die Verbrennung von Heizöl EL freiwerdenen CO$_2$-Mengen sind bei Verwendung von Rapsstroh als Brennmaterial der Rapskette **gutzuschreiben**. Als Bezugsgröße dient der "Nutzen", der sich aus dem Verfeuern von Rapsstrohbriketts ergibt — und das ist Wärmeenergie. Dementsprechend wird als Bezugsgröße der **Heizwert** festgelegt. Für Heizöl EL beträgt er 42,8 MJ/kg Heizöl (s. Tab. 2.5). Der Heizwert der gesamten Rapsstroherntemenge pro Flächeneinheit ist in besonderem Maß abhängig vom Wassergehalt des zu verfeuernden Rapsstrohs.

Bei der Ernte beträgt der Wassergehalt des Rapsstrohs 45-60 % /51/ bzw. 30-60 % /75/. Nach Trocknen im Schwad, d.h. lufttrocken, beträgt der Wassergehalt 17-20 % /75/ bzw. <20 % /14/. Für den (wasserfreien) Heizwert werden in einer umfangreichen Studie /51/ rapssortenabhängige Werte von 15,8 bis 18,3 MJ/kg genannt. Mittelwerte über Sorten bzw. Anbaugebiet bzw. Jahresvergleiche gehen von 16,1 bis 18,4 MJ/kg. Nach dieser Studie kann von einem gerundeten, mittleren Heizwert von 17,0 MJ/kg Trockenmasse ausgegangen werden.

Da Rapsstroh niemals in wasserfreier Form verbrannt wird (werden kann), muß der tatsächliche Energieinhalt des Rapsstrohs unter Berücksichtigung der für die Verdampfung des im Rapsstroh enthaltenen Wassers benötigten Energie berechnet werden. Hierbei können zwei Bezugsgrößen gewählt werden, entweder weiterhin "kg Trockenmasse" oder "kg Rapsstroh einschließlich Wassergehalt". Eingerechnet werden die Gesamtenergien zum Verdampfen und vorigen Erwärmen des im Rapsstroh befindlichen Wassers. Die Verdampfungsenthalpie beträgt 40,66 kJ/mol, während die mit der hierzu notwendigen Erwärmung einhergehende Änderung der inneren Energie 3,36 kJ/mol beträgt (Bezugsgröße 25 °C) /76/. Damit ergibt sich eine insgesamt aufzubringende Energie von 2,45 MJ pro kg Wasser. Aus obigem Heizwert von 17 MJ/kg läßt sich somit ein **effektbereinigter Heizwert für Rapsstroh von 16,5 MJ/kg Trockenmasse bzw. 13,7 MJ/kg Rapsstroh mit 17 % Wassergehalt** errechnen. Zum Vergleich: In /74/ werden 17,6 MJ/kg Trockenmasse bzw. 15,9 MJ/kg Feuchtmasse (hierzu keine näheren Angaben über den Wassergehalt) angegeben, in /77/ 14,2 MJ/kg "lufttrockener" Substanz. In /78/ wird 15,6 und in /43/ 15,0 MJ/kg Rapsstroh den dortigen Berechnungen zugrundegelegt.

Hektarbezogen ergibt sich somit rein rechnerisch ein Energieinhalt von 63,07 GJ. Da öl- und (raps-)strohbefeuerte Anlagen nicht mit dem gleichen Wirkungsgrad arbeiten, müssen die jeweiligen Wirkungsgrade bei der Umrechnung zu Energieäquivalenten miteinfließen. In /79/ wird der Wirkungsgrad bei strohbefeuerten Anlagen mit 85 % angegeben, so daß sich der Energieinhalt auf reale 53,6 GJ/ha reduziert. Werden diese 53,6 GJ in einem Äquivalenzprozeß ölbefeuerten Anlagen mit einem Wirkungsgrad von 90 % (nach /12/ ca. 90-95 %) gegenübergestellt, so ergibt sich hektarbezogen unter Einrechnung der Bereitstellungsenergien (Vorkette) ein **Energieäquivalent von 66,9 GJ**, entsprechend 1.675 l Heizöl EL.

Demnach ist eine entsprechende Energiegutschrift in Höhe von 66,9 GJ/ha in der Gesamtbilanz anzurechnen mit einem dazugehörigen CO_2-Emissionsfaktor von 4850 kg CO_2/ha.

Tabelle 2.13 Gesamtenergiebilanz und dazugehörige CO_2-Emissionsfaktoren bei der Verwertung von Rapsstroh als Brennstoff

Option: Rapsstrohnutzung als Brennstoff		
	Energiebedarf in MJ/ha	CO_2-Emissionsfaktor in kg CO_2/ha
Bergung, Pressen und Transp. v. Rapsstroh	1.150	80
Verringerung des Vorfruchtwerts	3.300	210
Brikettierung von Rapsstroh	3.050	160
Zwischensumme	7.500	450
Gutschrift bei vollständiger Verfeuerung von Rapsstroh	− 66.900	− 4.850
gesamt	− 59.400	− 4.400
Quelle: Berechnungen des ifeu		ifeu Heidelberg 1991

In Tab. 2.13 sind die einzelnen Energiebedarfswerte und Gutschriften für die jeweiligen Unterpunkte des Gesamtkomplexes "Rapsstroh" aufgelistet samt den jeweiligen CO_2-Emissionsfaktoren. Es ergibt sich demnach einschließlich Vorkette insgesamt eine **energetische Gutschrift von 59,4 GJ/ha** bzw. eine **CO_2-Gutschrift in Höhe von 4400 kg CO_2/ha**, die in der Gesamtbilanz der Rapskette berücksichtigt werden müßten, würde die gesamte Erntemenge an Rapsstroh einer thermischen Verwertung zugeführt.

2.4.2.8   Zusammenfassung "Landwirtschaft"

Die gesamte Bewertung des Teilkomplexes "Landwirtschaft" der Rapskette ergibt sich durch Summation der Einzelbewertungen der Unterbereiche "Saat", "Bestandspflege und Düngung" und "Ernte" von Raps (s. hierzu das Fließschema Abb. 2.2). Außer diesen drei Unterbereichen wurden noch zwei Optionen bewertet, nämlich erstens der Einsatz von Wirtschaftsdüngern (Gülle) anstelle von synthetisch produzierten Mineraldüngemitteln und zweitens die Nutzung des bei der Ernte anfallenden Rapsstrohs als Energieträger (thermische Verwertung), was bei beiden de facto energie- und CO_2-bezogen eine Gutschrift für die Rapskette bedeutet.

Der Unterbereich "Saat" ist gekennzeichnet durch einen in Relation zu den anderen Punkten niedrigeren Energiebedarf, unter anderem durch die niedrigen benötigten Saatgutmengen von 5 kg/ha. Größten Einfluß auf die Energiebilanz hat der Unterbereich "Bestandspflege und Düngung". Dazu gehört im wesentlichen der Energieaufwand zur Produktion, Transport und Ausbringung von Düngemitteln und Bioziden. Eine Zusammenstellung von Literaturangaben bezüglich "Düngemittel" ergab ein sehr undifferenziertes Bild. Bei Gegenüberstellungen ergaben sich Abweichungen von bis zu mehreren 100 %, und es waren keine in sich konsistenten und vollständigen Daten zu finden, die die heutigen Verhältnisse beim Rapsanbau und der Düngemittelproduktion treffend beschreiben. Aus diesem Grund wurden, basierend auf einer sorgfältigen und umfangreichen Literaturrecherche und aktuellen Analysen von industriellen Produktionsverfahren, alle für die hier vorliegende Abschätzung notwendigen Kenngrößen "neu" bestimmt. Zu diesen zählen (siehe hierzu auch Abschnitt 2.4.2.2.2: "Kurze Zusammenfassung – Düngemittel"):

— Energieaufwand zur Produktion von synthetischen Mineraldüngemitteln

— effektiver und tatsächlich zu berücksichtigender Pflanzennährstoffbedarf unter Einbeziehen des Vorfruchtwerts, der die nach der Ernte auf dem Feld verbleibenden Mineralstoffe berücksichtigt

— das Korn/Stroh-Verhältnis

— die Bergequote der Rapsstrohernte

Diese Werte wurden exemplarisch für die vier Pflanzennährelemente Stickstoff, Phosphor, Kalium und Kalzium durchgeführt. Die für die Rapspflanze ebenfalls notwendigen Nährstoffe Magnesium, Bor und Schwefel konnten wegen des für diese Studie vorgegebenen engen Zeit- und Finanzrahmens nicht berücksichtigt werden.

Der dritte Unterpunkt "Ernte" ist gekennzeichnet durch die eigentliche Ernte der Rapskörner, die hofeigene Rapsaufbereitung und Rapslagerung. In Tab. 2.14 sind die entsprechenden Energiebedarfswerte einschließlich Vorketten für die genannten drei Unterpunkte zusammengestellt samt den dazugehörigen CO_2-Emissionsfaktoren. Es ergibt sich ein **gesamter Energiebedarf in Höhe von 21,6 MJ/ha** bzw. ein **gesamter CO$_2$-Emissionsfaktor in Höhe von 1310 kg CO$_2$/ha.**

Tabelle 2.14   Gesamtbilanz "Landwirtschaft" samt den dazugehörigen CO$_2$-Emissionsfaktoren unter Berücksichtigung der beiden Optionen "Gülleeinsatz anstelle von technischen Düngemitteln" und "thermische Rapsstrohverwertung anstelle von Unterpflügen"

Energiebilanz "Landwirtschaft"		
	Energiebedarf in MJ/ha	CO$_2$-Emissionsfaktor in kg CO$_2$/ha
Saat	2.800	210
Bestandspflege und Düngung	16.300	920
Ernte	2.500	180
gesamt	21.600	1.310
Option "Gülle"	− 8.100	− 480
Option "Stroh"	− 59.400	− 4.400
Quelle: Berechnungen des ifeu		ifeu Heidelberg 1991

Ebenfalls in Tab. 2.14 sind im Hinblick auf die Energie- und CO$_2$-Bilanz die zwei möglichen Gutschriften der beiden Optionen "Gülle" und "Rapsstrohverwertung" aufgelistet. Bei der Option "Gülle" wird Rinder- oder Schweinegülle anstelle von technisch produzierten Düngemitteln eingesetzt, wobei aus Gründen der Umweltverträglichkeit bedingt durch die definierte mineralische Zusammensetzung der Güllearten noch bestimmte Mengen an Mineraldünger zusätzlich zur Gülle ausgebracht werden müssen (näheres s. Abschnitt 2.4.2.2.3). Aufgrund der unterschiedlichen Zusammensetzung der beiden Güllearten ist bei Verwendung von Schweinegülle ein etwa 10 % höherer Energieeinsatz notwendig als bei Verwendung von Rindergülle (s. Tab. 2.10). Der in Tab. 2.14 aufgelistete Wert stellt einen Mittelwert der beiden Güllearten dar.

Die Option "Gülle" ist so zu verstehen, daß Gülle lediglich in der Nähe ihres Entstehens in sinnvoller, d.h. ökonomischer Art und Weise bei landwirtschaftlichen Betrieben untergebracht werden kann bzw. sollte. Der hier angegebene Wert bezieht sich somit lediglich auf ein Rapsanbaugebiet, das sich in der Nähe von Gülleproduzenten befindet — anderweitig würden die ansonsten enorm hohen Transportleistungen die angegebenen Gutschriften schnell zusammenschrumpfen lassen.

Bei der Option "Rapsstrohverwertung" wird die Möglichkeit näher untersucht, daß das bei der Rapsernte anfallende Rapsstroh seinerseits geerntet, auf dem Feld vorgepreßt und in Brikettierungsanlagen zu Rapsstrohbriketts endgepreßt wird. Diese können dann in Feststoff-Feuerungsanlagen zur thermischen Nutzung verfeuert werden (näheres siehe Abschnitt 2.4.2.3.2). Hierbei ergibt sich unter Berücksichtigung der Verringerung des Vorfruchtwerts (höherer Düngemitteleinsatz!) und sämtlichen zusätzlich notwendigen Transportleistungen eine Gutschrift von 59,4 MJ/ha bzw. 4400 kg CO_2/ha.

Diese Art von Reststoffverwertung wird derzeit in der Bundesrepublik nicht praktiziert. Die Ergebnisse zeigen aber, daß unter der Maßgabe einer derartigen Nutzung der mit der Körnerrapsproduktion einhergehende Energieeinsatz nicht nur wettgemacht werden könnte, sondern daß insgesamt sogar eine zusätzliche Einsparung an Heizöl EL in Höhe von ca. 1.500 l pro ha Anbaufläche zu verzeichnen wäre. Damit verbunden wäre eine Minderemission an CO_2 von ca. 3.100 kg pro ha Anbaufläche. Hierbei muß aber noch angefügt werden, daß unter gesamtökologischen Gesichtspunkten die Erntemenge von Rapsstroh nicht durch die verfügbare Technik, sondern durch das dem Ackerland "verbleibende" C-N-Verhältnis beschränkend sein sollte, da bei hohem Biomasseentzug (und dadurch niedrigerem C/N-Verhältnis) die Humusbildung gestört werden kann.

2.4.3   Rapsölgewinnung

Im Rapskorn sind ca. 40 % Rapsöl enthalten. Dieses kann entweder in industriellem Maßstab durch ein kombiniertes Verfahren "Vorpressen und Extraktion" oder bereits im landwirtschaftlichen Betrieb durch Kaltpressen gewonnen werden, so daß an dieser Stelle zwei Möglichkeiten der Rapsölgewinnung unter energetischen Gesichtspunkten diskutiert werden, die **zentrale** und die **dezentrale Rapsölgewinnung** (s.a. Abb. 2.2).

Die Nebenprodukte der zentralen und dezentralen Aufbereitung der Rapssaat, das *Rapsextraktionsschrot* bzw. der *Rapskuchen*, finden als Futtermittel Verwendung, so daß diese ebenfalls energetisch bewertet werden müssen, indem sie mit den entsprechenden Sojabohnenerzeugnissen verglichen werden, wie noch ausgeführt wird.

Bei der zentralen Aufbereitung muß anders als bei dezentraler Verarbeitung die Rapssaat noch vom Erzeuger zur Ölmühle transportiert werden. Generell kommen als Transportmittel Schiff, Bahn und Lkw in Betracht. Eine stichprobenartige Umfrage bei zwei bundesdeutschen Ölmühlen ergab eine Anlieferungsquote durch Schiffe von ca. 80-90 % (aus europäischen und Überseeländern), Bahn ca. 10 % und Lkw ca. 5-20 % /80, 81/ mit einer mittleren Entfernung bei Lkw von 50-100 km. Bei Ausweitung des Rapsanbaus in der Bundesrepublik käme vor allem aber ein Transport durch Lkw in Betracht, weswegen wir unseren Rechnungen einen Transport auf Lkw-Basis zugrundelegen. Hierfür setzen wir einen Kraftstoffverbrauch von 40 g Dieselkraftstoff pro Tonnenkilometer an /60/ (Annahme: Mittlere Transportentfernung: 200 km).

2.4.3.1 Zentrale Rapsölgewinnung

Die Art und Weise der Verarbeitung von Ölfrüchten in industriellen Ölmühlen hängt vom Ölgehalt der Ölfrüchte ab. Ist der Ölgehalt < 20 %, so werden die Früchte − in der Regel nach Zerkleinerung − mit einem Lösemittel extrahiert. Liegt der Ölgehalt über 20 %, werden die Früchte − ebenfalls nach Zerkleinerung − vorgepreßt und anschließend extrahiert. Rapskörner mit einem Ölgehalt von etwa 40 % werden demnach grundsätzlich nach dem kombinierten Verfahren "Vorpressen und Extraktion" behandelt.

Dieses Verfahren funktioniert nach /82/ wie folgt (vgl. hierzu Abb. 2.4): Nach einem Vorreinigungsprozeß zur Entfernung von Pflanzenresten und sonstigen Verunreinigungen werden die Rapskörner zerkleinert, um mit der Zerstörung des Speichergewebes und der Samenschale eine größere Oberfläche zu schaffen. Die Vorzerkleinerung wird mittels Riffelwalzen, die Feinzerkleinerung mittels Glattwalzen durchgeführt. Es schließt sich die Konditionierung (Anfeuchten und Wärmebehandlung) an, wodurch das Rapsöl dünnflüssiger wird. In Schneckenpressen wird schließlich der vorbehandelten Rapssaat Öl abgepreßt. Dabei fällt einerseits das gewünschte Rapsöl an, das noch vom Trub, kleinen Saatteilchen, mittels Filteranlagen gereinigt und getrocknet (Reduktion des Wassergehaltes) werden muß, und andererseits der Rapskuchen, der vorbereitend für den Verfahrensschritt der Extraktion mittels Kuchenbrecher und Riffelwalzwerk zerkleinert wird.

Dem Vorpressen schließt sich die Extraktion an. Durch die Extraktion werden wesentlich niedrigere Restfettgehalte als beim Pressen erzielt. Extrahiert wird mit technischem n-Hexan, das im Prinzip im Kreis gefahren wird. Aus dem Extraktor werden zwei Fraktionen erhalten, die *Miscella*, das stark mit Öl angereicherte Hexan, und das noch mit Hexan durchsetzte Extraktionsschrot. Das Hexan wird aus der Miscella durch Mehrfachverdampfer zurückgewonnen und wieder in den Kreislauf eingeschleust, ebenfalls wie das Hexan aus dem Extraktionsschrot, das durch mit Dampf beheizte Trockenschnecken und anschließender Ausdampfung zurückgewonnen und ebenfalls wieder in den Kreislauf eingebracht wird.

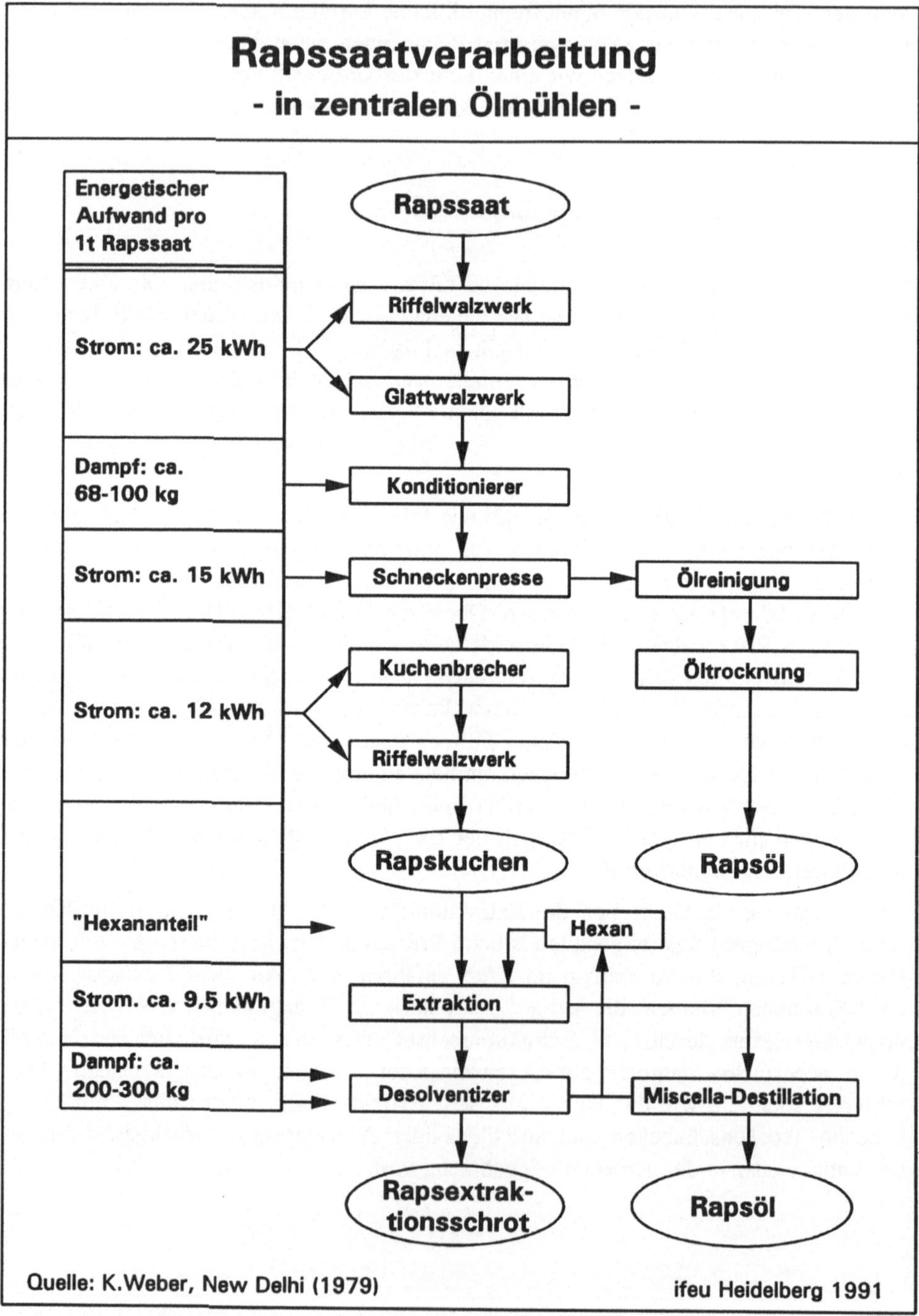

Abb. 2.4 Flußdiagramm für zentrale Rapssaataufbereitung

Der mit dem Pressen und Extrahieren verbundene Energieeinsatz in Form von Strom und Dampf aufgeteilt nach den einzelnen Verfahrensschritten kann Abb. 2.4 entnommen werden. Die Werte entstammen einer Arbeit aus dem Jahr 1979 /83/, der einzigen auffindbaren Quelle, in der die einzelnen Energiebedarfswerte detailliert aufgelistet sind. Diese Quelle, die uns im Original nicht zugänglich war, ist bis heute bei entsprechenden Publikationen immer wieder zitiert worden (z.B. in /84, 85/). Durch eventuelle technologische Fortschritte und möglicher Entwicklung energiesparenderer Prozeßführungen seit 1979 ist prinzipiell zu erwarten, daß der Energiebedarf heutzutage niedriger sein müßte, als der in Abb. 2.4 aufgelistete. Eine Umfrage bei drei bundesdeutschen Ölmühlen ergab folgendes Bild — wobei sich die Zahlenwerte auf den erweiterten Prozeß "Pressen, Extrahieren, Entschleimen, Filtrieren plus Trocknen" (näheres zu den Aufbereitungsstufen siehe Abschnitt 2.4.3.3) beziehen — bezogen jeweils auf 1 t Rapssaat: 50 kWh Strom und 250 kg Dampf /80/, 35 $\pm$ 5 kWh Strom und 300 $\pm$ 40 kg Dampf /86/ und 70 kWh Strom und 350 kg Dampf /81/. Mit diesen Angaben legen wir für die weiteren Berechnungen einen **mittleren Strombedarf von 50 kWh** und einen **mittleren Dampfbedarf von 300 kg pro zu verarbeitender Tonne Rapssaat** zugrunde.

Bei bisherigen Arbeiten bzgl. Rapsbilanzen wie /84, 87/ wurde der Faktor "Hexaneinsatz" nicht beachtet bzw. wenn, nicht als solcher kenntlich bzw. transparent gemacht. Da es grundsätzlich keine idealen Kreisläufe gibt, treten auch beim Extraktionsverfahren Hexanverluste durch Undichtigkeiten (Verdunstung), Resthexangehalte in der Produktion etc. auf, die "nachgefüllt" werden müssen. Es gilt die Frage zu klären, ob diese Verluste signifikant sind oder nicht. Dazu wurden folgende Betrachtungen und Berechnungen angestellt:

Als Emissionsfaktoren werden für "Emission von Hexan in Atmosphäre" bei der Ölproduktion in Ölmühlen in /88/ Werte von 1100 g bis 8000 g genannt bezogen auf 1 t Produkt (original: "ton of processed material"), hier also aller Wahrscheinlichkeit nach pro Tonne **extrahiertem** Rapsöl. Zur Berechnung des flächenbezogenen Hexanbedarfs werden der mittlere Ölgehalt der Rapskörner und die Ausbeuten in den beiden Verfahrensschritten des Vorpressens und der Extraktion benötigt. Für den Ölgehalt der Rapskörner werden von verschiedenen Autoren mehr oder weniger einheitlich Werte innerhalb eines Bereiches von 39 % bis 45 % angegeben /14, 21, 51, 78/. Als **mittlerer Ölgehalt** kann in Anlehnung an einen großen Teil der Literatur ein **Wert von 40 %** angesetzt werden.

Die Ausbeute an Rapsöl durch Vorpressen und Extraktion beträgt insgesamt nach /78/ ca. 98 %. 394 kg Ölausbeute von 1 t Rapssaat sind in /83/ zu finden, das ist eine Gesamtausbeute von 98,5 %. Dieser Wert wird auch von deutschen Ölmühlenbetreibern angegeben /90/. Das Verhältnis von extrahiertem zu gepreßtem Rapsöl kann nach /83/ zu 1 : 2,43 bestimmt werden. Mit diesem Wert ergibt sich eine mittlere Aufwandsmenge für Hexan von 1,42 kg pro ha Anbaufläche, setzt man einen "mittleren" Emissionsfaktor von 4000 g/t an (s.o.). Diese Menge wird also trotz des im Kreis gefahrenen Hexans real verbraucht und muß bezüglich des Energieaufwands zu deren Bereitstellung und der damit verbundenen CO_2-Emissionen untersucht werden.

Technisches n-Hexan kann industriell aus Kohle (Kohleverflüssigung $\longrightarrow$ Fischer-Tropsch-Synthese) oder aus Erdöl (Superfraktionierung oder Molekularsiebtrennung von Leichtbenzin) gewonnen werden /91/. Leichtbenzin wiederum ist eine Fraktion aus der Erdölraffination. Die Energie, die zur Bereitstellung der entsprechenden Raffinerieprodukte aufgewandt werden muß, wurde in Abschnitt 2.3.6 (Dieselkette) mit 8,5 % des Energieinhalts bezogen auf das Endprodukt beziffert. Hierbei sind alle wesentlichen energieintensiven Einzelstufen von Exploration und Transport von Rohöl über Raffinerieverfahren bis zum Transport zum Endverbraucher eingeschlossen unter der Annahme einer heizwertbezogenen Aufsplittung der raffineriebedingten Energieverbräuche bezüglich der Einzelprodukte.

Tabelle 2.15   Energieaufwand und daraus resultierende CO_2-Emissionsfaktoren bei der Rapssaatverarbeitung in zentralen Ölmühlen mit Vorpressen und nachfolgender Extraktion mit technischem n-Hexan

Energiebedarf und entsprechende CO_2-Emissionsfaktoren bei der Rapssaatverarbeitung in zentralen Ölmühlen				
	Strom	Dampf	Hexan-anteil	gesamt
Einsatz pro ha	155 kWh	930 kg	1,4 kg	—
CO_2-Emissions-faktoren in kg CO_2/ha	95	270	35	370
Energieeinsatz in MJ/ha	1.765	3.100	75	4.940
Quelle: Berechnungen des ifeu				ifeu Heidelberg 1991

Setzt man mangels verfügbarer Daten in grober Abschätzung den "mittleren Heizwertsplit" an, so kann statt auf den Heizwert auf die Masse bezogen werden. Dies stellt de facto auf jeden Fall eine untere Abschätzung dar, da n-Hexan kein Intermediärprodukt ist oder als Koppelprodukt anfällt — n-Hexan stellt ein veredeltes Produkt dar. Sein Heizwert berechnet sich aus der molaren Verbrennungsenthalpie von 3886,81 kJ/mol /91/ minus der molaren Verdampfungsenthalpie bezogen auf 25°C von 31,69 kJ/mol /91/ zu 3855 kJ/mol. Mit diesen Zahlenwerten ergibt sich ein Energieaufwand von 75

MJ pro ha Anbaufläche (Bereitstellung miteingerechnet). Wird der jeweilige Energieaufwand von Strom, Dampf und Hexananteil addiert, so erhält man einen **Gesamtenergieaufwand** pro ha Anbaufläche bei Verarbeitung der Rapssaat in **zentralen Ölmühlen** von ca. 4940 MJ. Zum Vergleich: In /78/ werden 253 bis 358 MJ/ha angegeben. Der Unterschied zu bisherigen Studien um größenordnungsmäßig den Faktor 15
liegt einerseits an der hier detaillierteren Abschätzung und andererseits an dem Berücksichtigen der Wirkungsgrade bei der Bereitstellung der Sekundärenergien Strom
und Dampf samt dem Einrechnen der jeweiligen Vorketten.

Der direkte CO_2-Emissionsfaktor ergibt sich aus den Molmassen von Hexan bzw.
CO_2 zu 3,06 kg CO_2 pro kg n-Hexan. Er beträgt unter Einbeziehung der kompletten
"Hexankette" 5,0 kg CO_2 pro ha Anbaufläche. In Tab. 2.15 sind die drei energierele-
vanten Größen Strom, Dampf und Hexananteil zusammenfassend dargestellt. Als
mittlerer Gesamt-CO_2-Emissionsfaktor ergibt sich somit für **zentrale Ölmühlen** ein
Wert von **370 kg CO_2** pro ha Anbaufläche.

2.4.3.2 Dezentrale Rapsölgewinnung

Bei der Rapsölgewinnung in landwirtschaftlichen Betrieben, also in dezentralen Ölmühlen, entfällt der Transport vom Erzeugerhof zur zentralen Großölmühle. Sie wird
mittels Kleinpressen durchgeführt und unterscheidet sich somit erheblich vom zentralen Verfahren. Aus logistischen und vor allem aus finanziellen Gründen wird bei dezentraler Rapsölgewinnung grundsätzlich einstufig gefahren, daß heißt, die Extraktion
mit Lösemitteln entfällt. Auch wird die Rapssaat vor dem eigentlichen Preßvorgang
nicht vorbehandelt (konditioniert) wie bei den zentralen Verfahren. Als Produkt wird
kaltgepreßtes Rapsöl erhalten (s. Abb. 2.2).

Die gesamte Rapssaatverarbeitung reduziert sich im wesentlichen auf das eigentliche
Auspressen des Rapsöls aus den Rapskörnern. Dies wird mit Hilfe von Kleinpressen
durchgeführt, deren Stromverbräuche in einem offenbar weit auseinanderliegenden
Bereich liegen. Angegeben werden beispielsweise in /92, 93/ eine Bandbreite von
0,35 bis 22,65 kW/h. Bezogen auf den Durchsatz errechnen sich aus den in /92/ genannten Daten, die sich auf sechs verschiedene Kleinpressen beziehen, Stromverbräuche zwischen 37,5 und 46,6 kWh pro zu verarbeitender Tonne Ölsaat mit einem mittleren Energiebedarf von 40,8 kWh/t. Hierbei wurde durchschnittlich 353 kg Rapsöl
pro gepreßter Tonne Rapssaat gewonnen, das sind unter Zugrundelegen eines mittleren Ölgehaltes von 40 % etwa 88,3 % Ölausbeute.

In /94/ wird der Energiebedarf von Seiherschneckenpressen mit 41 kWh pro t Saat,
derjenige von Doppelspindelpressen mit 69,7 kWh/t und derjenige von Einspindel-
pressen mit 132,8 kWh/t beziffert. Unter Berücksichtigung der dort genannten pres-
senspezifischen Durchsätze, Restfettgehalte der Ölsaat und Kosten scheint der Einsatz
von Seiherschneckenpressen für die Ölsaatverarbeitung mit Kleinpressen am vorteil-

haftesten zu sein. Die Ölausbeute — hier bezogen auf Leindotter (38 % Fettgehalt) — wird mit etwa 75 % angegeben. In einer weiteren Quelle /87/ werden spezifische Energieverbräuche von Kleinpressen zwischen 50 und 100 kWh/t Saat mit einem Abpreßgrad von 60 — 85 % genannt. Nähere Spezifikationen werden nicht gegeben.

Da höhere Ölausbeute höheren Energiebedarf bedeutet — in aller Regel verbunden mit geringerem Durchsatz etc. — müssen für die weiteren Berechnungen mittlere, aufeinander abgestimmte Werte festgelegt werden. Die Ölausbeute liegt nach /92/ in einem Bereich zwischen 82 und 89 % bezogen auf den Ölgehalt der Rapssaat, nach /95/ sind es 85 % (340 kg Öl und 640 kg Rapskuchen pro Tonne Rapssaat).

Aufgrund diesen Zahlenmaterials finden in dieser Studie folgende Werte als **mittlere Kenngrößen** der **dezentralen Rapssaatverarbeitung** Verwendung:

Mittlerer Energiebedarf:	40 kWh/t Saat
Rapsölausbeute:	85 %, das entspricht 340 kg Öl pro Tonne
	Saat bzw. 1050 kg Öl pro ha
Rapskuchen:	66 % der Saat mit ca. 9 % Restfettgehalt,
	das entspricht 2040 kg Rapskuchen pro ha

2.4.3.3   Aufbereitung des Rapsöls

Weder kaltgepreßtes (einstufiges Verfahren) noch warmgepreßtes (zweistufiges Verfahren mit Vorpressen und Extraktion), rohes Rapsöl ist motorentauglich oder für das chemische Verfahren der Umesterung geeignet. Das liegt daran, daß frischgepreßtes Rapsöl eine Unzahl an Begleitstoffen enthält wie Saatteilchen, Schmutzpartikel, Phosphatide, Kohlenhydrate, Schleimstoffe, Oxidationsprodukte von Fettsäuren, Wachse und viele andere mehr /83/. Vor allem diejenigen Substanzen, die den hydrolytischen Abbau des Öls fördern wie Phosphatide und Schleimstoffe, aber auch andere Stoffe, die beispielsweise die Lagereigenschaft negativ beeinflussen, müssen aus dem Rohöl entfernt werden.

Als Reinigungsstufen für eine Teil- oder Vollraffination des Rohöls kommen folgende Verfahren infrage, die hintereinander angewandt werden (können):

—   Vorreinigung (Entschleimung)

—   Entsäuerung (Neutralisation)

—   Entfärbung (Bleichung)

—   Dämpfung (Desodorierung)

Bei der **Vorreinigung**, bei der das Rapsöl entschleimt, filtriert und getrocknet wird, werden Phosphatide, Schleimstoffe und andere, vor allem kolloidale Verbindungen (Trübstoffe) entfernt, die das Öl ansonsten hydrolytisch abbauen und damit lagerunfähig machen würden. Bei Behandlung mit Wasser oder Wasserdampf nehmen diese Stoffe Wasser auf, sie hydratisieren, quellen, werden dadurch lipophob, ölunlöslich, und setzen sich mit anderen sedimentierbaren Partikeln wie Saatteilchen als Phosphatidschlamm ab. Die Entschleimung durch Hydratation kann in dezentralen Anlagen mit Wasser durchgeführt werden, der Einsatz von Wasserdampf bei zentraler Aufbereitung liefert naturgemäß bessere Ergebnisse. Der sich absetzende Phosphatidschlamm wird durch Zentrifugieren (Stromeinsatz) vom Öl getrennt und anschließend getrocknet bzw. gekühlt.

Durch die **Entsäuerung** (Neutralisation) werden die Rohöle von einem großen Teil der freien Fettsäuren befreit, wobei gleichzeitig noch Reste von Phosphatiden und Schleimstoffen, aber auch oxidierte Fettbestandteile mitentfernt werden. Zur Entsäuerung gibt es viele Verfahren und unzählige Verfahrensvarianten, von denen die Neutralisation mit alkalischen Lösungen und destillative Verfahren (Wasserdampf-Destillation) die wichtigsten sind. Bei der Neutralisation mit alkalischen Lösungen kann die verfahrensbedingte Temperaturerhöhung durch Mantel- und Schlangenbeheizung, also elektrisch, oder durch Heizdampf erreicht werden. Beim destillativen Verfahren kommen ebenfalls Dampf und Elektrizität zum Einsatz.

Bei der Reinigungsstufe der **Bleichung** werden in erster Linie Farbstoffe entfernt, was zu einer gewissen Aufhellung des Öls führt. Gebleicht wird mit Adsorptionsmitteln in fester Form wie Bleicherde oder Aktivkohle. Dieser Verfahrensschritt kann bei der Raffination von Rapsöl gleich mit der Feinentschleimung kombiniert werden. Durch Zugabe von 0,1 % Phosphorsäure oder 0,3 % Zitronensäure, bezogen auf die Ölmasse, wird die Hydratation verstärkt. Die restlichen Schleimstoffe, Phosphatide etc. fallen aus und können anschließend direkt mit Bleicherde abfiltriert werden, wobei die anderen adsorbierbaren Substanzen gleich mitzurückgehalten werden. Verfahrensbedingt muß dabei das Öl von ca. 80-90 °C auf ungefähr 40 °C abgekühlt und nach Zugabe der Protonenspender wieder auf ca. 80-90 °C erwärmt werden (Wärmetauscher). Für diesen Verfahrensschritt werden in zentraler Aufbereitung ungefähr 10 kWh Strom und 80 kg Dampf pro Tonne Öl benötigt /86/.

Die **Dämpfung** oder auch **Desodorierung** als letzter Reinigungsschritt bei der Vollraffination von Rapsöl entfernt Geruchs- und Geschmacksstoffe aus dem entsäuerten und gebleichten Öl. Die äußerst energieintensive Desodorierung erfordert große Mengen an Wasserdampf für die wegen der niedrigen Partialdrücke der zu entfernenden Verbindungen unter Vakuum (6-22 mbar) durchgeführte Schleppmitteldestillation. Der Wasserdampfbedarf liegt bei 500 $\pm$ 30 kg pro Tonne Öl /86/ bzw. 100 kg nach /80/ bzw. ca. 60 kg nach /81/ je nach Art des verwendeten Verfahrens oder auch Qualität der vorangegangenen Reinigungsstufen. Der Strombedarf liegt bei etwa 40 kWh pro Tonne Öl /86/ bzw. 10-20 kWh /80/ bzw. ca. 5-10 kWh /81/. Ob der Reinigungsschritt der Desodorierung notwendig ist für die Verwendung von Rapsöl als Treibstoff, ist noch nicht endgültig geklärt. Für den chemischen Umwandlungsprozeß der Umesterung ist die Desodorierung nicht zwingend notwendig.

Für die energetische Bewertung sollen folgende Eckdaten gelten: Für **zentrale Aufbereitung** sind in den in Abschnitt 2.4.3.1 genannten Zahlen die für die Vorreinigung (Entschleimen, Filtration und Trocknung) notwendigen Energien bereits enthalten. Als mittlere Werte werden 50 kWh Strom und 300 kg Dampf pro Tonne Saat angesetzt. Für die Teilraffination (inklusive Bleichung) wird ein Strombedarf von 10 kWh und ein Dampfbedarf von 80 kg pro Tonne Öl angenommen; das Desodorieren wird mit entsprechenden 20 kWh/t bzw. 100 kg/t angesetzt. Da einerseits die Desodorierung für den Verfahrensschritt der Umesterung nicht notwendig ist, andererseits noch nicht geklärt ist, ob sie als Raffinationsschritt für die Produktion von Rapsöl als Treibstoff zum Erreichen der höchsten Qualitätsstufe vonnöten ist und außerdem in landwirtschaftlichen Betrieben (dezentral) nicht praktikabel umzusetzen ist und darüber hinaus gleiches mit gleichem verglichen werden soll, wird die Desodorierung bei der weiteren Betrachtung nicht berücksichtigt.

Tab. 2.16 listet die genannten Daten samt den dazugehörigen CO_2-Emissionsfaktoren bezogen auf die Anbaufläche und bezogen auf kg Rapsöl auf. Hierbei wurde bereits berücksichtigt, daß durch die Teilraffination knapp 4 % des Rohrapsöls abgetrennt werden /90/. Der Gesamtgewinnungsgrad beträgt somit 37 %.

Bei der Ölgewinnung in **dezentralen Anlagen** kommen zu den bereits in Abschnitt 2.4.3.2 angegebenen Energieverbräuchen noch die der Vorreinigung bzw. Teilraffination hinzu. Für Entschleimung und Entsäuerung als Teilstufen der Vollraffination werden 0,4 GJ/t bezogen auf die Ölmasse angegeben /21/. Inwieweit dieser Wert auf dezentrale Anlagen übertragen werden kann, kann von uns ohne nähere Untersuchungen nicht abgeschätzt werden. Da wir derzeit kein weiteres Material zur Verfügung haben, übernehmen wir diesen Wert und beziehen ihn auf Elektrizität, da in landwirtschaftlichen Betrieben üblicherweise kein Prozeßdampf zur Verfügung steht. Die Bleichung, so sie dezentral überhaupt durchgeführt wird/werden kann, erfordert einen sehr geringen Energieeinsatz, da hier hauptsächlich adsorptive Prozesse eine Rolle spielen bzw. Filter eingesetzt werden.

Die entsprechenden Daten sind ebenfalls in Tab. 2.16 denjenigen für zentrale Anlagen gegenübergestellt. Der besseren Vergleichbarkeit wegen (unterschiedliche Ölausbeute bei zentraler und dezentraler Ölabtrennung) wurde außer auf Hektarerträge auch auf kg Rapsöl bezogen.

Abschließend bleibt festzuhalten, daß die Energieangaben bzgl. zentraler Verarbeitung gut abschätzbar sind, daß bei dezentraler Verarbeitung hingegen gewisse Unsicherheiten bei der energetischen Bewertung sowohl des Preßvorgangs als auch der Aufbereitung herrschen. Ohne weitere Untersuchungen kann eine Gegenüberstellung nur begrenzt vorgenommen werden. Ein wesentlicher Punkt ist ebenfalls, daß weder bei zentraler noch bei dezentraler Aufbereitung Einsatzstoffe wie Natronlauge, Zitronen- oder Phosphorsäure, Bleicherde etc. mitberücksichtigt werden konnten. Bei einer Ge-

genüberstellung zentral/dezentral mag sich dies u.U. aufheben. Absolut betrachtet
würden sich bei Berücksichtigung dieser Stoffe der Energieeinsatz und die CO_2-Emissionsfaktoren auf jeden Fall erhöhen. Darüber hinaus ist zu bedenken, daß die teilraffinierten Rapsöle aus zentraler bzw. dezentraler Rapsaufbereitung unterschiedliche
Qualitätsstandards aufweisen. Für eine bessere Abschätzung wären hier weitere Untersuchungen notwendig.

Tabelle 2.16   Energieeinsatz und CO_2-Emissionsfaktoren von Rapsöl aus Rapssaat
bei zentraler und dezentraler Ölabtrennung und Aufbereitung

Energieeinsatz und CO_2-Emissionsfaktoren bei der Rapsölgewinnung			
	Energieeinsatz pro ha	CO_2-Emissionsfaktor in kg CO_2/ha	CO_2-Emissionsfaktor in kg CO_2/kg Öl
zentrale Aufbereitung			
Ölabtrennung	Strom: 155 kWh Dampf: 927 kg	370	0,32
Teilraffination	Strom: 31 kWh Dampf: 247 kg	90	0,08
gesamt	6.100 MJ	460	0,40
dezentrale Aufbereitung			
Ölabtrennung	Strom: 124 kWh	80	0,07
Teilraffination	Strom: 117 kWh	70	0,07
gesamt	2.750 MJ	150	0,14
Anmerkung: Zahlen zur besseren Darstellung gerundet			
Quelle: Umfrage des ifeu bei verschiedenen Ölmühlen, Berechnungen des ifeu			ifeu Heidelberg 1992

2.4.3.4   Bewertung von Rapskuchen und Rapsextraktionsschrot

Das bei zentraler Ölabtrennung anfallende Rapsextraktionsschrot bzw. der bei dezentraler Aufbereitung anfallende Rapskuchen kann bei der Betrachtung der gesamten Rapskette entweder als energetische Gutschrift (Weiterverwendung als Produkt) oder als energetische Belastung (Anfallen als Abfallstoff) in die Gesamtbilanz eingehen. Für die Preßrückstände beim Raps gilt prinzipiell ersteres, wofür drei mögliche Verwendungszwecke in Frage kommen:

— Einsatz als Brennstoff, dadurch Energiegutschrift in Höhe vergleichbarer fossiler Brennstoffe bezogen auf den Heizwert

— Einsatz als Düngemittel, dadurch Energiegutschrift in Höhe der Produktionsenergien technischer Düngemittel bezogen auf den Nährstoffgehalt abzüglich zusätzlicher Transportenergien

— Einsatz als Futtermittel, dadurch Energiegutschrift in Höhe der Produktionsenergien vergleichbarer Futtermittel

Stellt man diese drei Möglichkeiten einander gegenüber, so gilt für die Bundesrepublik, daß mit Rapsextraktionsschrot als Futtermittel Preise von ca. 300-400 DM/t erzielt werden können /87/, während für seine Verwendung als Düngemittel, wie es vor allem in Japan bereits seit Jahren eingesetzt wird /96/, sich ca. 110 DM/t ergeben, legt man vollständige Verwertung der enthaltenen Nährstoffe und entsprechende marktübliche Preise für technische Düngemittel zugrunde /87/. Mit einem Heizwert von ca. 15,5 MJ/kg wäre ein Substitutionswert von 170 DM/t anzusetzen, rechnet man mit einem Heizölpreis von 0,40 DM/l /87/, würde man Rapsextraktionsschrot zur Energiegewinnung verbrennen.

Aus monetären Gründen findet dementsprechend derzeit in der Bundesrepublik der Einsatz von Rapsextraktionsschrot als Futtermittel vorrangig Verwendung. Entsprechendes gilt auch für Rapskuchen. Daher wird die Energiebilanz bzgl. des Rapsextraktionsschrots bzw. Rapskuchens bezogen auf deren **Verwendung als Futtermittel** skizziert und abgeschätzt. Dies steht im Gegensatz zu anderen Arbeiten, die der Einfachheit halber grundsätzlich den Energieinhalt des Rapsextraktionsschrots zugrundegelegt haben.

In einer zweiten Betrachtung wird im Anschluß an den "Futtermitteleinsatz" auch die Möglichkeit der thermischen Verwertung näher untersucht. Im folgenden wird aber zunächst der Einsatz von Rapsextraktionsschrot bzw. Rapskuchen als Futtermittel dargestellt, da dies derzeit den tatsächlichen Verhältnissen in der Bundesrepublik entspricht.

Bevor die eigentliche Energiebilanz abgeschätzt werden kann, ist die Frage zu klären, ob Rapsextraktionsschrot bzw. Rapskuchen **uneingeschränkt** bzgl. Qualität und anfallenden Mengen als Futtermittel eingesetzt werden können, oder ob bestimmte Restriktionen, beispielsweise beschränkte Aufnahmekapazitäten des Futtermittelmarktes, zu berücksichtigen sind, die die Energiebilanz dann beeinflussen würden.

Die Qualität von Rapsextraktionsschrot bzw. Rapskuchen und damit auch der Einsatz als Futtermittel hängt in erster Linie von deren Glucosinolatgehalt ab. Futtermittel mit hohem Glucosinolatgehalt (> 30 μmol/g fettfreier Substanz) vertragen lediglich Wiederkäuer aufgrund ihres speziellen Verdauungssystems über einen Vormagen /97, 98/. Mit der Züchtung der sog. Null- und Doppelnullrapssorten wurde der Glucosinolatgehalt soweit erniedrigt, daß die Preßrückstände ohne weiteres als zusätzliche bzw. wesentliche Bestandteile des Kraftfutters bei Rinder-, Bullen-, Geflügel- und Schweinemast eingesetzt werden können, sofern die Preßrückstände lediglich aus Doppelnullrapskörnern gewonnen werden /93, 99/.

Zieht man ins Kalkül, daß selbst nach jahrelangem flächendeckendem Doppelnullrapsanbau der Durchwuchs älterer Sorten nicht zu vermeiden ist (dadurch höherer Durchschnitts-Glucosinolatgehalt!), und geht man von einem Rapsanbau bis zur Fruchtfolgegrenze aus, selbst dann können, einer sehr detaillierten Studie zufolge /93/, die gesamten Preßrückstände ohne Einschränkung in der einheimischen Tiermast als Futtermittel Verwendung finden.

Die Energiebilanz für Rapsextraktionsschrot bzw. Rapskuchen kann demzufolge **uneingeschränkt** auf deren Verwendung als Futtermittel abgeschätzt werden. Wie bei Ökobilanzen üblich /100/, wird hier das sog. Äquivalenzprinzip angewandt, d.h. es ist die Frage zu klären, wieviel Energie ein dem Rapsextraktionsschrot bzw. Rapskuchen äquivalentes Futtermittel zu seiner Produktion benötigt. Diese kann dann bezogen auf eine bestimmte, noch zu definierende Vergleichsgröße in die Rapskette als Energiegutschrift eingehen.

Um diese Vergleichsgröße festzulegen, betrachten wir in einer ersten Abschätzung den Nährwert bzw. die Zusammensetzung von Rapsextraktionsschrot. In 1 kg Trockenmasse sind laut /101/ enthalten: 39,4 % Rohprotein, 14 % Rohfaser, 8,7 % Zucker, 8,2 % Rohasche, 4,5 % Stärke, 2,3 % Rohfett und 36,1 % restliche Extraktionsstoffe.

Der Futtermittelwert rührt also in erster Linie vom Proteingehalt her; der Kohlenhydrat- und Fettgehalt spielen nur eine untergeordnete, hier zu vernachlässigende Rolle. Rapsextraktionsschrot muß also mit einem reinen Proteinspender als Futtermittel (mit in etwa ähnlich niedrigen Kohlenhydrat- und Fettgehalten) verglichen werden. Hier fällt die Wahl eindeutig auf Sojaextraktionsschrot, der klassische Hauptlieferant von Proteinen in der Tiermast, das aufgrund des Produktionsverfahrens (Extraktion) ähnlich niedrige Restfettgehalte (10-15 % /101/) und Kohlenhydratgehalte (16,4-19,3 % /101/) wie Rapsextraktionsschrot enthält.

Die ebenfalls denkbare Möglichkeit, nämlich die Zuordnung von Rapsextraktionsschrot zu einem anderen proteinliefernden Produkt, welches unter günstigeren (energetischen) Bedingungen produziert werden könnte als Sojaextraktionsschrot, wird hier nicht betrachtet, denn es ist derzeit eine Tatsache, daß in der Bundesrepublik als Proteinspender bei der Tierhaltung aus ökonomischen Gründen vor allem Sojaextraktionsschrot zum Einsatz kommt und nicht etwa ein anderes, energetisch betrachtet möglicherweise günstigeres proteinhaltiges Produkt.

Somit gilt es, den Energieeinsatz für die Produktion von Sojaextraktionsschrot in der gesamten Abfolge "Produktion von Saatgut (Sojabohnen)" bis "Transport zum Endverbraucher" zu erfassen. Dies kann nicht Inhalt dieser Studie sein, es soll aber der Weg hierfür skizziert und eine erste grobe Abschätzung auf der Basis der für die Rapsproduktion bereits aufgestellten Betrachtungen gemacht werden.

Die Produktionsbedingungen von Sojabohnen richten sich nach dem Ort der Produktion bzw. den dortigen klimatischen und bodenspezifischen Verhältnissen. Weltweit erzeugen 4 Staaten über 90 % der Weltproduktion an Sojabohnen /102/:

USA	52,4 %
Brasilien	19,5 %
China	10,8 %
Argentinien	10,5 %

Die Exportbilanzen teilen sich in etwa ähnlich auf, obwohl hier nicht nur in den letzten 20, sogar auch in den letzten fünf Jahren enorme Schwankungen und Verschiebungen zu verzeichnen waren. Für die letzten fünf Jahre können als Mittelwerte für die USA größenordnungsmäßig 50 %, für Brasilien etwa 30 % und für Argentinien etwa 20 % als Anteile der gesamten Weltexportmenge von Sojabohnen und -produkten angesehen werden, wobei sich die Importanteile der EG aus den USA und Brasilien in etwa die Waage halten /102/, aber auch hier enormen Mengenschwankungen unterliegen. Aufgrund des hohen Produktions-, Weltmarkt- und Exportanteils der USA wird die **Sojakette** bzgl. der **Produktionsbedingungen in den USA** untersucht. Im Gegensatz zur Rapskette werden hier lediglich in geraffter Weise die der Rapskette analogen Grunddaten angegeben, die zur energetischen Abschätzung der Sojaproduktion und der Verarbeitung der Sojabohnen Verwendung finden.

Die Sojakette nimmt ihren Anfang in der Saatgutproduktion und schließt mit dem Transport zum Endverbraucher. Je nach Tausendkorngewicht werden 50-75 kg/ha an Saatgut benötigt /102/, als mittlerer Wert kann 60 kg/ha gelten (s. a. /103/). Bezüglich der Hauptnährstoffe Stickstoff, Phosphor und Kalium ist zu bemerken, daß die Sojabohnenpflanze aus der Familie der Leguminosen befähigt ist, Stickstoff direkt aus der Luft über artspezifische Rhizobiumbakterien (Knöllchenbakterien), die an den Nebenwurzeln sitzen, zu binden. Das erübrigt den Einsatz eines großen Teils des benötigten Stickstoffs durch technische Düngemittel.

Im professionellen Erwerbsanbau kann lediglich maximal bis zu 75 % des benötigten Stickstoffs (60 kg N/ha bei einem Ertrag von 10 dt/ha /102/) über die symbiontischen

Rhizobien abgedeckt werden /102/. Vor allem in der Frühphase der Pflanzenentwicklung, in der die Feinstwurzeln noch nicht besiedelt sind, ernährt sich die Pflanze aus bodengebundenem Stickstoff, der in einer Menge von 20-40 kg N/ha als Startgabe verabreicht wird. Als äußerstes Minimum einer Startgabe werden in /85/ auch bei mehrjährigem Anbau 5-10 kg N/ha genannt. Für "durchschnittliche Böden" setzen wir als mittleren Wert für den in den USA üblichen mehrjährigen Anbau von Sojabohnen eine jährliche Stickstoffgabe von 30 kg N/ha an. Dies schließt somit die Gutschrift durch den Vorfruchtwert mit ein. Anmerkung: Das steht im Gegensatz zu den Berechnungen in /43/, bei denen der Stickstoffdüngemittel-Einsatz gleich Null gesetzt wurde.

Für Phosphor und Kalium werden als mittlere Gaben 22-26 kg/ha bzw. 66-83 kg/ha angegeben /102/, während in /43/ 60 kg/ha an **Phosphor** und für **Kali** 90 kg/ha den dortigen Berechnungen zugrundegelegt worden sind. Geht man dort von einem Übertragungsfehler aus und errechnet "Phosphor" aus "Phosphat" (dort mit "Phosphor" bezeichnet), müssen zuvor unter Einbeziehung der Molmassen für Phosphat und Phosphorpentaoxid (P_2O_5) der entsprechende Verrechnungsfaktor bestimmt werden, der sich zu 0,44 ergibt. Das gleiche Procedere auf das System Kalium/Kaliumoxid angewandt, ergibt einen analogen Verrechnungsfaktor von 0,83 (s.a. /103/). Die mit diesen Verrechnungsfaktoren erhaltenen Düngegaben decken sich mit den in /102/ genannten und werden hier auf 25 kg Phosphat und 75 kg Kali pro Hektar Anbaufläche festgeschrieben. Bei solch "niedrigen" Düngemittelgaben an Phosphat und Kali ist der Vorfruchtwert derart niedrig, daß er hier vernachlässigt werden kann (s.a. /144/).

Für die Biozidanwendungen werden entsprechend /43/ 5 kg Biozide/ha angesetzt. Für die Bundesrepublik gilt ein mittlerer Wirkstoffaufwand von 3,1 kg/ha /34/, so daß wir aufgrund der Wirkstoffanteile (vgl. Abschnitt 2.4.2.2.4) und der Art und Weise der landwirtschaftlichen Bedingungen beim Sojaanbau davon ausgehen, daß sich die angegebenen 5 kg/ha nicht auf formulierte Ware, sondern auf Wirkstoff beziehen.

Die Erträge pro Hektar, die im Weltdurchschnitt mit 12 dt beziffert werden und bis zu 35 dt betragen können /102/, liegen in den USA gemittelt über die 80er Jahre bei 19 dt /104/. Im Vergleich hierzu werden in Argentinien etwas höhere, in Brasilien etwas niedrigere (je etwa 1 dt/ha) Werte erzielt, während China lediglich ca. 10 dt/ha an Ernteerträgen zu verzeichnen hat /104, 105/.

Die Gewinnung von Öl aus den Sojabohnen wird wegen des relativ niedrigen Ölgehalts der Bohnen (ca. 17,5-18 % /105/) direkt mittels Extraktion durchgeführt. Die Sojabohnen müssen, wie auch die Rapskörner, vorher behandelt, d.h. zerkleinert bzw. zerquetscht und erwärmt werden; es entfällt lediglich der Vorgang des Vorpressens, wobei beim Extraktionsprozeß wiederum mehr Energie aufgewandt werden muß als beim Raps. In grober Abschätzung gehen wir bei beiden Kulturen von gleichem Energieeinsatz aus.

Als Lösemittel wird vornehmlich n-Hexan, aber auch n-Heptan und Cyclohexan eingesetzt /106/. Auch hier übernehmen wir die diskutierten Werte aus der Rapskette, wobei dies wohl eine untere Abschätzung bedeutet, da bei der Sojabohne die Emissionsraten wegen der Vollextraktion sicherlich höher sind als beim Raps. Durch das Extraktionsverfahren werden Sojaöl (ca. 17,5 % Gewichtsanteil) und Sojaextraktionsschrot (ca. 82,5 %) gewonnen, beides Welthandelsprodukte. Als letzte Eingabegrößen gehen noch die Energien für die mit der landwirtschaftlichen Produktion verbundenen Hilfsmittel wie Schlepper (wie bei Rapskette) und für die Transportwege (per Hochseeschiff nach Europa, Annahme: 10.000 km, Dieselkraftstoffverbrauch 1,17 g pro Tonnenkilometer /60/) ein.

Die so errechenbaren Werte beziehen sich auf beide Produkte: Sojaöl plus Sojaextraktionsschrot. Demnach gilt es, im folgenden diese Gesamtenergie den beiden Erzeugnissen Sojaöl und Sojaextraktionsschrot zuzuordnen.

Eine mengenbezogene Aufsplittung erscheint wegen der unterschiedlichen Wertigkeit der beiden Produkte nicht gerechtfertigt, ebensowenig wie die Zuordnung des Sojaextraktionsschrots zu einem Abfallprodukt mit der Folge einer Nullemission. Da beide Erzeugnisse inzwischen Welthandelsprodukte darstellen und im − im weitesten Sinn − Nahrungsmittelbereich Verwendung finden, scheint uns die Aufsplittung nach dem jeweiligen Energieinhalt weniger geeignet als eine solche nach dem Gesichtspunkt des Marktwerts. Eine derartige wertmäßige Zuteilung über den Welthandelspreis muß aufgrund der möglichen Schwankungen in kurzen Zeitspannen sehr vorsichtig gehandhabt werden − sie stellt in unserem Fall der status-quo-Betrachtung derzeit aber unserer Meinung nach die geeignetste dar.

In den Jahren 1981-1989 schwankte laut /104/ in den USA der mittlere jährliche Sojaölpreis zwischen 340 US-Dollar (1986) und 674 US-Dollar (1983) und derjenige von Sojaschrot zwischen 125 US-Dollar (1984) und 233 US-Dollar (1988), jeweils bezogen auf eine Tonne Produkt. Die Schwankungen betragen dementsprechend bis nahezu 100 %. Berechnet man die jährlichen Verhältnisse "Preis Sojaöl" zu "Preis Sojaschrot", so erhält man Werte, die einigermaßen gut um den rechnerischen Mittelwert von 2,56 verteilt liegen. Als mittleres Verhältnis setzen wir 2,5 an. Bezogen auf 1 t Sojaschrot errechnet sich unter Berücksichtigung der vorgenannten mittleren Werte für die Ernteerträge an Sojaöl und Sojaschrot und dem Preisverhältnis ein energiebezogenes Verhältnis von 1:1,89 (Sojaöl zu Sojaextraktionsschrot). Das gleiche gilt auch für die CO_2-Emissionsfaktoren. Hiermit ergibt sich für die **mittlere aufzuwendende Energie** inklusive Vorkette ein **Wert von 1,4 MJ/kg Sojaschrot** mit einem **CO_2-Emissionsfaktor von 0,45 kg CO_2/kg Sojaschrot**.

In einem letzten Schritt gilt es, diese Werte auf die entsprechenden Teilbereiche der Rapskette zu beziehen. Dazu bedarf es der Kenntnis sowohl der Proteingehalte der beiden Extraktionsschrote (Soja und Raps) und desjenigen von Rapskuchen als auch der jeweiligen Erträge aus den Preß-/Extraktionsverfahren.

Für die Proteingehalte werden folgende Werte angegeben:

Sojaextraktionsschrot: 48 % der Trockenmasse /98/ bzw. 4 Werte zwischen 47,9 und 56,3 %, je nach Behandlungsart bezogen auf Trockenmasse /101/, Trockensubstanz 87 % /101/.

Rapsextraktionsschrot: 39,5 % der Trockenmasse /98/ bzw. 39,4 % der Trockenmasse /107/, Trockensubstanz: 88,6 % /107/.

Rapskuchen: 36,8 % des Frischgewichtes /13/ bzw. 37,5 % (Mittelwert über alle Messungen) der Trockenmasse /107/, Trockensubstanz: 90,5 % /13/ bzw. 90,2 bzw. 90,5 % /101/.

Die Ausbeute an Rapskuchen aus dem dezentralen Preßverfahren wurde Ende des Abschnitts 2.4.3.2 zu 66 % bezogen auf die Erträge bestimmt. In detaillierter Ausführung wird in /83/ der Anteil an Rapsextraktionsschrot von der prozessierten Rapssaat mit 59,8 % beziffert, während in /95/ 52-56 % angegeben werden mit einem Mittelwert von 53,5 % bezogen auf ungereinigtes Erntegut. Umgerechnet auf die Verarbeitung gereinigter Saat sind das als Mittelwert 56,3 %.

Des weiteren gilt folgende Überlegung: Sowohl bei zentralem als auch bei dezentralem Pressen wird mehr oder weniger verunreinigtes Rapsöl gewonnen, die mitgeschleiften Proteine machen hierbei einen vernachlässigbar geringen Anteil aus, d.h. der gesamte Proteinanteil der Erntemenge verbleibt im Rapsextraktionsschrot bzw. im Rapskuchen. Da als Vergleichswert der Proteingehalt dient, kann direkt auf den Proteingehalt pro Anbaufläche bezogen und schließlich auf kg Rapsöl umgerechnet werden.

Um die Umrechnungsfaktoren von Soja nach Raps zu bestimmen, liegen dieser Arbeit folgende **mittlere Werte** zugrunde:

Sojaextraktionsschrot (Proteingehalt): 41,8 % des Frischgewichtes
Rapsextraktionsschrot (Proteingehalt): 35,0 % des Frischgewichtes
Rapsextraktionsschrot (Ertrag): 1900 kg/ha
Rapskuchen (Ertrag): 2040 kg/ha

Mit diesen Zahlen ergibt sich bei Verwendung von Rapsextraktionsschrot bzw. Rapskuchen als Futtermittel eine **energetische Gutschrift von 10,5 GJ/ha** inklusive Vorkette. Bezogen auf gravimetrische Größen sind dies 9,2 MJ/kg Rapsöl bei zentraler Verarbeitung (Rapsextraktionsschrot) und 10,1 MJ/kg Rapsöl bei dezentraler Verarbeitung (Rapskuchen), wobei an dieser Stelle noch einmal auf die Art und Weise der relativ groben Abschätzung bei der Sojakette hingewiesen werden muß. Die entsprechenden **CO_2-Emissionsfaktoren lauten 676 kg CO_2/ha bzw. 0,59 kg CO_2/kg Öl** (bei dezentraler Verarbeitung 0,64 kg CO_2/kg Öl).

Findet Rapsextraktionsschrot bzw. Rapskuchen nicht als Viehfutter Verwendung, so muß die energetische Bewertung entsprechend dem alternativen Einsatzzweck vorgenommen werden. Schlechtestenfalls — so wird unter Bezugnahme auf die ökonomische Größe der Wertschöpfung behauptet — könnte Rapsextraktionsschrot bzw. Rapskuchen als Festbrennstoff zumindest thermisch verwertet werden, falls ein Absatz auf dem Futtermittelmarkt nicht mehr möglich sein sollte. Wie oben bereits ausgeführt, sind wir der Meinung, daß bei der hier angestellten Untersuchung entsprechend dem Äquivalenzprinzip unter Anwendung des realen Substitutionsprinzips die derzeit realen Verhältnisse zugrundegelegt werden sollten, wollen aber dennoch die Möglichkeit der thermischen Verwertung darstellen — ebenfalls unter Anwendung des Äquivalenzprinzips.

Für eine solche Bewertung ist die Kenntnis folgender Kenngrößen — jeweils für Rapsextraktionsschrot und für Rapskuchen — notwendig:

- Ernteerträge pro Anbaufläche

- Heizwert

- Wirkungsgrad bei der thermischen Verwertung

Durch diese Auflistung wird deutlich, daß sich die Energiegutschrift **nicht** einfach durch Multiplizieren der Ernteerträge mit dem Heizwert ergibt, wie dies bisher bei allen diesbezüglichen Studien gemacht wurde. Der tatsächliche Einspareffekt, und damit die Energiegutschrift, ergibt sich durch die unter Berücksichtigung des Wirkungsgrads tatsächlich nutzbare Energie. Aus dieser läßt sich die Gesamtmenge an "äquivalentem" Heizöl (unter Berücksichtigung des entsprechenden Wirkungsgrads) und hieraus unter Einrechnen der Bereitstellungsenergien ("Vorkette") die Gesamtenergiegutschrift berechnen.

Zu den Werten im einzelnen: Die Ernteerträge für Rapsextraktionsschrot und Rapskuchen wurden bereits im vorigen Abschnitt auf 19 dt/ha bzw. 20,4 dt/ha festgelegt. Für den Heizwert von Rapsextraktionsschrot finden sich in der Literatur Werte zwischen 14,0 und 17,32 MJ/kg in der Regel ohne nähere Angabe des Bezugspunktes (wasserfrei, d.h. Trockensubstanz, oder bezogen auf einen bestimmten Feuchtigkeitsprozentsatz). Im einzelnen sind das (in MJ/kg): 14,0 /77/, 14,765 /108/, 14,93 /21/, 15,7 /109/, 16,48 /78/, 17,0 /43/ und 17,32 /13/. Da diese Werte überaus signifikant voneinander abweichen (bis zu 24 %), war es unumgänglich, den Heizwert in einer exakten Analyse zu bestimmen.

Der Heizwert von Rapsextraktionsschrot ergibt sich aus der Zusammensetzung des Schrots und den Heizwerten der jeweiligen Einzelkomponenten. Die Zusammensetzung wurde den DLG-Futterwerttabellen entnommen /107/, die jeweiligen Heizwerte stammen aus /110/. Rapsextraktionsschrot hat nach /107/ einen Wassergehalt von 11,4 %. Dem aus dem Trockenmasseanteil des Rapsextraktionsschrots berechnete

Energieinhalt muß die Verdampfungsenthalpie und die mit der Erwärmung einhergehende Änderung der inneren Energie des Wassers abgezogen werden. Dieser Abzug beläuft sich nach den Ausführungen in Abschnitt 2.4.2.3.2 auf 44,02 kJ/mol. In Tab. 2.17 sind die entsprechenden Werte aufgelistet, als "Gesamtheizwert" ergibt sich **15,77 MJ/kg Rapsextraktionsschrot**. Für Rapskuchen wurde der Heizwert analog zu Rapsextraktionsschrot berechnet. Die entsprechenden Werte sind in Tab. 2.17 angegeben. **Der Heizwert von Rapskuchen** liegt mit **17,46 MJ/kg** über 10 % über demjenigen von Rapsextraktionsschrot bedingt durch den geringeren Wassergehalt und dem deutlich höheren Rohfettanteil.

Tabelle 2.17 Heizwertberechnung von Rapsextraktionsschrot mit 88,6% Trockenmasse aus den Einzelkomponenten

Heizwertberechnung Rapsextraktionsschrot (RES)

Komponente	Anteil an TS[**] in %	Heizwert in MJ/kg TS[**]	Heizwert in MJ/kg RES
Rohfett	2,3	37,21	0,76
Rohasche	8,2	—	—
Rohprotein	39,4	22,44	7,83
Rohfaser	14,0	18,71	2,32
N-freie Extraktionsstoffe	36,1	16,06	5,14
Zwischensumme	100,0	—	16,05
Wasser[*] (11,4%)	—	2,45	− 0,28
gesamt	—	—	**15,77**

[*]: Verdampfungsenthalpie (25°C)   [**]: TS = Trockensubstanz

Quelle: DLG-Futterwerttabellen 1982; Nehring 1970; Atkins 1987; Berechnungen des ifeu

ifeu Heidelberg 1991

Tabelle 2.18   Heizwertberechnung von Rapskuchen mit 90,5 % Trockenmasse aus den Einzelkomponenten

Heizwertberechnung Rapskuchen (RK)			
Komponente	Anteil an TS[**] in %	Heizwert in MJ/kg TS[**]	Heizwert in MJ/kg RK
Rohfett	10,4	37,21	3,50
Rohasche	8,4	—	—
Rohprotein	36,4	22,44	7,39
Rohfaser	12,1	18,71	2,05
N-freie Extrak-tionsstoffe	32,7	16,06	4,75
Zwischensumme	100,0	—	17,69
Wasser[*] (9,5 %)	—	2,45	− 0,23
gesamt	—	—	**17,46**

[*]: Verdampfungsenthalpie (25 °C)   [**]: TS = Trockensubstanz

Quelle: DLG-Futterwerttabellen 1982; Nehring 1970;
Atkins 1987; Berechnungen des ifeu   ifeu Heidelberg 1991

Den Wirkungsgrad für die Verbrennung von Rapsextraktionsschrot bzw. Rapskuchen schätzen wir in Anlehnung an die thermische Verwertung von Rapsstroh zu 85 % ab, da ein diesbezüglicher Wert der Literatur nicht zu entnehmen war.

Mit diesen Zahlen errechnen sich folgende Gutschriften, die für zentrale und dezentrale Rapsölgewinnung hier separat betrachtet werden müssen, da als Bezugspunkt nicht der Proteingehalt wie bei der Verwendung als Futtermittel, sondern der Heizwert herangezogen wird. Für **zentrale Aufbereitung** errechnet sich eine Gesamtenergiegutschrift in Höhe **von ca. 31,8 GJ/ha** entsprechend knapp 800 l Heizöl, also eine dreifach höhere Gutschrift als bei der Verwendungsart "Futtermittel-einsatz". Der **hektarbezogene CO_2-Emissionsfaktor** beträgt **2760 kg CO_2**, der gravimetrische CO_2-Emissionsfaktor beläuft sich auf **2,41 kg CO_2/kg Rapsöl**.

Bei **dezentraler Rapsölgewinnung** erhöht sich die **Energiegutschrift** gegenüber der zentralen Aufbereitung durch den höheren Rückstandsanteil bei der Ölgewinnung auf **37,8 GJ/ha**. Der **CO_2-Emissionsfaktor** beträgt hierbei **3.280 kg CO_2/ha** bzw. **3,12 kg CO_2/kg Rapsöl**. Der um 0,71 kg CO_2 gegenüber dem zentral gewonnenen

Rapsöl höhere CO_2-Emissionsfaktor ist sowohl auf den höheren Heizwert, als auch auf die Minderausbeute bei dezentraler Ölgewinnung zurückzuführen.

Es zeigt sich mit diesen Ergebnissen also, daß trotz der höheren Wertschöpfung "Rapsextraktionsschrot als Futtermittel" die Energiebilanz gegenüber der thermischen Verwertung von Rapsextraktionsschrot bzw. Rapskuchen wesentlich weniger entlastet wird. Bei letzterem ergibt sich unter dem Strich für "Landwirtschaft plus Verarbeitung" sogar eine Gutschrift! **Unter der Maßgabe, daß der Einsatz von Rapsextraktionsschrot bzw. Rapskuchen als Düngemittel hier nicht betrachtet wurde, ergibt sich für die Rapskette eine *Mindestgutschrift* in Höhe der Futtermitteläquivalentwerte.**

2.4.3.5 Zusammenfassung "Rapsölgewinnung"

Das in den Rapskörnern zu etwa 40 % enthaltene Rapsöl kann entweder in zentralen Ölmühlen mit einem kombinierten Verfahren "Vorpressen plus Extraktion" oder in dezentralen Anlagen vorzugsweise direkt beim landwirtschaftlichen Erzeugerhof gewonnen werden. Bei der energetischen Analyse dieser beiden Möglichkeiten müssen auch die Preßrückstände berücksichtigt werden. In Tab. 2.19 sind die drei Kenngrößen des gesamten Komplexes "Rapsölgewinnung" nach den zwei Varianten "zentral" und "dezentral" differenziert aufgelistet: der Energieeinsatz in MJ/ha Anbaufläche (inklusive Vorkette) und die CO_2-Emissionsfaktoren in kg CO_2 bezogen einerseits auf die Anbaufläche und andererseits auf die Masse des Produkts (kg Rapsöl).

Der Gesamtkomplex "Rapsölgewinnung" unterteilt sich in "Transport", Ölgewinnung durch "Pressen/Extrahieren" und Aufbereitung des Rohöls durch "Teilraffination". Bei dem Teilbereich **"Transport"** entfällt der Energieeinsatz bei dezentraler Aufbereitung, da die Rapssaat direkt vor Ort aufbereitet wird. Bei zentraler Aufbereitung wird von Transportleistungen ausgegangen, die sich auf einen alleinigen Anbau von Raps auf bundesdeutschem Boden beziehen, d.h. Rapsimporte aus europäischen bzw. Überseeländern werden nicht berücksichtigt.

Bei dem Sektor **"Preßvorgang"** und **"Extraktion"** ist für zentrale Aufbereitung prinzipiell genügend genaues Zahlenmaterial verfügbar (mit entsprechenden Schwankungsbreiten), während die Daten bzgl. dezentraler Aufbereitung einen wesentlich höheren Unsicherheitsfaktor beinhalten, wobei hier der Aufbereitungsschritt der Extraktion entfällt, da diese dezentral nicht sinnvoll durchgeführt werden kann. Dieser Studie liegt eine Abschätzung für den Energieeinsatz durch Hexanverbrauch als Lösemittel bei dem Extraktionsverfahren zugrunde (s. Abschnitt 2.4.3.1), der bei früheren Studien nicht berücksichtigt wurde bzw. nicht nachvollziehbar war.

Tabelle 2.19 Gesamtenergiebilanz "Rapsölgewinnung" samt den dazugehörigen CO_2-Emissionsfaktoren unter Berücksichtigung der Gutschriften durch Verwendung der Preßrückstände als Viehfutter (Futter) bzw. durch das Potential einer vollständigen thermischen Verwertung (therm.)

Energieeinsatz und CO_2-Emissionsfaktoren bei der Rapsölgewinnung			
	Energie-einsatz in GJ/ha	CO_2-Emissions-faktor in kg CO_2/ha	CO_2-Emissions-faktor in kg CO_2/kg Öl
zentrale Aufbereitung			
Transport	1,8	130	0,11
Ölabtrennung	4,9	370	0,32
Teilraffination	1,2	90	0,08
Zwischensumme	7,9	590	0,51
Preßrückstand (Futter)	− 10,6	− 680	− 0,59
Preßrückstand (therm.)	− 31,8	− 2.760	− 2,41
gesamt (Futter)	− 2,7	− 90	− 0,08
gesamt (therm.)	− 23,9	− 2.170	− 1,90
dezentrale Aufbereitung			
Transport	—	—	—
Ölabtrennung	1,4	80	0,07
Teilraffination	1,3	70	0,07
Zwischensumme	2,7	150	0,14
Preßrückstand (Futter)	− 10,6	− 680	− 0,64
Preßrückstand (therm.)	− 37,8	− 3.280	− 3,12
gesamt (Futter)	− 7,9	− 530	− 0,50
gesamt (therm.)	− 35,1	− 3.130	− 2,98

Anmerkung: Zahlen zur besseren Darstellung gerundet

Quelle: Berechnungen des ifeu   ifeu Heidelberg 1992

Für die Qualität des Rapsöls als Treibstoff gibt es derzeit noch keine verbindlichen Normen, weswegen auch in der Literatur unterschiedliche Qualitätsansprüche angegeben werden. Aus diesem Grund wurde hier der Energieeinsatz für den gesamten möglichen Prozeß der Aufbereitung von der Vorreinigung bis zur Desodorierung (s. Abschnitt 2.4.3.3) detailliert dargestellt. Bewertet wurde schließlich die Qualitätsstufe **"Teilraffination"** jeweils für zentrale und dezentrale Aufbereitung. Die erhaltenen Ergebnisse sind nur bedingt miteinander vergleichbar, da das Zahlenmaterial für dezentrale Aufbereitung mit Daten zentraler Verarbeitung abgeschätzt wurde und darüber hinaus bei zentral bzw. dezentral durchgeführter Teilraffination unterschiedliche Rapsölqualitäten erzielt werden. Für eine bessere Abschätzung müßte ein Qualitätsstandard (Mindestanforderungen an die Qualität des Rapsöls zum Einsatz als Treibstoff) festgelegt werden, der dann mit geeigneten Mitteln zentral als auch dezentral erreicht werden müßte.

Der Teilbereich **"Preßrückstand"** teilt sich auf in die Bewertung des Rapsextraktionsschrots aus der zentralen Verarbeitung und des Rapskuchens aus dezentraler Verarbeitung. Von den drei Möglichkeiten ihrer Verwendung (Verbrennung, Dünge- oder Futtermittel) stellt derzeit der Einsatz als Futtermittel die höchste Wertschöpfung dar (s. Abschnitt 2.4.3.4). Entsprechend dem Äquivalenzprinzip werden in dieser Studie die Preßrückstände in einer ersten Bewertung einem äquivalenten Futtermittel, dem Sojaextraktionsschrot, gegenübergestellt – im Gegensatz zu bisherigen Arbeiten, die sich auf den Heizwert bezogen. Als Bezugsgröße dient der Proteingehalt, der bei Sojaextraktionsschrot im Mittel 41,8 % und bei Rapsextraktionsschrot 35 % beträgt. Zur Bewertung des Sojaextraktionsschrots mußte die gesamte Sojakette von der Produktion des Saatguts bis zur Ölsaataufbereitung abgeschätzt werden. Dies konnte im Rahmen dieser Arbeit nur in einer ersten groben Abschätzung geschehen. Ohne weitere Untersuchungen sind die hier erhaltenen Zahlen nicht ohne weiteres belastbar, stellen zumindest aber die entsprechende Größenordnung dar.

Die Aufsplittung des Energieeinsatzes für die Produkte Sojaöl und Sojaextraktionsschrot wurde entsprechend deren Marktwerte vorgenommen, da einerseits Sojaextraktionsschrot kein Abfallstoff darstellt, andererseits sowohl eine ertragsmengenbezogene Aufteilung als auch das Heranziehen der Heizwerte in diesem Fall ebenfalls nicht angebracht ist (s. Abschnitt 2.4.3.4).

Hektarbezogen ergeben sich für beide Produkte derselbe Energieeinsatz. Bezogen auf kg Produkt ergibt sich aufgrund der unterschiedlichen Ölausbeuten bei zentraler bzw. dezentraler Verarbeitung ein Unterschied von 8 % mehr Energie pro kg Rapsöl bei dezentraler gegenüber zentraler Verarbeitung. Die hierbei erhaltenen Energieeinsätze fließen als Energiegutschrift in die Rapskette ein, da sie als Nebenprodukt der Rapsölproduktion in uneingeschränktem Maß in einem anderen Bereich eingesetzt werden können (s. auch hierzu Abschnitt 2.4.3.4).

In einer zweiten Bewertung wurde – gewissermaßen als Maximalabschätzung – eine thermische Verwertung von Rapsextraktionsschrot bzw. Rapskuchen unterstellt. Dies entspricht zwar derzeit nicht den Verhältnissen in der Bundesrepublik, zumal die thermische Verwertung nach einer möglichen Verwendung als Düngemittel die niedrigste Wertschöpfung darstellt. Sie erlaubt aber die Abschätzung des maximal möglichen Substitutionspotentials. Hierfür wurde allerdings nicht wie bei anderen Studien die Energiegutschrift den Heizwertäquivalenten gleichgesetzt, sondern die Energiegutschrift durch den Äquivalenzprozeß "heizölbefeuerte Anlagen" unter Berücksichtigung der jeweiligen Wirkungsgrade und Bereitstellungsenergien gewonnen. Dazu mußten die Heizwerte von Rapsextraktionsschrot bzw. Rapskuchen separat (rechnerisch) ermittelt werden, da die Literaturangaben zu stark voneinander abwichen.

Bei "thermischer Verwertung" ergeben sich bei zentraler bzw. dezentraler Rapsaufbereitung — anders als bei "Einsatz als Futtermittel" — sowohl hektarbezogen als auch auf gravimetrische Größen bezogen unterschiedliche Energie- und CO_2-Gutschriften bedingt durch unterschiedliche Zusammensetzungen und Ölausbeuten (s. Tab. 2.19).

Als Gesamtbilanz für die Rapsölgewinnung ergibt sich, daß zwar für die eigentliche Rapsölgewinnung Energie aufgebracht werden muß mit entsprechender CO_2-Emission, daß durch die Gutschrift für die Nebenprodukte aber unter dem Strich sowohl für zentrale als auch für dezentrale Rapsölgewinnung die Bilanz positiv wird (in Tab. 2.19 ausgedrückt durch negative Zahlen). Die Energiegutschrift ist somit größer als der Gesamtenergieinput. Bei höchster Wertschöpfung (Einsatz als Futtermittel) ist die Gutschrift am geringsten — das stellt somit eine untere Abschätzung und damit die **mindestens** anzurechnende Gutschrift dar. Gleichzeitig entspricht dies den derzeitigen Verhältnissen in der Bundesrepublik.

2.4.4   Herstellung von Rapsölestern

Reines Rapsöl weicht in mehreren seiner physikalischen Eigenschaften von Dieselkraftstoff ab. Legt man die Kraftstoffnorm nach DIN für Dieselkraftstoff /111/ zugrunde, so betrifft dies vor allem die Dichte, die beim Rapsöl um 6 − 11 % höher liegt als die DIN-Werte für Dieselkraftstoff, und die Viskosität, die mit Werten um ca. 70-80 mm^2/s ca. 6 − 14fach über den DIN-Werten liegen. Außer der höheren Dichte und Viskosität, die im übrigen bei starken Minustemperaturen in den Wintermonaten den Einsatz reinen Rapsöls ohne zusätzliche Maßnahmen kaum zuläßt, sind auch starke Abweichungen bei der Zündwilligkeit, dem Flammpunkt und der Filtrierbarkeit verbunden (s. auch Kapitel 2.5). Reines Rapsöl ist somit für die herkömmlichen, für den Einsatz von Dieselkraftstoff entwickelten Dieselmotoren nicht geeignet. Um Rapsöl den Werten von Dieselkraftstoffen anzugleichen, muß der molekulare Aufbau des Rapsöls verändert werden − und das geht nur mit chemischen Methoden.

Rapsöl ist, wie alle Fette und Öle, von seiner chemischen Zusammensetzung her ein Glycerid, eine Verbindungsklasse von Molekülen, die sich aus 1,2,3-Propantriol (Trivialname "Glycerin") und einer, zwei oder drei Fettsäuren zusammensetzen und damit entweder als Mono-, Di- oder Triglyceride bezeichnet werden. Naturöle − und somit auch Rapsöl − enthalten stets Begleitstoffe wie freie Säuren, Phospholipide, Farbstoffe, Vitamine etc. Sie bestehen zu etwa 97 % /82/ (95 − 98 % /51/) aus Triglyceriden, der Anteil an Di- und Monoglyceriden beträgt bis zu 3 % bzw. bis zu 1 % /82/. Bei den Fettsäuren handelt es sich vornehmlich um verschiedene, geradzahlige Kohlenwasserstoffketten mit zu über 99 % 16 − 20 Kohlenstoffatomen in gesättigter und ungesättigter Form. Bei älteren Rapssorten war die Erucasäure (C22/1, das heißt 22 Kohlenstoffatome und eine Doppelbindung) mit 40 − 64 % Hauptbestandteil des Rapsöls. Diese Rapssorten waren aufgrund des hohen Erucasäuregehaltes für die Verwendung als Nahrungsmittel nicht geeignet, weswegen Rapssorten gezüchtet wurden, die mehr oder weniger als erucasäurefrei gelten und in der Bundesrepublik seit 1973 angebaut werden. Der Hauptbestandteil des Rapsöls ist nun mit 54 − 64 % Ölsäure (C18/1), gefolgt von Linolsäure (C18/2) mit 16 − 22 % und Linolensäure (C18/3) mit 8 − 10 %. Je nach Art der Zusammensetzung beträgt die Molmasse 800 − 1.000 g und wird im Mittel mit $C_{54}H_{114}O_6$ angegeben /112/, was einer mittleren Molmasse von 858 g entspricht. Im Vergleich hierzu hat Dieselöl mit der mittleren Summenformel $C_{16}H_{34}$ eine mittlere Molmasse von 226 g. Eigene Berechnungen ergaben basierend auf der Zusammensetzung des Rapsöls nach /82/ und unter Einbeziehung der verschiedenen Anteile an Glyceriden eine **mittlere Molmasse von 871 g** mit einer mittleren Zusammensetzung von $C_{56}H_{103}O_6$. Die Triglyceride haben hierbei eine Zusammensetzung von $C_{57}H_{102}O_6$.

In erster Linie ist die große Molmasse des Rapsöls für die hohe Viskosität und den anderen damit verbundenen Eigenschaften verantwortlich. Soll die Viskosität durch chemische "Veränderungen" erniedrigt werden, so bleibt nur das Spalten des gesamten Moleküls mit geeigneten chemischen Methoden. Hier bietet sich die Verknüpfungsstelle Glycerin/Fettsäure an, eine sogenannte Esterfunktion. Ester sind die Produkte der Reaktion einer Säure mit einem Alkohol, die Reaktion heißt *Veresterung*. Die Rückreaktion, also die Spaltung des Esters — hier in Glycerin und Fettsäuren —, wird als *Verseifung* bezeichnet.

2.4.4.1   Der Umesterungsprozeß: Darstellung und Energieeinsatz

Der klassische Verseifungsprozeß mit Wasser birgt Schwierigkeiten beim großtechnischen Einsatz bedingt vor allem durch Rückreaktionen der gebildeten Säuren mit dem entstandenen Alkohol. Aus diesem Grund wird großtechnisch mit einer anderen Substanz, einem einwertigen Alkohol, "verseift". Hierbei wird 1 Mol Triglycerid mit 3 Mol eines einwertigen Alkohols zu 3 Mol Monoalkoholester und ein Mol Glycerin chemisch umgesetzt. Da aus dem Triglycerid Monoalkoholester entstehen, spricht man hier von einer *Umesterung*. Aufgrund der dem Umesterungsprozeß eigenen Reaktionskinetik wird zur Erhöhung der Reaktionsgeschwindigkeit ein Katalysator zugegeben, der nach Ablaufen der Reaktion wieder entfernt werden muß, was in diesem speziellen Fall auf dessen Zerstörung hinausläuft.

Als einwertige Alkohole kommen vor allem Methanol und Äthanol infrage. Aus ökonomischen Gründen verbietet sich derzeit der Einsatz von Äthanol, so daß hier ausschließlich Methanol Verwendung findet — technisch gesehen wäre allerdings auch der Einsatz von Äthanol problemlos realisierbar. Das Umesterungsprodukt mit Methanol wird exakt als *Rapsölfettsäuremethylester* oder kurz als *Rapsölmethylester* (RME) bezeichnet. Als Katalysator werden basische Komponenten, vornehmlich Kali- oder Natronlauge (KOH oder NaOH), verwendet, die nach Beendigung der Reaktion mit Protonenspendern (Säuren) wie Phosphorsäure oder Zitronensäure neutralisiert werden. In den Umesterungsprozeß fließen dementsprechend als stoffliche Inputgrößen folgende Substanzen ein: Rapsöl, Methanol, Natronlauge und Säure (s. Tab. 2.20). Als Outputgrößen sind zu nennen: Rapsölfettsäuremethylester, Glycerin sowie nicht umgesetzte Substanzen und Nebenprodukte.

Das gesamte Umesterungsverfahren in industriellem Maßstab ist in Abb. 2.5 dargestellt. Umgeestert wird teilraffiniertes Rapsöl (d.h. das rohe Rapsöl muß entschleimt und entsäuert sein), in der Regel verbunden mit einer Bleichung (vgl. hierzu die detaillierten Ausführungen in Abschnitt 2.4.3.3). Die Entschleimung ist zum Erhalt möglichst reiner Produkte und weniger Nebenprodukte notwendig und wird mit Phosphorsäure (Hydratationsverstärkung) durchgeführt mit anschließendem Zentrifugieren und Filtern durch Bleicherde /113, 114/. Die nachfolgende Entsäuerung dient dazu, möglichst alle freien Fettsäuren aus dem vorgereinigten Rapsöl zu eleminieren, da diese ansonsten mit dem später zuzugebenden Katalysator Natronlauge sofort reagieren und diesen damit unwirksam machen würden. Sie wird durch Wasserdampfdestillation im Hochvakuum durchgeführt.

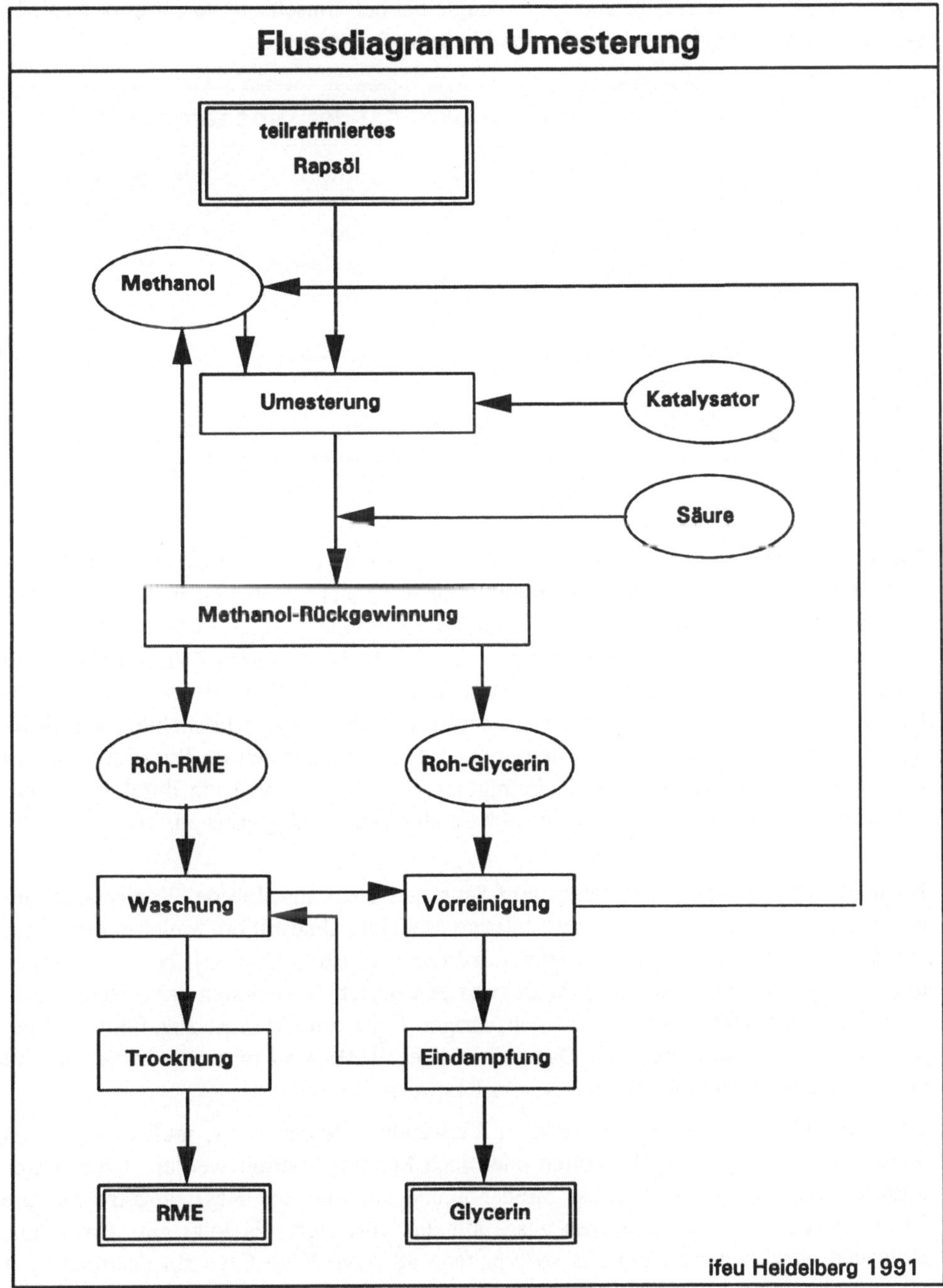

Abb. 2.5 Flußdiagramm für den Umesterungsprozeß

Tabelle 2.20   Einsatzstoffe und Endprodukte bei der Umsetzung von Rapsöl zu RME samt den hierfür benötigten/anfallenden Mengen

Einsatzstoffe und Produkte bei der Umesterung			
Input	Menge in kg	Output	Menge in kg
teilraffiniertes Rapsöl	1.000	RME*	1.000
Methanol	115	Glycerin	95
Natronlauge	5	Reststoffe	29
Säure	4		
*: RME: Rapsölfettsäuremethylester			
Quelle: Umfrage des ifeu bei Ölmühlen			ifeu Heidelberg 1991

Die Umesterung wird bei erhöhten Temperaturen (ca. 80 °C, Siedepunkt Methanol: 64,5 °C) durchgeführt, indem mit Katalysator versehenes Methanol in das bereits erwärmte Rapsöl eingemischt wird. Methanol wird in einem Überschuß von 60 − 70 % /51/ bzw. etwa 40 % /114/ zugegeben, um die Ausbeute durch "Verschieben" des chemischen Gleichgewichts zur Produktseite hin zu erhöhen. Begrenzend für die Überschußmenge ist hierbei die Eigenschaft des Methanols, als Löslichkeitsvermittler zwischen Glycerin und den restlichen organischen Komponenten im Reaktionsgemisch zu wirken. Die Ausbeute an RME beträgt ca. 90 − 92 % und kann durch zwischenstufliches Abziehen des sich als untere Phase absetzenden Glycerins auf etwa 98 % gesteigert werden.

Nach Beendigung der Umesterung wird Säure zur Neutralisation des Katalysators zugegeben und anschließend das überschüssige Methanol abdestilliert, welches für seinen Wiedereinsatz (Rückführung) aufbereitet werden muß (Rektifikation). Nach Abtrennen des Glycerins wird der RME mit Waschwasser versetzt, in dem sich das restliche Glycerin löst. Das Waschwasser wird den vorigen Glycerinfraktionen zugeführt und gelangt zur Glycerinaufbereitung. Das so erhaltene RME wird in einem letzten Schritt noch durch Anlegen eines Vakuums vom Restwasser befreit.

Bevor das Glycerin als Handelsprodukt Verwendung finden kann, muß es noch von Verunreinigungen wie RME, Seifen oder auch Methanol befreit werden. Über Rektifikationsverfahren wird zunächst Methanol und anschließend RME abgetrennt. Die Seifen werden mit Kalziumsalzen ausgefällt und abfiltriert. Es folgt eine Eindampfstufe und abschließend kann das so erhaltene 88 − 90 %ige Glycerin destillativ auf 99,5 % Glyceringehalt aufbereitet werden.

Außer den stofflichen Größen fließen in die Umesterung auch Energien ein: in der Hauptsache Strom und Dampf. Die dafür benötigten Mengen sind derzeit nicht gesichert anzugeben, da es noch keine genügend große Anzahl an reinen Umesterungsanlagen gibt, die RME produzieren. Anlagen gibt es in der Bundesrepublik /90, 115/, vor allem in Österreich /116, 117, 118, 119, 120/, und auch eine in Südfrankreich /121/. Außerdem sind diese Anlagen nicht direkt miteinander vergleichbar, da es sich teilweise noch um Pilotanlagen handelt und darüber hinaus die Durchsätze noch nicht auf großindustrielle Durchsatzmargen ausgelegt sind. Angegeben werden 25 kWh Strom und 100 kg Dampf pro t RME für den eigentlichen Prozeß der Umesterung /90/. Legt man in einer groben Abschätzung gleichen Energieeinsatz für die Aufbereitung von RME, Methanol und Glycerin zugrunde, so kann man für den Gesamtprozeß 50 kWh Strom und 200 kg Dampf ansetzen. Diese Energiemengen können derzeit als realistisch angesehen werden. Spiegeln sie zwar nicht die momentanen Verhältnisse von großindustriellen Anlagen wider, stellen sie jedoch ziemlich genau den derzeitigen Stand der Technik dar, würden aufgrund vermehrter Rapsproduktion neue Anlagen erstellt werden /122/.

Die Mengen des benötigten Methanols und anfallenden Glycerins lassen sich zumindest größenordnungsmäßig durch die stöchiometrischen Massenverhältnisse abschätzen. Unter Berücksichtigung der vorgenannten mittleren Molmasse des Rapsöls und der Aufsplittung der verschiedenen Glyceride gilt folgende Massenbilanz:

100 kg Rapsöl + 10,9 kg Methanol −> 100,3 kg RME + 10,6 kg Glycerin

Zur exakteren Einschätzung der energetischen Verhältnisse wurden diese Werte genauer berechnet als dies bisher in der Literatur üblich war /51, 123/. Pro t RME errechnen sich somit 108,7 kg Methanol und 105,7 kg Glycerin. Angegeben wird der Einsatz von 110 − 120 kg Methanol pro t RME und eine Minderausbeute von 5 − 10 % an Glycerin bezogen auf die stöchiometrischen Verhältnisse /90/. Das sind unter Einbeziehung der vorgenannten Gesamtausbeute von 98 % ca. 95 kg Glycerin. Der Verbrauch an Katalysator wird mit 5 kg NaOH angesetzt, wofür als Neutralisationsmittel aus stöchiometrischen Gründen ca. 4 kg Phosphorsäure notwendig sind − alles bezogen auf 1 t RME.

Die energetische und CO_2-mäßige Bewertung der Einsatzstoffe und Produkte wird folgendermaßen abgeschätzt: Natronlauge bedarf pro kg eines mittleren Energieaufwandes von etwa 3,0 kWh Strom und 7,3 MJ thermischer Energie /38, 124/. Für die Säure wird als Äquivalenzsubstanz Schwefelsäure angesetzt, für die eine Energiebilanz vorliegt /38/. Unter Berücksichtigung der unterschiedlichen Molalitäten ergibt sich ein mittlerer Energiebedarf von etwa 1,2 kWh/t RME. Die Transportenergien für Katalysator und Säure können aus den gleichen Gründen wie den bereits in Abschnitt 2.4.2.1 diskutierten vernachlässigt werden. Für Methanol und Glycerin bedarf es einer sorgfältigen Abschätzung, die im nächsten Abschnitt dargestellt wird.

Abschließend sind die vorgenannten Zahlen noch einmal zusammengefaßt, jeweils bezogen auf einen Hektar Anbaufläche, basierend auf den im Abschnitt 2.4.3 angeführten mittleren Erträgen (die Zahlen sind teilweise gerundet):

Bedarf an Methanol:	132	kg/ha
Bedarf an NaOH:	6	kg/ha
Bedarf an Säure:	5	kg/ha
Ausbeute an RME:	1140	kg/ha
Ausbeute an Glycerin:	110	kg/ha
Energiebedarf NaOH:	250	MJ/ha
Energiebedarf Säure:	20	MJ/ha
CO_2-Emissionsfaktor NaOH:	15	kg CO_2/ha
CO_2-Emissionsfaktor Säure:	1	kg CO_2/ha

2.4.4.2   Bewertung von Methanol und Glycerin

Im folgenden werden die beiden Substanzen Methanol und Glycerin im Hinblick auf die Energie- und CO_2-Bilanz bewertet. Da Methanol für die Produktion von Rapsölfettsäuremethylester vonnöten ist, wird die Rapskette entsprechend in der Energeie belastet, denn Methanol selbst muß unter Energieaufwand hergestellt werden. Beim Glycerin wiederum erfolgt eine Gutschrift, da es als Handelsprodukt weiterverwendet werden kann.

Methanol

Methanol wird heutzutage großtechnisch ausschließlich synthetisch hergestellt. Als Ausgangssubstanzen für die Methanolsynthese dienen Oxide des Kohlenstoffs Kohlenmonoxid und Kohlendioxid sowie Wasserstoff. Kohlenmonoxid und Wasserstoff können direkt aus Erdgas in einen mit *Steam Reforming* bezeichneten Verfahren hergestellt werden. CO_2 findet nur dort Einsatz, wo es kostengünstig zur Verfügung steht. Aus diesem Grund wird hier die Methanolproduktion allein aus Kohlenmonoxid betrachtet. Dies beschreibt die tatsächlichen hiesigen Verhältnisse auch treffend, denn in der Bundesrepublik werden mehr als 97 % des inländisch erzeugten Methanols auf diese Weise produziert /125/. Andere Verfahren der Herstellung von Methanol, beispielsweise aus Benzin, Rückständen aus der Erdölraffination oder aus Kohle stehen somit mengenmäßig weit hinter der Herstellung aus Kohlenmonoxid und Wasserstoff zurück.

Bevor das Erdgas im Steam Reformer in Kohlenmonoxid und Wasserstoff, dem Synthesegas, aufgespaltet werden kann, muß es entschwefelt werden, damit die für den nächsten Verfahrensschritt notwendigen Katalysatoren nicht vergiftet werden. Die Produktion von Synthesegas im Steam Reformer ist ein endothermer Prozeß, während die Methanolsynthese aus dem Synthesegas exotherm ist. Hierzu sind je nach eingesetzten Katalysatoren mehr oder weniger hohe Drücke erforderlich (Hoch-, Mittel- oder Niederdruckverfahren) /126/. Das Gesamtverfahren der Methanolproduktion stellt ein komplexes, ineinander verschachteltes System an diversen Energiebedarfen und -gutschriften sowie an Dampfbedarfen und -produktionen dar, die kaum in Einzelschritte aufgespalten werden können, da sie alle miteinander gekoppelt sind. Als Gesamtbilanz "Summe Energie- und Dampfinput" minus "Summe Energie- und Dampfexport" werden 30 GJ pro produzierter Tonne Methanol angegeben bezogen auf Erdgas und unteren Heizwert /127/. Hierbei entfallen ca. 5 GJ auf Heizgas und ca. 25 GJ auf Prozeßgas.

Die Gesamtbilanz "Methanol" stellt die Summe folgender drei Teilschritte dar: Exploration, Transport und Aufbereitung (Entschwefelung) von Erdgas samt Transport- und Lagerverluste, Produktion von Methanol und schließlich Transport von Methanol zum Endverbraucher (Umesterungsanlage). Für den Transport zur Umesterungsanlage setzen wir nach /60/ 56 Wh pro Tonnenkilometer für den Transport mit der Eisenbahn an (Entfernung: 500 km).

Entsprechend dieser Zahlen errechnen sich die CO_2-Emissionsfaktoren. Für die Zurverfügungstellung von Erdgas plus Produktion ergibt sich ein CO_2-Emissionsfaktor von 1740 kg CO_2/t Methanol und für den Transport zum Endverbraucher ein solcher von 10 kg CO_2/t Methanol. Insgesamt errechnet sich dementsprechend für "Gesamtmethanol" ein hektarbezogener **Energiebedarf von 4,89 GJ** und ein entsprechender **CO_2-Emissionsfaktor von 230 kg CO_2**. Pro kg Methanol sind das 37,2 MJ bzw. 1,75 kg CO_2.

Anmerkung: Die CO_2-Bilanz bzgl. Rapsöl und Rapsölmethylester ist exakt neutral, da die drei Kohlenstoffatome des Glycerins ausgetauscht werden durch drei einzelne Kohlenstoffatome von Methanolmolekülen, so daß die CO_2-Emission bei Verbrennen von Rapsöl mit der bei Verbrennen von RME identisch ist. Wesentlich für die hier angestellte Betrachtung ist aber die Annahme, daß die Kohlenstoffanteile von Glycerin nach dessen Verwendung kurz- bis mittelfristig als CO_2 in die Atmosphäre gelangen. Diese Annahme ist prinzipiell gerechtfertigt, denn die meisten glycerinhaltigen Gebrauchsgegenstände landen über kurz oder lang als Abfall auf Deponien und unterliegen dort Verrottungsprozessen (CO_2-Emission) oder in Müllverbrennungsanlagen (ebenfalls Oxidation zu CO_2). Würde das bei dem Umesterungsprozeß entstehende Glycerin in vollem Umfang CO_2-emissionsfrei fixiert (beispielsweise eingelagert) werden, so dürfte bei der Methanolproduktion lediglich der Heizgasanteil, nicht aber der Prozeßgasanteil in die energetischen Betrachtungen miteinfließen.

Glycerin

Bei der energetischen Bewertung des Glycerins, dem Nebenprodukt der RME-Herstellung, ist entscheidend, ob Glycerin als zu entsorgendes Abfallprodukt oder als Wertstoff angesehen wird. Hierbei wird des öfteren der enge "Glycerinmarkt" angeführt (z.B. /128/), was kritisch beleuchtet werden soll. Dazu ist die Kenntnis der Produktionsverfahren und der Verwendungsmöglichkeiten von Glycerin von ausschlaggebender Bedeutung.

Glycerin kann grundsätzlich hergestellt werden aus Naturprodukten durch Verseifung oder Hydrolyse natürlicher Fette, durch Fermentation von Zucker, durch Hydrieren und Cracken von Kohlenhydraten und synthetisch aus Propylen. Großtechnisch besitzen nur die Verseifung natürlicher Fette mit ca. 2/3 Weltmarktanteil und die Synthese aus Propylen mit ca. 1/3 Weltmarktanteil Bedeutung. Bei der Synthese aus Propylen, die über eine Chlorierung, Oxidation oder indirekte Oxidation geführt werden kann, handelt es sich im Prinzip um einen separaten, nicht mit anderen Produkten gekoppelten Syntheseweg. Die Herstellung von synthetisch produziertem Glycerin ist dementsprechend für die Produzenten eine reine Kostenfrage. Lohnt es sich nicht mehr, Glycerin zu produzieren, weil ein anderer Anbieter günstiger anliefern kann, so kann die Produktion "problemlos" eingestellt werden. Rund 80 % des synthetisch produzierten Glycerins wird über eine bestimmte der rund ein Dutzend Verfahrensvarianten produziert, nämlich über die Chlorierung mit dem Zwischenprodukt Epichlorhydrin /129/.

Vielseitige Verwendung findet Glycerin aufgrund seines niedrigen Dampfdrucks, niedrigen Schmelzpunktes, guten Lösungsvermögens, guter Verträglichkeit mit anderen Chemikalien und seiner Ungiftigkeit. Vor allem in der Nahrungsmittel-, Pharma- und Kosmetikindustrie aber auch bei der Harzherstellung wird es eingesetzt. Glycerin ist ein weitverbreiteter Bestandteil in Arzneimitteln, Zahnpasta, kosmetischen Präparaten, Kandiszucker, Farbstoffen, Zellophan, Korkdichtungen, Deckelausfütterungen, Einlegesohlen für Schuhe, Zigarettenpapier, Lacken, Harzen, Urethanschäumen etc. /129, 130/. Der Einsatz von Glycerin hängt in erster Linie nicht von eingeschränkten Verwendungsmöglichkeiten, sondern lediglich von seinem Preis ab.

Es kann also zusammengefaßt werden, daß nicht der Bedarf an Glycerin, sondern sein Preis einsatzbeschränkend ist, zumal dieser aufgrund der doch recht energieintensiven Produktion in Relation zu anderen Erdölprodukten recht hoch liegt. Wird das aus der RME-Produktion anfallende Glycerin günstiger angeboten, als es die chemische Industrie anbieten kann, ist der gesamte Absatz gesichert. Das trifft sogar auch auf Mengen zu, die über dem derzeitigen Bedarf liegen, da unserer Meinung nach bei niedrigen Preisen durch die vielseitige Verwendbarkeit des Glycerins sein Einsatz in völlig neuen Produktpaletten Einzug finden wird. Eine dem ähnliche Bewertung findet sich beispielsweise auch in /131/. Für die Energiebilanz heißt das, daß die für die Produktion von Glycerin eingesetzte Energie in komplettem Umfang der Rapskette (bei RME-Produktion) gutgeschrieben werden kann − allerdings nur solange, wie anderweitig produziertes Glycerin substituiert wird. Würde das bei der Umesterung anfallende Glycerin neue Märkte erschließen, so müßte jeweils die der dadurch verdrängten Vorgängersubstanz eigenen Bereitstellungsenergie eingerechnet werden. Eine derartige Abschätzung ist ohne entsprechende Vorgaben derzeit nicht sinnvoll und wird deshalb hier nicht weiter verfolgt.

Da bei übermäßigem Glycerinangebot zuerst die synthetische Produktionslinie eingestellt werden würde (kein Kuppelprodukt), liegt dieser Studie der Energieeinsatz zur Produktion von Glycerin aus Propylen zugrunde. Die Produktion von 1 kg Glycerin erfordert ungefähr 1 kWh Strom, 12 kg Dampf und 1750 MJ Erdgasäquivalente /36/. Der für die Bereitstellung des Ausgangsprodukts Propylen notwendige Energiebedarf wird folgendermaßen abgeschätzt: Zur Produktion von 1 kg Glycerin sind bei quantitativem Umsatz entsprechend dem stöchiometrischen Verhältnis 0,935 kg Propylen erforderlich. Da uns zur Bereitstellung von Propylen keine Energieaufwandszahlen zur Verfügung stehen, werden diese über den Heizwert abgeschätzt. Dieser wiederum ergibt sich durch Subtrahieren der Verdampfungsenthalpie von der Verbrennungsenthalpie. Bezogen auf gravimetrische Einheiten sind das 45,1 MJ/kg Propylen /132/. Als Wirkungsgrad wird der gleiche angenommen wie bei n-Hexan. Damit entspricht das "Glycerinaufkommen pro ha" einer **Gesamtgutschrift von 11,2 GJ bzw. einer CO$_2$-Gutschrift von 825 kg CO$_2$.**

In einer weiteren Abschätzung, einer Grenzbetrachtung, wurde untersucht, wie sich das mit der RME-Produktion verbundene Aufkommen an Glycerin auf die Energiebilanz auswirkt, wird unterstellt, daß das anfallende Glycerin nicht mehr von der chemischen Industrie aufgenommen werden kann. In einem solchen Fall bietet sich als Alternative die thermische Verwertung an. Für die Energiebilanz hat das zur Folge, daß das Verbrennen von Glycerin dem Energiegewinn ölbefeuerter Anlagen als Äquivalenzprozeß gegenübergestellt wird. Der tatsächliche Einspareffekt, und damit die Energiegutschrift, ergibt sich durch die unter Berücksichtigung des Wirkungsgrads tatsächlich nutzbare Energie. Aus dieser läßt sich die Gesamtmenge an "äquivalentem" Heizöl (unter Berücksichtigung des entsprechenden Wirkungsgrads) und hieraus unter Einrechnen der Bereitstellungsenergien ("Vorkette") die Gesamtenergiegutschrift berechnen.

Der für diese Berechnung benötigte Wirkungsgrad für die Verbrennung von Glycerin wird aufgrund der zu heizölbefeuerten Anlagen analogen Verbrennungstechnik zu 90 % abgeschätzt. Der Heizwert ergibt sich aus der Verbrennungsenthalpie und der Verdampfungsenthalpie von Glycerin. Die entsprechenden Werte lauten 18,049 MJ/kg bzw. 0,97 MJ/kg /129/. Demnach beträgt der Heizwert 17,08 MJ/kg Glycerin.

Hektarbezogen ergäbe sich bei **thermischer Verwertung** des bei der RME-Produktion anfallenden Glycerins eine **Gesamtenergiegutschrift in Höhe von 2,07 GJ bzw. eine CO$_2$-Gutschrift in Höhe von 180 kg CO$_2$.** Diese Gutschriften lägen beträchtlich niedriger als die Gutschriften bei Substitution von synthetisch produziertem Glycerin (ca. 80 % niedriger) aufgrund der hohen Produktionsenergien.

Ein Transportabschlag für den Transport des Glycerins von den Umesterungsanlagen zu den (potentiellen) Verbrauchern wird nicht vorgenommen, da dieser Transport grundsätzlich notwendig wird, weil Glycerin in den meisten Fällen nicht am Ort seiner Produktion und vor allem nicht quantitativ weiterverarbeitet wird. Wegen der Betrachtung von Äquivalenzprozessen dürfen demnach die mit dem Glycerintransport verbundenen Energieleistungen nicht in die Energiebilanz eingerechnet werden.

2.4.4.3   Zusammenfassung "Umesterung"

Reines Pflanzenöl kann nicht direkt als Dieselkraftstoffersatz verwendet werden, da es sich in einigen wesentlichen physikalischen Eigenschaften von Dieselkraftstoff unterscheidet. Der Hauptunterschied ist die gegenüber Dieselkraftstoff ungefähr 10fach höhere Viskosität, bedingt hauptsächlich durch die hohe Molmasse des Rapsöls. Diese kann durch das chemische Verfahren der Umesterung, bei dem 1 Mol Rapsöl mit 3 Mol Methanol unter Zugabe von Katalysator- und Neutralisationsmitteln umgesetzt wird, auf "dieselübliche" Werte erniedrigt werden. Dabei entstehen 3 Mol Rapsölfettsäuremethylester (RME) und 1 Mol Glycerin. Der Energieeinsatz und die CO_2-Bilanz hängen von den tatsächlich eingesetzten Energien beim Umesterungsverfahren einschließlich der vor- und nachgeschalteten Prozesse ab, sowie von der energie- und CO_2-mäßigen Bewertung einerseits der Einsatzstoffe Methanol, Katalysator und Neutralisationsmittel (Säure) und andererseits der Nebenprodukte wie Glycerin und Reststoffe.

Die direkten Energieverbräuche für die Umesterung samt den vor- und nachgeschalteten Stufen wurden größenordnungsmäßig abgeschätzt und mit RME-Produktionsanlagen-Erstellern und -Betreibern abgestimmt, da verläßliche, repräsentative Daten in der Literatur nicht beschrieben sind. Hierbei wurde der Strom- und Dampfeinsatz berücksichtigt, nicht aber der grundsätzlich verfahrensbedingte Einsatz von Waschwasser und der Energien, die für die Entsorgung der Reststoffe aufgebracht werden müssen. Der gesamte Komplex "Umesterung" umfaßt die eigentliche Umesterung, die Methanolrückgewinnung und RME- bzw. Glycerinaufbereitung (s. Fließschema Abb. 2.5).

Umgeestert wird teilraffiniertes (entschleimtes und entsäuertes) Rapsöl. Die entsprechenden Werte für den Energieeinsatz und die CO_2-Emissionsfaktoren sind in Tab. 2.21 aufgelistet.

Die Einsatzstoffe Natronlauge und Säure wurden in Abschnitt 2.4.4.1 und Methanol in Abschnitt 2.4.4.2 energetisch bewertet. Sie fallen wegen der geringen benötigten Mengen (s. Tab. 2.20) kaum ins Gewicht. Das aus Erdgas über Synthesegas (Kohlenmonoxid und Wasserstoff) durch den Steam Reforming-Prozeß synthetisch hergestellte Methanol belastet die Bilanz am stärksten, da an Methanol ca. 10 Gewichtsprozent bezogen auf Rapsöl benötigt werden. Die für die Produktion von Methanol aufzubringende Energie wurde aufgrund von Angaben für die Synthese über das Steam Reforming-Verfahren abgeschätzt. Der Energiebedarf für die Produktion von Methanol beträgt ungefähr zwei Drittel des Bedarfs für den Gesamtbereich "Umesterung" und liegt damit allein doppelt so hoch wie der gesamte verfahrensbedingte Energiebedarf (s. Tab. 2.21).

Tabelle 2.21 Gesamtbilanz "Umesterung" samt den dazugehörigen CO_2-Emissionsfaktoren unter Berücksichtigung der möglichen Gutschriften durch die Substitution synthetisch produzierten Glycerins (synth.) bzw. durch die thermische Verwertung des anfallenden Glycerins (therm.)

Energiebilanz "Umesterung"		
	Energiebedarf in MJ/ha	CO_2-Emissionsfaktor in kg CO_2/ha
Methanol	4.890	230
Natronlauge	250	15
Säure	20	1
Umesterungsprozeß	1.640	119
Zwischensumme	6.800	365
mögl. Gutschrift:		
Glycerin (synth.)	− 11.200	− 825
Glycerin (therm.)	− 2.070	− 180
gesamt (synth.)	**− 4.400**	**− 460**
gesamt (therm.)	**4.730**	**185**
Quelle: Berechnungen des ifeu		ifeu Heidelberg 1991

Der zusätzliche Einsatz von Methanol bei der Umesterung verändert die CO_2-Bilanz gegenüber dem Verbrennen reinen Rapsöls insofern, als die drei eingesetzten Methanolmoleküle zwar genau soviele Kohlenstoffatome haben wie das Nebenprodukt Glycerin, dieses aber nach "Gebrauch" letztlich durch bakterielle Verrottung bzw. Verbrennen in die Atmosphäre gelangt (CO_2-Emission). Das heißt, daß die zur Produktion von Methanol aufzubringende Energie in vollem Umfang in die Bilanz einzurechnen ist.

Die Bewertung des bei der Umesterung anfallenden Glycerins wurde unter zwei Gesichtspunkten vorgenommen: Erstens, indem es synthetisch produziertes Glycerin substituiert, und zweitens, indem es thermisch verwertet wird. Bei ersterem liegen die

Gutschriften ca. fünffach höher als bei zweiterem, da die Glycerinsynthese ein sehr energieaufwendiges Verfahren darstellt. Unterstellt wurde die Glycerinsynthese aus Propylen, die einen Anteil von ca. 80 % an den synthetischen Verfahren hat, allerdings ohne Dampfexportabschläge.

Bei der thermischen Verwertung von Glycerin wurde die Energiegutschrift — im Gegensatz zu bisherigen Arbeiten, die lediglich Heizwertäquivalente zugrundegelegt haben — durch Gegenüberstellung des Äquivalenzprozesses "ölbefeuerte Anlagen" erhalten. Sie ergibt sich aus der unter Berücksichtigung des Wirkungsgrads tatsächlich nutzbaren Energie, indem auf "äquivalentes" Heizöl (unter Berücksichtigung des entsprechenden Wirkungsgrads) umgerechnet und die hierfür notwendigen Bereitstellungsenergien eingerechnet werden.

Die Berechnung des Gesamtenergiebedarfs für den Bereich "Umesterung" hängt in besonderem Maß von der Gutschrift durch das als Nebenprodukt bei der Umesterung entstehende Glycerin ab. Unserer Meinung nach kann der Absatz an Glycerin als chemischer Grundstoff nicht nur kurzfristig, sondern auch mittelfristig als gesichert angenommen werden (s. Abschnitt 2.4.4.2). Deshalb ist die mit der Produktion synthetischen Glycerins aus Propylen aufzubringende Energie komplett als Energiegutschrift anzurechnen. Das gilt allerdings nur solange, wie tatsächlich Glycerin substituiert wird. Findet Glycerin in neuen Produktpaletten Einzug, so müßten die jeweils zugrundeliegenden Äquivalenzprozesse bilanziert werde, was hier nicht weiter verfolgt wurde. Bei der hier angestellten Betrachtungsweise wird nicht nur der gesamte Energiebedarf für die mit der Umesterung verbundenen Aufwände von 6,8 GJ/ha "aufgewogen", sondern es ergibt sich unter dem Strich sogar eine Netto-Gutschrift von ca. 4,4 GJ/ha verbunden mit einer zusätzlichen Einsparung an fossilen Energieträgern entsprechend 460 kg CO_2/ha, d.h. mit der Umesterung ist — wie bereits auch bei dem Gesamtprozeß "Rapsölgewinnung" — kein Energieverbrauch, sondern ein tatsächlicher **"Energiegewinn" in Höhe von 3,85 MJ pro kg RME** verbunden.

Würde Glycerin nicht als chemischer Grundstoff verwertet, sondern verbrannt werden, so ergäbe die Verwendung von RME als Treibstoff einen um 4,7 GJ/ha höheren Energieeinsatz und eine um 185 kg CO_2/ha höhere CO_2-Emission gegenüber der Verwendung reinen Rapsöls. In diesem Fall wäre also eine Netto-Energiezufuhr mit der Bereitstellung von RME aus Rapsöl verbunden.

2.4.5   Zusammenfassung (Rapskette)

Die Energie- und CO_2-Bilanz der "gesamten Rapskette" ergibt sich aus den energetischen Bewertungen und den damit verbundenen CO_2-Emissionen der drei Teilbereiche, die die Produktion von Raps bis hin zur Bereitstellung von Rapsöl bzw. Rapsölfettsäuremethylester (RME) umfassen:

— **Landwirtschaft**: Hierin enthalten sind alle mit der Produktion von Rapskörnern verbundenen Teilschritte wie Saatbettbereitung, die eigentliche Saat, Bestandspflege, Produktion und Ausbringung von Düngemitteln und Bioziden, Ernte des Rapses bis hin zur Aufbereitung und Lagerung der Rapskörner.

— **Rapsölgewinnung**: In diesem Teilbereich werden alle für die Rapsölgewinnung aus den Rapskörnern erforderlichen Teilschritte bewertet, angefangen beim Transport zur Ölmühle über das eigentliche Ölgewinnungsverfahren bis zur Ölaufbereitung (Teilraffination). Hierbei werden zwei Möglichkeiten der Rapsölgewinnung diskutiert, nämlich die **zentral** und die **dezentral** durchgeführte Ölgewinnung.

— **Umesterung**: Für den Fall der zentralen Rapsaufbereitung werden in diesem Teilbereich alle mit der Umesterung der Rapsölmoleküle zu RME verbundenen Einzelschritte bewertet.

Die in diesen drei Teilbereichen erhaltenen Einzelergebnisse werden an dieser Stelle nicht mehr einzeln erläutert, sondern lediglich als "Gesamtwerte" diskutiert. Für die Diskussion der entsprechenden Einzelergebnisse wird auf die Zusammenfassungen der jeweiligen Teilbereiche verwiesen (Abschnitte 2.4.2.4, 2.4.3.5 und 2.4.4.3).

Die energetische Bewertung wurde derart durchgeführt, daß nicht nur der direkt mit den Verfahren verbundene Energieeinsatz, sondern diese Energiemenge plus die für ihre Bereitstellung erforderliche Energie zugrundegelegt wurde. Dies gilt gleichermaßen auch für Hilfsmittel (wie beispielsweise für Düngemittel), deren Produktionsenergien ebenfalls die für die damit verbundenen Energieaufwände einhergehenden Bereitstellungsaufwände zugerechnet wurden (Berücksichtigung der "Vorkette"). Die mit dem Energieeinsatz einhergehenden CO_2-Emissionen wurden bezogen auf die jeweiligen Primärenergieträger für jeden Teilschritt der Rapskette einzeln bestimmt und den jeweiligen Teilbereichen zugeordnet.

Es wurden nicht nur die Produktion und Weiterverarbeitung von Raps, sondern auch die dabei entstehenden Nebenprodukte im Hinblick auf die Energie- und CO_2-Bilanz bewertet, allen voran das bei zentraler Rapsölgewinnung anfallende Rapsextraktionsschrot, der Rapskuchen bei dezentralem Ölabpressen und das bei der Umesterung entstehende Glycerin. Da diese Stoffe im klassischen Sinn keine Abfallprodukte, sondern Wertstoffe darstellen, wurden deren "Energieäquivalente" in Form von **Gutschriften** der Rapskette angerechnet. Die Höhe dieser "Energieäquivalente" und damit der Gutschriften hängt von den mit diesen Nebenprodukten tatsächlich substituierten (oder auch potentiell substituierbaren) Stoffen in der Art und Weise ab, daß die für deren Bereitstellung erforderliche Energie plus "Vorkette" als Gutschrift in die Rapskette eingeht (Äquivalenzprinzip). Das ist explizit bei dem in der Tierfütterung eingesetzten Rapsextraktionsschrot bzw. Rapskuchen die für die Bereitstellung des Äquivalenzfuttermittels Sojaextraktionsschrot aufzubringende Energie. Findet Rapsextraktionsschrot bzw. Rapskuchen in einer alternativen Betrachtungsweise nicht als Futtermittel Verwendung – derzeit wird es in der Bundesrepublik durch das Prinzip der höchstmöglichen Wertschöpfung ausschließlich in der Tiermast eingesetzt –, sondern würde es thermisch verwertet werden, so wäre als Gutschrift der für die Bereitstellung eines Äquivalenzbrennstoffs notwendige Energieeinsatz unter Einrechnung der verschiedenen Wirkungsgrade anzusetzen. Das gilt gleichermaßen auch für das bei der Umesterung entstehende Glycerin, würde es thermisch verwertet werden. Substituiert dieses Glycerin allerdings synthetisch produziertes Glycerin, so wird als Gutschrift die für die technische Produktion erforderliche Energie plus "Vorkette" eingerechnet.

Diese Betrachtungsweise wird von uns im Rahmen einer Gesamtbilanz als der richtige und einzig gangbare Weg angesehen. Sie steht allerdings im Gegensatz zu anderen diesbezüglichen Energiebilanzen, in denen als Gutschrift der jeweilige Heizwert bzw. Brennwert ohne nähere Betrachtung der jeweiligen Substitutionspotentiale und Wirkungsgrade angesetzt wurde. Nähere Ausführungen zu den Berechnungen der Gutschriften sind in den Abschnitten 2.4.3.4 (Rapsextraktionsschrot und Rapskuchen) und 2.4.4.2 (Glycerin) dargestellt.

Als weitere Größen, die die Bilanz erheblich beeinflussen können, wurden zwei Optionen diskutiert. Die erste Option ist der Einsatz von Gülle und damit Substitution eines Teils der auszubringenden technischen Düngemittel mit den damit verbundenen vermindert aufzubringenden Energien. Unterstellt wurde der Einsatz von Gülle als Düngemittel lediglich in der Nähe der Gülleproduzenten, da ansonsten der Energievorteil durch allzu hohe Transportleistungen rasch schrumpfen würde und überdies ökonomisch uninteressant wäre. Die zweite Option bewertet die in der Bundesrepublik noch nicht praktizierte thermische Verwertung des mit den Rapskörnern gleichsam mitproduzierten Rapsstrohes. Auch hier wird – anders als bei analogen Studien – die Gutschrift über den Prozeß der Äquivalenzbilanzierung errechnet.

Die erhaltenen Ergebnisse der Energiebilanz bzw. CO_2-Bilanz sind in den Tabellen 2.22 und 2.23 für die **zentrale Ölsaatverarbeitung** dargestellt. Grundlage dieser Ergebnisse ist ein Hektarertrag von 30,9 dt Rapskörner bzw. von 1.143 kg gebrauchsfertigem, das heißt teilraffiniertem Rapsöl entsprechend 1.143 kg RME. Die anderen Größen wie Düngemittelaufwand, Rapsstrohertrag etc. sind den jeweiligen Abschnitten zu entnehmen.

Tabelle 2.22 Gesamt-Energiebilanz "Rapskette" für zentrale Aufbereitung

Gesamt-Energiebilanz "Rapskette" **– zentrale Verarbeitung –**		
	Energiebedarf in MJ/ha	Energiebedarf in MJ/kg Öl/RME
Landwirtschaft	21.600	18,9
Rapsölgewinnung	7.900	6,9
Umesterung	6.800	5,9
gesamt	36.300	31,7
mögl. Gutschriften:		
Rapsschrot:		
– als Futtermittel	– 10.600	– 9,3
– therm. Verwert.	– 31.800	– 27,8
Glycerin:		
– synth. Prod.	– 11.200	– 9,8
– therm. Verwert.	– 2.070	– 1,8
Optionen:		
Rapsstrohnutzung	– 59.400	– 52,0
Gülle	– 7.200	– 6,3
Quelle: Berechnungen des ifeu		ifeu Heidelberg 1991

Die Ergebnisse zeigen, daß die Produktion von Raps (Landwirtschaft) ca. 60 % des Energieaufwands und der damit verbundenen CO_2-Emissionen für die Bereitstellung von RME ausmacht (s. Tab. 2.22). Der Teilbereich "Rapsölgewinnung" verursacht etwa 22 % des gesamten Aufwands. Dieser Beitrag wird durch die Gutschrift von Rapsextraktionsschrot kompensiert, denn sowohl bei thermischer Verwertung als auch bei Futtermittelsubstitution zeigt die Gesamtbilanz "Rapsölgewinnung" energetische Vorteile in Höhe von insgesamt 2.700 MJ/ha (Substitution von Futtermittel) bzw. 23.900 MJ/ha (thermische Verwertung), obwohl die eigentliche Rapsölgewinnung mit Energieeinsatz verbunden ist.

Die mit 19 % am Energiebedarf der gesamten Rapskette beteiligte Umesterung reduziert sich bei Einrechnen der Gutschrift aus der thermischen Glycerinverwertung um 2.070 MJ/ha, das sind ca. 30 % des ansonsten erforderlichen Energiebedarfs. Wird hingegen zugrundegelegt, daß das bei der Umesterung anfallende Glycerin synthetisch produziertes Glycerin vollständig substituiert, ist die Umesterung letztlich mit einem Energiegewinn verbunden.

Legt man die in der Bundesrepublik derzeit realen Einsatzbedingungen für "Rapsschrot als Futtermittel" und die realen Möglichkeiten der "Substitution synthetisch produzierten Glycerins" zugrunde, so ergibt sich für die beiden Bereiche "Rapsölgewinnung" und "Umesterung" in der Gesamtbilanz eine Energiegutschrift von insgesamt 7.100 MJ/ha. Damit errechnet sich für die reale Situation in der Bundesrepublik ein Gesamtenergieaufwand für die Erzeugung von RME ("Zentrale Verarbeitung") von 14.500 MJ/ha bzw. 12,7 MJ/kg RME. Die entsprechenden CO_2-Emissionsfaktoren berechnen sich zu 940 kg CO_2/ha bzw. 0,82 kg CO_2/kg RME.

Tabelle 2.23 Gesamt-CO_2-Bilanz "Rapskette" für zentrale Aufbereitung

Gesamt-CO_2-Bilanz "Rapskette" — zentrale Verarbeitung —		
	Emissionsfaktor in kg CO_2/ha	Emissionsfaktor in kg CO_2/kg Öl/RME
Landwirtschaft	1.310	1,15
Rapsölgewinnung	590	0,52
Umesterung	365	0,32
gesamt	**2.265**	**1,99**
mögl. Gutschriften:		
Rapsschrot:		
– als Futtermittel	– 680	– 0,59
– therm. Verwert.	– 2.760	– 2,41
Glycerin:		
– synth. Prod.	– 825	– 0,72
– therm. Verwert.	– 180	– 0,16
Optionen:		
Rapsstrohnutzung	– 4.400	– 3,85
Gülle	– 370	– 0,32
Quelle: Berechnungen des ifeu		ifeu Heidelberg 1991

Werden zusätzlich im Bereich "Landwirtschaft" die beiden Optionen "Gülleverwendung" und "Rapsstrohnutzung" genutzt, reduziert sich der Energiebedarf um die in den Tabellen 2.22 bzw. 2.23 aufgelisteten Werte. Bei einer Gülleverwendung verringerte sich der mit dem Prozeßschritt Landwirtschaft einhergehende Energiebedarf um ein Drittel auf 14.400 MJ/ha. Würde Rapsstroh thermisch genutzt werden, was heute unüblich ist, so würde der gesamte Prozeß der Bereitstellung von Rapsöl bzw. RME Energie "liefern" statt "verbrauchen".

Tabelle 2.24 Gesamt-Energiebilanz "Rapskette" für dezentrale Aufbereitung

<table>
<tr><td colspan="3" align="center">Gesamt-Energiebilanz "Rapskette"
— dezentrale Verarbeitung —</td></tr>
<tr><td></td><td align="center">Energiebedarf
in MJ/ha</td><td align="center">Energiebedarf
in MJ/kg Öl</td></tr>
<tr><td>Landwirtschaft
Rapsölgewinnung</td><td align="center">21.600
2.700</td><td align="center">20,6
2,5</td></tr>
<tr><td>gesamt</td><td align="center">24.300</td><td align="center">23,1</td></tr>
<tr><td>mögl. Gutschriften:
Rapskuchen:
— als Futtermittel
— therm. Verwert.
Optionen:
Rapsstrohnutzung
Gülle</td><td align="center">

– 10.600
– 37.800

– 59.400
– 7.200</td><td align="center">

– 10,1
– 36,0

– 56,5
– 6,9</td></tr>
<tr><td>Quelle: Berechnungen des ifeu</td><td></td><td align="right">ifeu Heidelberg 1991</td></tr>
</table>

Die Tabellen 2.24 und 2.25 zeigen die analogen Ergebnisse für die **dezentrale Rapsölgewinnung** ausgehend von ca. 1.050 kg produziertem Rapsöl pro Hektar. Gegenüber der zentralen Aufbereitung entfällt hier der Bereich "Umesterung" und die hierbei anstehende Gutschrift für das bei der Umesterung entstehende Glycerin.

Bei dezentraler Rapsölgewinnung sind im Prinzip die gleichen Energieaufwände und Energiegutschriften anzusetzen wie bei zentraler Rapsölgewinnung bis auf zwei Komplexe: Der erste ist der Teilbereich "Rapsölgewinnung". Die Rapsölgewinnung wird dezentral anders durchgeführt als zentral. Der Energieeinsatz unterscheidet sich dementsprechend von dem bei zentraler Verarbeitung, wobei gleichzeitig Rapsöl verschiedener Qualitätsstandards produziert wird, so daß die entsprechenden Werte nicht bzw. nur bedingt miteinander verglichen werden können. Der zweite Komplex betrifft die Energiegutschrift bei möglicher thermischer Verwertung von Rapskuchen, der aufgrund der gegenüber Rapsextraktionsschrot anderen Zusammensetzung auch einen anderen Heizwert hat und in anderen Mengen anfällt als Rapsextraktionsschrot. Gleiches gilt auch für die CO_2-Emissionsfaktoren.

Da sich die Ergebnisse bei dezentraler Rapssaatverarbeitung von denen bei zentraler Aufbereitung nur quantitativ unterscheiden, wird hier auf eine explizite Diskussion verzichtet.

Tabelle 2.25   Gesamt-CO_2-Bilanz "Rapskette" für dezentrale Aufbereitung

Gesamt-CO_2-Bilanz "Rapskette" — dezentrale Verarbeitung —		
	Emissionsfaktor in kg CO_2/ha	Emissionsfaktor in kg CO_2/kg Öl
Landwirtschaft	1.310	1,25
Rapsölgewinnung	150	0,14
gesamt	1.460	1,39
mögl. Gutschriften:		
Rapskuchen:		
– als Futtermittel	– 680	– 0,65
– therm. Verwert.	– 3.280	– 3,12
Optionen:		
Rapsstrohnutzung	– 4.400	– 4,19
Gülle	– 370	– 0,35
Quelle: Berechnungen des ifeu		ifeu Heidelberg 1991

2.5 Vergleich

Gegenüberstellung der Energieverbräuche und CO_2-Emissionen bei der Verwendung von Dieselkraftstoff und Rapsöl bzw. Rapsölestern als Treibstoff

2.5.1 Grundsätzliches zum Einsatz von Rapsöl bzw. -estern

Im Prinzip kann Rapsöl in herkömmlichen Dieselmotoren als Kraftstoff entweder allein oder auch als Gemisch mit Dieselkraftstoff eingesetzt werden. Entsprechende Versuche ergaben allerdings, daß ein derartiger Einsatz nur für kurzzeitigen Betrieb beispielsweise zur Durchführung von Verbrauchs- oder Leistungsmessungen ohne Motorschaden möglich ist. Bereits bei längerem Betrieb mit herkömmlichen Dieselmotoren treten technische Probleme auf, die einen Dauereinsatz praktisch ausschließen /133/. Zu den Hauptproblemen gehören Ablagerungen bzw. Verkrustungen an den Düsen, auf den Kolben und an den Ventilen, die durch Verklemmungen der Kolbenringe und die damit verbundene Verminderung der Dichtfähigkeit zu Leistungsabfall, unregelmäßigem Lauf und schließlich zum Motorausfall führen /134/. Dies hängt u.a. auch damit zusammen, daß die heutigen Dieselmotoren speziell für Dieselkraftstoff als Treibstoff entwickelt wurden. Die physikalischen Eigenschaften von Rapsöl unterscheiden sich aber in mehreren Punkten von denen des Dieselkraftstoffes. Das gilt vor allem für die Dichte und Viskosität, aber auch für die Zündwilligkeit, den Flammpunkt und die Filtrierbarkeit /135, 136/. Für eine Verwendung von Rapsöl als Dieselkraftstoff-Substitut bieten sich demnach folgende zwei Strategien an:

—   Anpassung des Rapsöls an die Eigenschaften von Dieselkraftstoff

—   Anpassung der Motoren an die Eigenschaften von Rapsöl

Die Anpassung des Rapsöls an die Eigenschaften von Dieselkraftstoff hat den Vorteil, daß die derzeit schon vorhandenen Motoren genutzt werden können. Von den verschiedenen, theoretisch möglichen Anpassungsmaßnahmen wurde bisher nur eine als realisierbar angesehen, nämlich die chemische Veränderung des Rapsölmoleküls durch die bereits in Abschnitt 2.4.4.1 dargestellte Umesterung. Der dadurch entstehende Rapsölfettsäuremethylester (RME) weist v.a. durch seine gegenüber Rapsöl wesentlich geringere und damit der von Dieselkraftstoff nahekommenden Viskosität ein dem Dieselkraftstoff ähnliches Brennverhalten auf, der auch in konventionellen Dieselmotoren zu keinen Rückständen oder Verkrustungen führt. Die Eignung von RME gilt nach Langzeituntersuchungen in der Bundesforschungsanstalt für Landwirtschaft

(FAL) in Braunschweig-Völkenrode /123/ und Flottenversuchen der Bundesanstalt für Landtechnik in Wieselburg (Österreich) /120, 137, 138, 139/ grundsätzlich als erwiesen. Kleine Randprobleme wie Unbeständigkeiten von Dichtungen, Schläuchen oder auch Lackierungen sowie mögliche Schmierölverdünnungen stellen prinzipiell keine Hindernisse für die Nutzung von RME als Treibstoff dar /139/.

Eine weitere Variante der Anpassung des Rapsöls an die herkömmlichen Dieselmotoren, die in neuerer Zeit verstärkt diskutiert wird, ist die Verarbeitung von Rapsöl in einer Mineralölraffinerie, indem es zunächst gecrackt und anschließend in den Herstellprozeß für Dieselkraftstoff eingebracht wird /140, 141/. Wie sich dies energetisch auswirken würde, kann hier nicht abgeschätzt werden und muß weiteren Untersuchungen vorbehalten bleiben.

Die Anpassung der Motoren an die Eigenschaften von Rapsöl hat den Vorteil, daß das Rapsöl direkt Verwendung finden kann. Für motorseitige Änderungen zeichnen sich folgende Konzepte ab:

— Vor- und Wirbelkammermotoren

— Duothermmotor ("Elsbett-Motor")

Prüfstand- und Praxisversuche von Vor- und Wirbelkammermotoren, die durch mehr oder weniger geringfügige Änderungen, beispielsweise durch veränderte Düsenstellung in der Vorkammer an den Treibstoff Rapsöl angepaßt wurden, sind in der Literatur schon oft beschrieben worden, z.B. in /128, 133, 134, 142, 143/. Dabei handelte es sich meist um Motoren, die in Schleppern und nicht in Pkw eingesetzt wurden. Der kürzlich abgeschlossene, vom BMFT finanzierte sog. "Porsche-Test" lieferte das Ergebnis, daß Dieselmotoren mit Kammerbrennverfahren und großen Zylindereinheiten für den Langzeitbetrieb mit reinem Rapsöl geeignet sind, während Direkteinspritzer (herkömmlicher Bauart) und Wirbelkammermotoren mit kleinen Zylindereinheiten entsprechend dem derzeitigen Entwicklungsstand für Langzeitbetrieb mit reinem Rapsöl ungeeignet sind /128/. Zumindest in großvolumigen Motoren, die beispielsweise in Schleppern eingesetzt werden können, ist demnach bereits heute der Einsatz von reinem Rapsöl problemlos möglich.

Der Duothermmotor ist ein Direkteinspritzer mit gegenüber einem herkömmlichen Dieselmotor veränderten konstruktiven Merkmalen, die speziell für den Einsatz von Pflanzenöl als Treibstoff entwickelt wurden. Zu diesen Merkmalen zählen eine spezielle Luftführung, die ein heißes Verbrennungszentrum mit einem kalten Mantel im Zylinder herstellen soll (Namensgebung), höhere Einspritzdrücke durch spezielle Luftführung mit der Folge feinerer Kraftstoffaufbereitung, selbstreinigende Zapfendüsen u.a.m. /144, 145/. Der Duothermmotor kann in Pkw eingebaut werden, aber auch großvolumige Motoren für Schlepper sind bereits umgerüstet ("elsbettisiert") worden.

Die Frage nach dem endgültigen Betriebsverhalten von Duothermmotoren im Dauer-
betrieb ist abschließend noch nicht geklärt, da hierfür keine Ergebnisse weder für Pra-
xis- noch für Prüfstandversuche über einen genügend langen Testzeitraum bzw. genügend lange Testleistung vorliegen. Über eine erfolgreiche Dauererprobung (100.000
km) wird in /146/ berichtet. Eine Unsicherheit besteht auch in den Anforderungen an
die Qualität des Rapsöls. Herstellerangaben zufolge sollte der Phosphorgehalt nicht
über 30 mg P/kg Rapsöl liegen, ansonsten würde der Motor bereits nach kurzer Be-
triebszeit durch Kolbenfresser zerstört /141, 145/. Bei zentraler Ölgewinnung kann
dieser Wert mit Sicherheit eingehalten werden, bei dezentraler Aufbereitung scheint
das aber fraglich zu sein. Abschließend kann festgehalten werden, daß der Duothermmotor für den Pflanzenölbetrieb geeignet scheint, ein abschließendes Urteil derzeit aber noch nicht gefällt werden kann.

2.5.2 Gegenüberstellung der Verbrauchswerte für Rapsöl bzw. -estern und Dieselkraftstoff

Um vor allem die Ergebnisse der CO_2-Bilanz nicht nur qualitativ beschreiben, sondern
auch quantifizieren zu können, muß eine geeignete Vergleichsbasis gewählt werden.
Dazu bedarf es einer Gegenüberstellung der Verbrauchswerte von Rapsöl bzw.
Rapsölestern als Treibstoffsubstitut mit denen von Dieselkraftstoff. Als Bezugsgröße
zur Charakterisierung der Verbrauchswerte kommen drei Kennwerte infrage, der gravimetrische, der volumetrische und der energieinhaltbezogene Kraftstoffverbrauch. Ist
eine dieser drei Kenngrößen bekannt, können die beiden anderen bei Kenntnis der
Dichte bzw. des Heizwertes rechnerisch ermittelt werden.

Als Bezugsgröße des Vergleichs von Rapsöl bzw. RME zu Dieselkraftstoff bietet sich
der Kraftstoffverbrauch an. In der Literatur wird einheitlich sowohl für Rapsöl als
auch für RME ein gegenüber Dieselkraftstoff auf den Heizwert bezogen gleicher
Kraftstoffverbrauch angegeben /128, 147, 148, 149, 150/. Die Abweichungen liegen
den Literaturangaben zufolge mit bis zu 1 % unterhalb der Signifikanzgrenze, sind
meßtechnisch also "nicht nachweisbar".

Dies hat zur Folge, daß aufgrund der niedrigeren Dichte von Rapsöl bzw. RME gegenüber Dieselkraftstoff, der volumetrische Verbrauch von Rapsöl bzw. RME höher
ist als derjenige von Dieselkraftstoff – dies spielt bei einer heizwertbezogenen Umrechnung aber keine direkte Rolle. Bei Kenntnis der Heizwerte von Dieselkraftstoff
bzw. Rapsöl und RME können also die Energie- und CO_2-Bilanz auf der Basis
"gleicher Nutzenergie" und damit quantifizierbar erstellt werden. Als Umrechnungsfaktor dient dazu das Verhältnis der jeweiligen Heizwerte.

Der **Heizwert von Dieselkraftstoff** wurde bereits in Abschnitt 2.3.5 zu 42,7 MJ/kg
bestimmt. Die Angaben über den **Heizwert von RME** in der Literatur reichen von
37,02 bis 37,7 MJ/kg RME. Im einzelnen wurden folgende Werte angegeben (in

MJ/kg RME): 37,02 in /149/, 37,2 für erucasäurearmes RME in /151/ und /128/ und nach einer umfangreichen Literaturrecherche /51/ die Werte 37,02, 37,09, 37,2, 37,4, 37,41 und 37,7. Als repräsentativer "Durchschnitts-Heizwert" kann von 37,2 MJ/kg RME ausgegangen werden. Die Festlegung des **Heizwerts von Rapsöl** wird dadurch erschwert, daß in der Literatur die zugrundeliegende Bezugsgröße (wasserfrei oder restwasserhaltig) in der Regel nicht angegeben ist. In der Literatur waren unter dieser Maßgabe Werte von 35,8 bis 37,3 MJ/kg Rapsöl zu entnehmen, wobei 4 von 5 Werten direkt bei 37,2 MJ/kg liegen. Im einzelnen sind das (in MJ/kg Rapsöl): 35,8 in /51/, 37,16 in /128/, 37,17 in /152/, 37,25 in /149/ und 37,3 in /153/. Mit diesen Zahlen kann ein "Durchschnitts-Heizwert" von Rapsöl auf 37,2 MJ/kg festgelegt werden, das ist derselbe wie beim RME. Prinzipiell ist dies auch zu erwarten, denn durch die Umesterung wird zwar die Molmasse verringert, bei den insgesamt jedoch relativ hohen Molmassen dürfte sich das auf den Heizwert nur wenig auswirken. Einbezogen werden müßte jedoch die Verdampfungsenthalpie des Restwassers. Geht man beispielsweise von 5 Promille Restwasser im Rapsöl aus, so "rutscht" der Heizwert unter Einrechnen der Verdampfungsenthalpie von Wasser von 37,2 auf 37,0 MJ/kg. Da zu den Restwassergehalten keine näheren Angaben verfügbar waren, gehen wir davon aus, daß sich die Änderungen des Heizwertes durch die Umesterung durch die Verdampfungsenthalpie des Wassers herausmitteln und legen unseren Berechnungen einen Heizwert von Rapsöl von 37,2 MJ/kg zugrunde.

Damit sind alle für die Berechnung des Umrechenfaktors notwendigen Größen bestimmt, so daß damit die Ergebnisse der Rapskette direkt mit denen der Dieselkette verglichen werden können.

2.5.3   Diskussion der erhaltenen Ergebnisse

Wie bereits in Kap. 1.1 ausgeführt, ist ein Ergebnis einer Energiebilanz oder auch CO_2-Bilanz nur dann quantitativ weiterführend, wenn es einer geeigneten Vergleichsgröße gegenübergestellt wird – in diesem Fall die Substitution des Energieträgers Dieselkraftstoff durch Rapsöl bzw. Rapsölfettsäuremethylester (RME). Aus diesem Grund wird als Vergleichsgröße für die mit der Bereitstellung von Rapsöl bzw. RME verbundenen CO_2-Emissionen die Größe "kg CO_2 pro kg Dieselkraftstoffäquivalent" gewählt. 1 kg Dieselkraftstoffäquivalent – im folgenden abgekürzt mit kg DÄ – bezeichnet diejenige Menge eines alternativen Kraftstoffs, hier also Rapsöl oder RME, die der nutzbaren Energie von 1 kg Dieselkraftstoff entspricht. Wegen der unterschiedlichen Heizwerte von Dieselkraftstoff und Rapsöl bzw. RME ist der CO_2-Emissionsfaktor pro kg Rapsöl bzw. RME zur Umrechnung auf kg DÄ mit 1,15 zu multiplizieren. Prinzipiell könnte für die energetische Bilanzierung analog verfahren werden. Es hat sich aber eingebürgert, daß nachwachsende Rohstoffe bei energetischen Betrachtungen mit sogenannten Input/Output-Faktoren bilanziert werden, weswegen diese zur Charakterisierung der Energiebilanz Verwendung finden (vgl. mit den Ausführungen in Kap. 1.4).

Die Ergebnisse der CO_2-Bilanzierung sind in den Abbildungen 2.6 bis 2.11 graphisch dargestellt. Zur besseren Vergleichbarkeit wurden als Vergleichsgröße die mit der Nutzung von 1 kg Dieselkraftstoff verbundenen Gesamt-CO_2-Emissionen (3,49 kg CO_2/kg Dieselkraftstoff, s. Tab. 2.4) in allen Abbildungen mit aufgenommen.

Abb. 2.6 zeigt die mit der Produktion (Landwirtschaft) und zentraler Aufbereitung (Rapsölgewinnung und Umesterung) von Raps bzw. RME verbundenen CO_2-Emissionen bezogen auf 1 kg DÄ. Diese summieren sich auf insgesamt ca. 2,3 kg CO_2. Somit werden mit der Substitution von 1 kg Dieselkraftstoff durch RME ca. 35 % weniger CO_2 gegenüber Dieselkraftstoff freigesetzt, betrachtet man alle energetischen Aufwände zur Bereitstellung von RME ohne Gutschriften. Mögliche CO_2-Gutschriften ergeben sich durch die Möglichkeit der unterschiedlichen Nutzung der beiden Wertstoffe Rapsextraktionsschrot (Reststoff bei der Rapsölgewinnung) und Glycerin (Nebenprodukt bei der Umesterung). Bei thermischer Nutzung entsprechen die CO_2-Gutschriften der durch einen äquivalenten Energieträger freigesetzten CO_2-Menge (bezogen auf Nutzenergie), das sind ca. 2,8 kg CO_2 (bei Rapsextraktionsschrot) bzw. ca. 0,2 kg CO_2 (bei Glycerin) bezogen auf 1 kg DÄ. Wird Rapsextraktionsschrot in der Tiermast eingesetzt, so ergibt sich durch die mit der Produktion des substituierten Futtermittels (hier: Sojaextraktionsschrot) verbundene CO_2-Emission eine Gutschrift von ca. 0,7 kg CO_2/kg DÄ, beziehungsweise für Glycerin durch Substitution synthetisch produzierten Glycerins eine Gutschrift von ca. 0,8 kg CO_2/kg DÄ.

Abb. 2.7 zeigt die der Abb. 2.6 analogen Ergebnisse für den Fall der dezentralen Aufbereitung von Rapssaat zu Rapsöl. Da bei dezentraler Aufbereitung kein RME produziert, sondern lediglich Rapsöl abgepreßt wird, beträgt die CO_2-Minderemission mit ca. 55 % bezogen auf Dieselkraftstoff ca. 20 % mehr als bei zentraler Aufbereitung. Hier fehlen auch die möglichen Gutschriften für Glycerin, da bei dezentraler Rapsölgewinnung der Aufbereitungsschritt der Umesterung entfällt.

Abb. 2.8 stellt die möglichen CO_2-Gutschriften jeweils für zentrale und dezentrale Rapssaataufbereitung durch die Option "Gülle" der teilweisen Substitution technisch produzierter Düngemittel durch Gülle (s. Abschnitt 2.4.2.2.3) bzw. durch die Option "Rapsstrohnutzung", der thermischen Verwertung des mit den Rapskörnern gleichzeitig mitproduzierten Rapsstrohs, dar. Die jeweils größere Gutschrift bei dezentraler Aufbereitung resultiert aus der schlechteren Ölausbeute dezentraler Verfahren und bedingt eine entsprechend dem Ausbeuteverhältnis höhere Gutschrift von knapp 9 % gegenüber zentralen Verfahren.

Unter Einrechnen der jeweils günstigsten Verwertungsmöglichkeiten der Nebenprodukte Rapsextraktionsschrot/Rapskuchen bzw. Glycerin und der beiden Optionen "Gülle" und "Rapsstrohnutzung" zu den mit der Bereitstellung von RME bzw. Rapsöl verbundenen CO_2-Emissionen ergibt sich das (theoretische) maximale Einsparpotential des Gesamtprozesses.

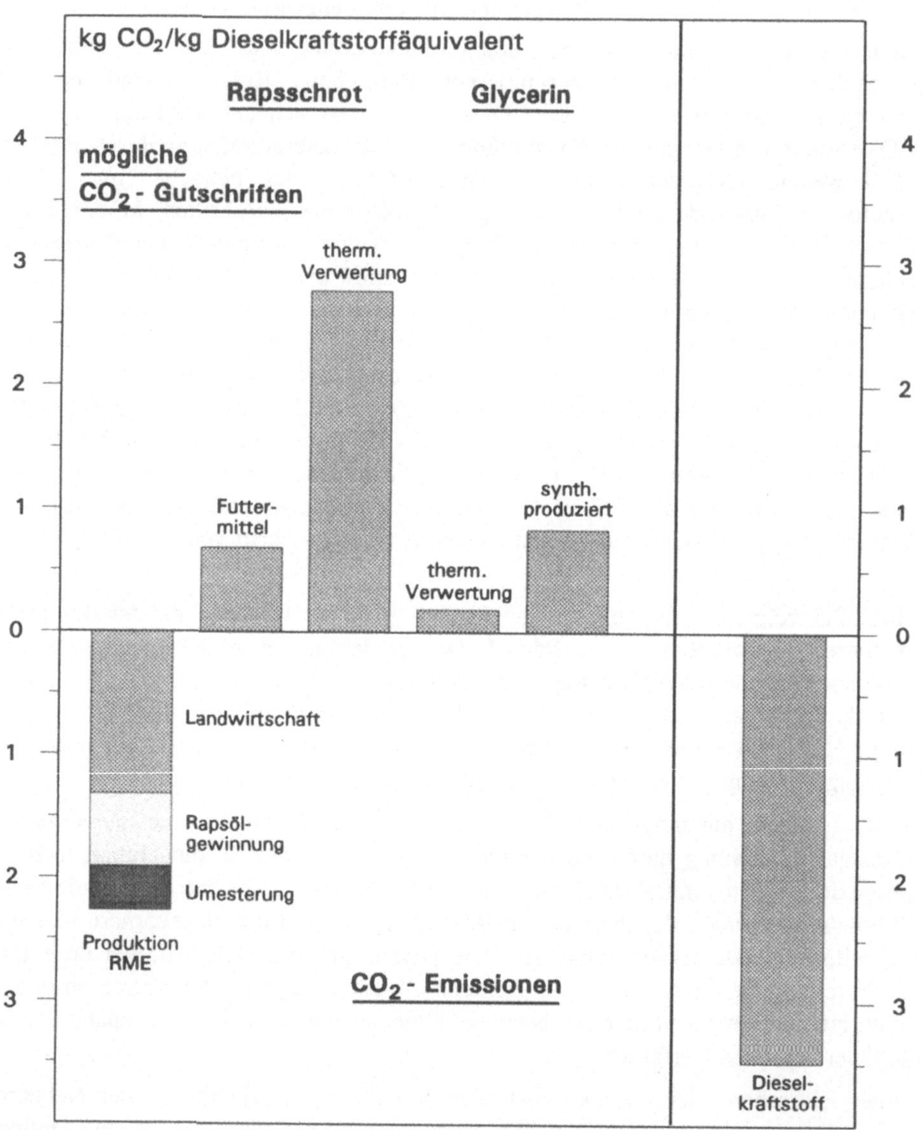

Abb. 2.6 CO_2-Bilanz für die Produktion von RME bei zentraler Aufbereitung unter Berücksichtigung verschiedener Gutschriften

CO_2-Bilanzierung für Rapsöl-Produktion
- dezentrale Verarbeitung -

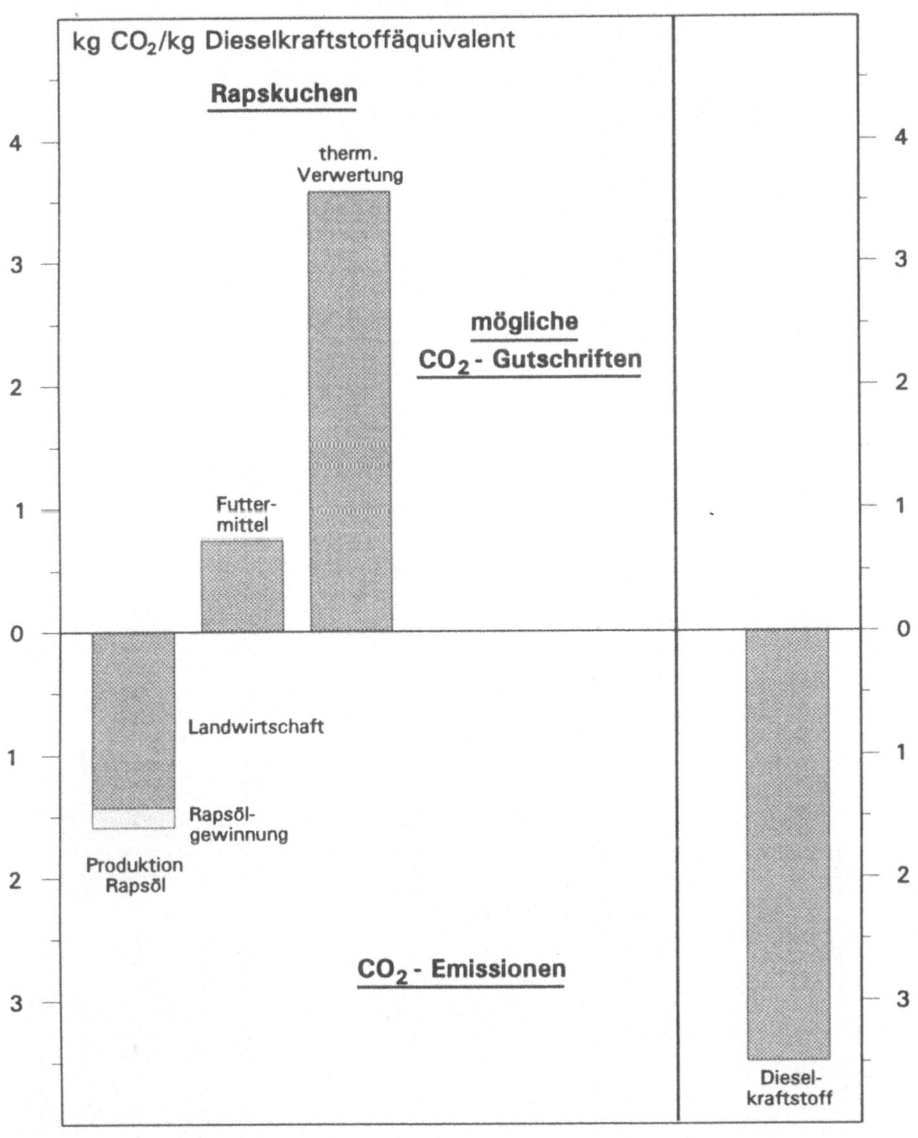

Quelle: Berechnungen des ifeu   ifeu Heidelberg 1991

Abb. 2.7 CO_2-Bilanz für die Produktion von Rapsöl bei dezentraler Aufbereitung unter Berücksichtigung verschiedener Gutschriften

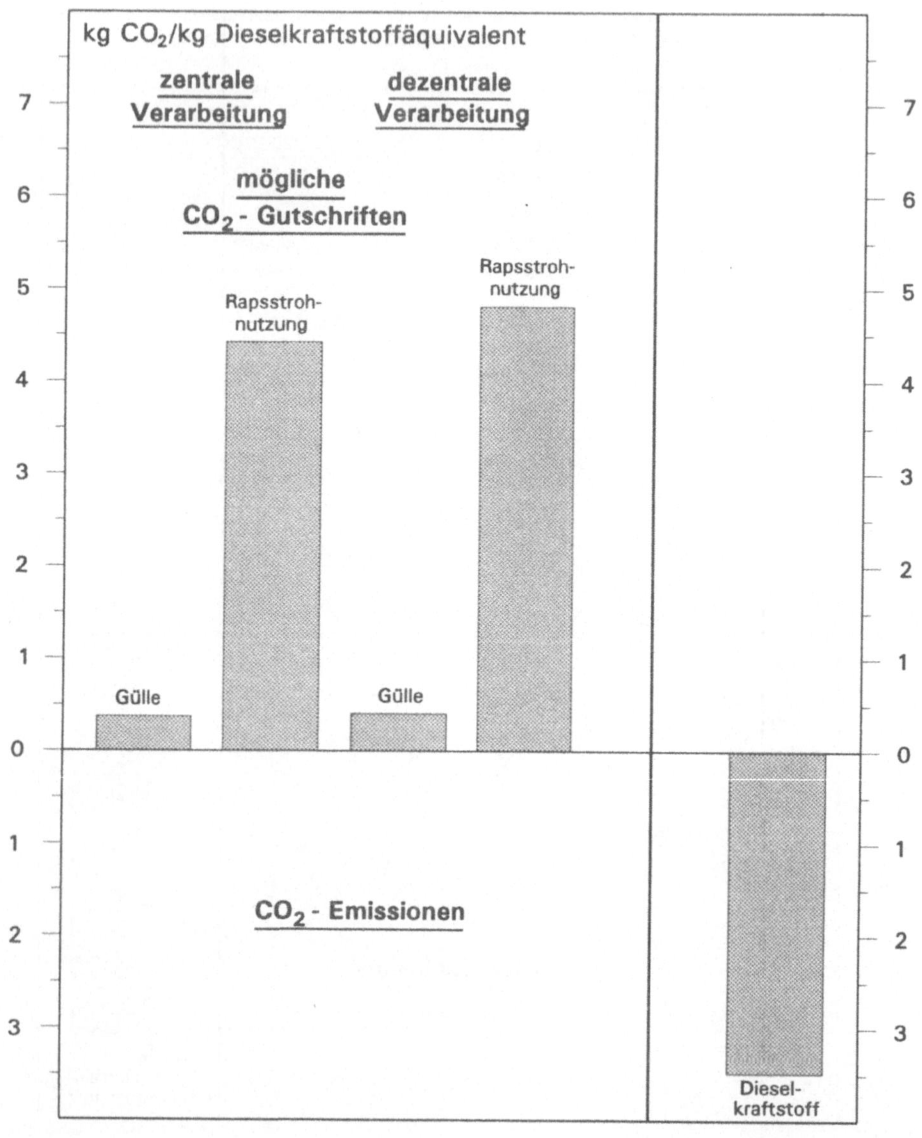

Abb. 2.8 CO_2-Bilanzierung der Optionen "Gülle" und "Rapsstrohnutzung" für zentrale und dezentrale Aufbereitung

Maximales CO$_2$-Potential und reale Bewertung

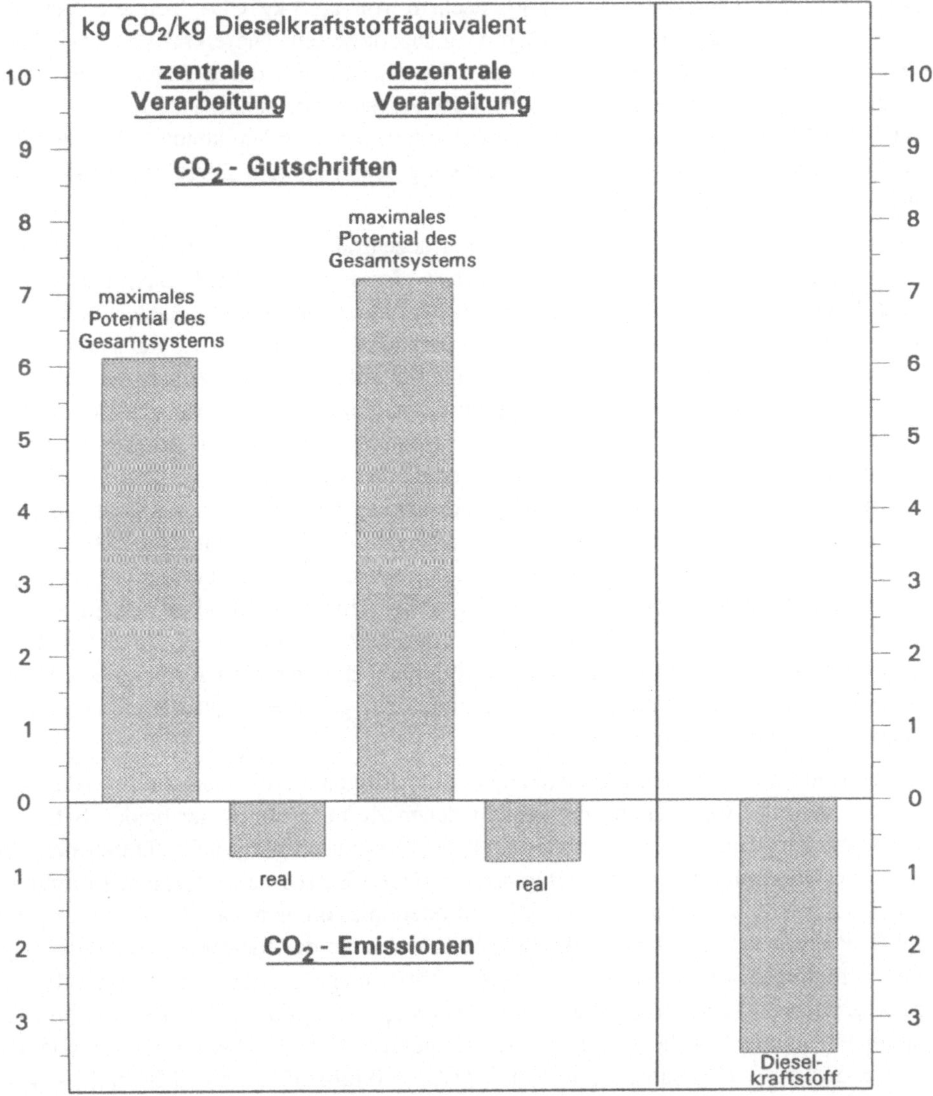

Anmerkung: real: CO$_2$- Emissionen durch die Bereitstellung von RME bzw. Rapsöl abzüglich der beiden Gutschriften für die Nebenprodukte Rapsextraktionsschrot bzw. Rapskuchen (Verwendung als Futtermittel) und Glycerin (Substitution synthetisch produzierten Glycerins, nur bei zentraler Verarbeitung)

Quelle: Berechnungen des ifeu   ifeu Heidelberg 1991

Abb. 2.9   CO$_2$-Bilanz für zentrale und dezentrale Aufbereitung: Reale Bewertung und maximal mögliches Potential

Dieses ist sowohl für zentrale wie für dezentrale Verarbeitung in Abb. 2.9 wiedergegeben. Das **Ausschöpfen des maximalen Potentials** hätte gegenüber der Nutzung von Dieselkraftstoff insgesamt eine CO_2-Gutschrift von 2,63 kg CO_2 (zentrale Verarbeitung) bzw. 3,71 kg CO_2 (dezentral) pro kg substituiertem Dieselkraftstoff zur Folge. Damit wären durch die Substitution des Dieselkraftstoffs durch Rapsöl bzw. RME nicht nur absolut keine CO_2-Emissionen zu verzeichnen, sondern es würde eine zusätzliche Menge an fossilen Brennstoffen eingespart werden können. Bei zentraler Aufbereitung wären das beispielsweise pro kg substituiertem Dieselkraftstoff zusätzlich eingesparte 0,75 kg Heizöl EL.

Ebenfalls in Abb. 2.9 sind für zentrale und dezentrale Verarbeitung die unserer Meinung nach **realen Bewertungen** angegeben. Im einzelnen heißt das, daß zu den tatsächlichen durch die Produktion und Aufbereitung des Rapses entstehenden CO_2-Emissionen die den Nebenprodukten Rapsextraktionsschrot bzw. Rapskuchen und Glycerin entsprechenden CO_2-Gutschriften auf der Basis der **derzeitigen Verwendung** gutgeschrieben werden. D.h. bei Rapsextraktionsschrot bzw. Rapskuchen wird deren Einsatz als Futtermittel und bei Glycerin dessen Substitution von synthetisch produziertem Glycerin zugrundegelegt. Diese Betrachtungsweise gilt bzgl. Rapsextraktionsschrot bzw. Rapskuchen auch bei möglicher starker Ausweitung des Rapsanbaus, wohingegen Glycerin in einem solchen Fall einer anderen Bewertung zugeführt werden müßte (näheres hierzu siehe Abschnitte 2.4.3.4 und 2.4.4.2). Dabei ergibt sich gegenüber Dieselkraftstoff bei zentraler Aufbereitung eine CO_2-Minderemission von ca. 78 % pro kg substituiertem Dieselkraftstoff bzw. eine solche von ca. 76 % bei dezentraler Aufbereitung. Die bei dezentraler gegenüber der zentralen Aufbereitung jeweils höheren Absolutwerte sind auch hier prinzipiell der geringeren Ölausbeute bei den dezentralen Verfahren zuzuschreiben.

Ausgehend von der realen Einschätzung der derzeitigen Verhältnisse sind in Abb. 2.10 für die zentrale Aufbereitung die verschiedenen Kombinationen der beiden betrachteten Optionen "Gülle" und "Rapsstrohnutzung" graphisch dargestellt. Durch den Einsatz von Gülle und das damit verbundene teilweise Einsparen an technisch produzierten Düngemitteln erhöht sich die CO_2-Minderemission von ca. 78 % auf ungefähr 89 % entsprechend 3,1 kg CO_2/kg DÄ. Würde das bei der Rapsernte anfallende Rapsstroh thermisch verwertet werden, wie es heutzutage in der Bundesrepublik nicht praktiziert wird, so betrüge die Netto-CO_2-Gutschrift 3,66 kg CO_2/kg DÄ. Sie läge somit um knapp 5 % höher als der betragsmäßige Wert der CO_2-Emission von 1 kg Dieselkraftstoff. Die Substitution von 1 kg Dieselkraftstoff durch RME hätte also bei vollständiger thermischer Nutzung von Rapsstroh zur Folge, daß über diese Substitution hinaus die CO_2-Emissionen von weiteren 1,05 kg Dieselkraftstoff ersetzt würden. Werden schließlich beide Optionen "Gülle" und "Rapsstrohnutzung" unter voller Ausnutzung des Potentials an die reale Bewertung angeknüpft, so ergibt sich unter CO_2-Aspekten ein zusätzlicher Einspareffekt von ca. 1,15 kg Dieselkraftstoff pro bereits substituiertem kg Dieselkraftstoff.

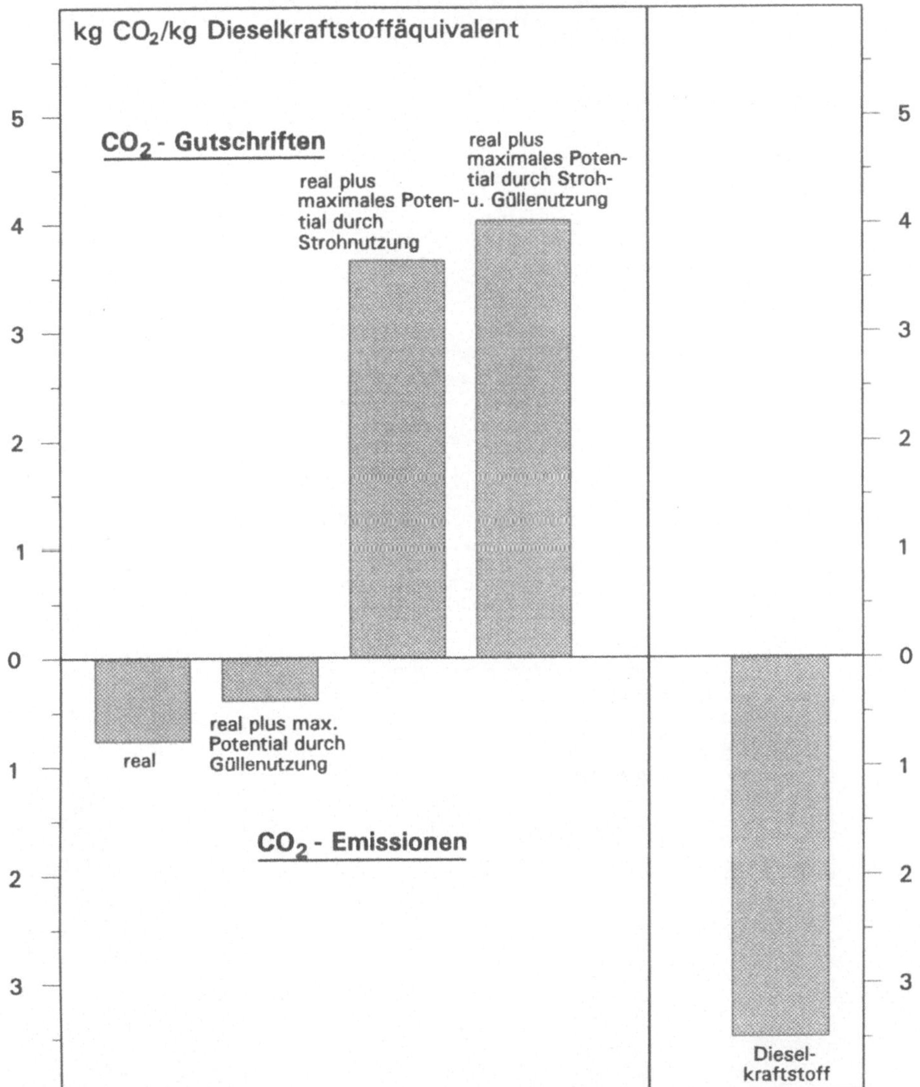

Anmerkung: real: CO$_2$- Emissionen durch die Bereitstellung von RME abzüglich der beiden Gutschriften für die Nebenprodukte Rapsextraktionsschrot (Verwendung als Futtermittel) und Glycerin (Substitution synthetisch produzierten Glycerins)

Quelle: Berechnungen des ifeu   ifeu Heidelberg 1991

Abb. 2.10   CO$_2$-Bilanz für zentrale Aufbereitung: Reale Bewertung samt verschiedenen Gutschriftsmöglichkeiten

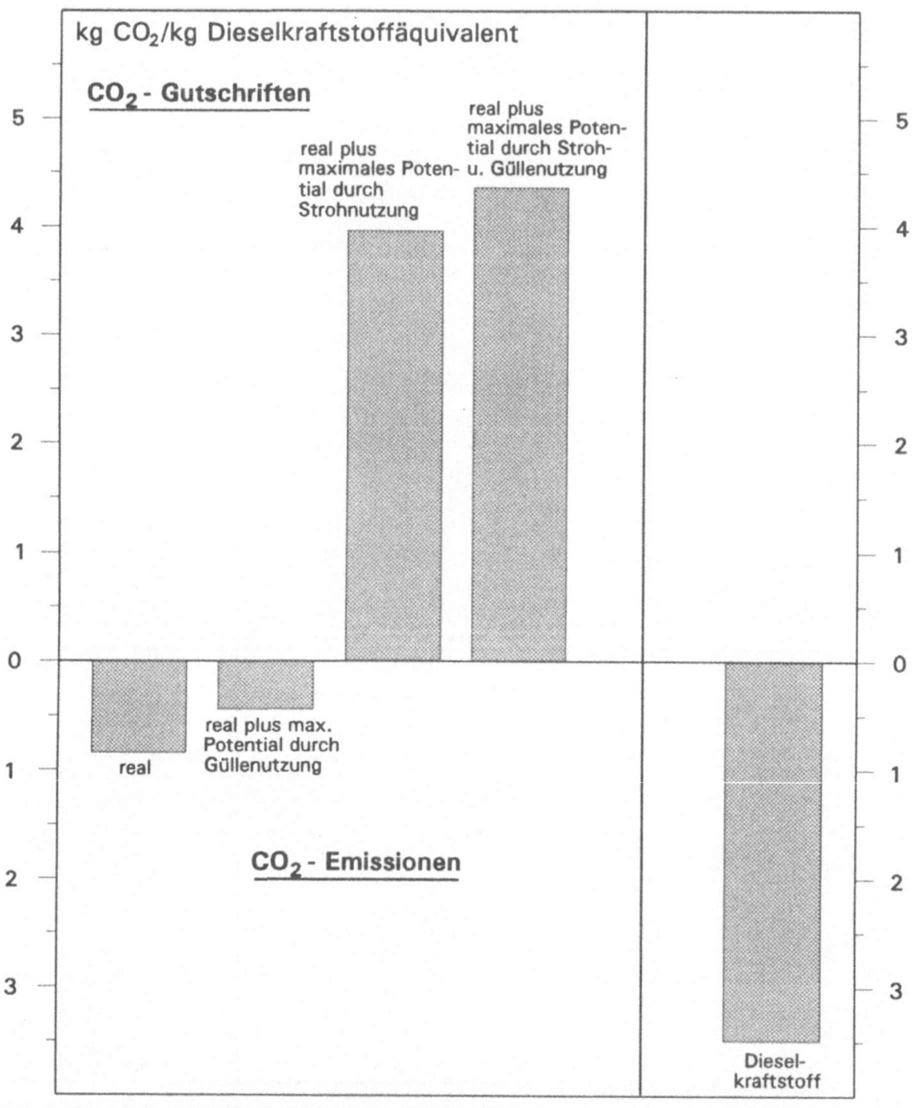

Anmerkung: real: CO_2- Emissionen durch die Bereitstellung von Rapsöl abzüglich der Gutschrift für das Nebenprodukt Rapskuchen (Verwendung als Futtermittel)

Quelle: Berechnungen des ifeu   ifeu Heidelberg 1991

Abb. 2.11 CO_2-Bilanz für dezentrale Aufbereitung: Reale Bewertung samt verschiedenen Gutschriftsmöglichkeiten

Abb. 2.11 zeigt die entsprechenden Verhältnisse zur dezentralen Aufbereitung. Diese entsprechen qualitativ den in Abb. 2.10 dargestellten Ergebnissen für zentrale Aufbereitung, weswegen an dieser Stelle auf eine nähere Diskussion verzichtet wird.

Die **Ergebnisse der Energiebilanz** sind in Abb. 2.12 und einige wichtige **Kenngrößen der Energiebilanz** sind in Tab. 2.26 aufgelistet. Bezüglich der Definition und der Aussagegehalte der hier verwendeten Größen wie Input/Output-Faktoren etc. sei auf Kap. 1.4 verwiesen. Die Ergebnisse beziehen sich hier jeweils auf die zentrale Aufbereitung der Rapssaat. Die Energiewerte für die Nebenprodukte Rapsextraktionsschrot, Glycerin und Rapsstroh auf der Output-Seite wurden entsprechend der für die Substitution eingesparten Energieaufwendungen bewertet. Diese Vorgehensweise nach dem in Ökobilanzen üblichen Prinzip der Äquivalenzbetrachtung steht zwar im Gegensatz zu den üblicherweise bei diesbezüglichen Energiebilanzen angewandten "Heizwert-Ansätzen", stellt entsprechend den Ausführungen in Teil 1 dieses Buches aber die richtigere Vorgehensweise dar, da Angaben über Heizwert oder spezifischen Energieinhalt eines Produktes ohne Angabe von Wirkungsgraden oder nutzbare Energieanteile nicht quantitativ verwertbar sind. Das Zielprodukt RME wurde wie allgemein üblich mittels seines Heizwertes energetisch bewertet.

Die Ergebnisse zeigen, daß mit der Produktion von RME eine Energieausbeute von 5,5 MJ/kg RME bzw. von 6,3 GJ/ha verbunden ist. Das heißt, allein schon der "Energiegewinn" durch RME übertrifft die in das System hineingesteckte Energie, und zwar um ca. 17 % (Input/Output-Faktor 1:1,17). Durch die mit den anfallenden Nebenprodukten entstehenden Gutschriften ergeben sich abhängig von den verschiedenen Substitutionsmöglichkeiten unterschiedlich höhere Energiegewinne mit entsprechenden Input-/Output-Faktoren. Für die "reale" Bewertung mit Verwendung des Rapsextraktionsschrotes als Futtermittel und Substitution synthetischen Glycerins durch das bei der Umesterung anfallende Glycerin ergibt sich mit einem Energieoutput von 64,3 GJ/ha eine Netto-Energieausbeute von 28 GJ/ha. Würde zusätzlich Rapsstroh thermisch verwertet werden, wäre mit einem Input/Output-Verhältnis von 1:3,42 ein Netto-Energiegewinn von 87,4 GJ/ha zu verzeichnen, das entspräche einem Energieinhalt von ca. 2.050 kg Dieselkraftstoff.

Das rein rechnerische, maximal mögliche Potential des Gesamtprozesses ergibt sich durch das zusätzliche Einrechnen der Güllegutschrift auf der Energie-Inputseite (in Abb. 2.12 nicht dargestellt) und jeweils der "energieintensivsten" Substitutionsvariante für die Nebenprodukte auf der Outputseite (in Abb. 2.12 dargestellt). Das Input/Output-Verhältnis beträgt dann etwa 1:5 — entsprechend einem Netto-Energieertrag von 116 GJ/ha, was dem 4fachen der derzeitig realen Ausbeute entspricht.

Zusammenfassend kann festgehalten werden, daß unter den derzeitigen realen Verhältnissen mit dem Anbau von Raps und zentraler Aufbereitung pro ha Anbaufläche ein Netto-Energieertrag von ca. 28 GJ verbunden ist.

Die der zentralen Aufbereitung analogen Ergebnisse für **dezentrale Aufbereitung** sind in Abb. 2.13 bzw. Tab. 2.27 dargestellt bzw. aufgelistet. Auch hier ist mit der

Produktion von Rapsöl immer ein Netto-Energiegewinn verbunden. Zwar liegen die absoluten Werte für den Energie-Output aufgrund der fehlenden Glyceringutschrift niedriger als bei zentraler Aufbereitung, verbunden damit ist aber auch ein geringerer Energie-Input durch den fehlenden Aufbereitungsschritt der Umesterung. Daher ist das jeweilige Input/Output-Verhältnis günstiger als bei zentraler Aufbereitung.

Bei dezentraler Aufbereitung beträgt das Input/Output-Verhältnis für das maximal mögliche Potential 1:8. Für die realen Verhältnisse in der Bundesrepublik beträgt es 1:2, wohingegen der Netto-Energieertrag bezogen auf einen Hektar Anbaufläche mit 25 GJ/ha ca. 10 % unter demjenigen der zentralen Aufbereitung liegt.

Insgesamt ist dementsprechend sowohl bei zentraler als auch bei dezentraler Aufbereitung in allen betrachteten Fällen ein Netto-Energieertrag abzuleiten, dessen Höhe lediglich von der jeweiligen Verwendung der Nebenprodukte bzw. von den tatsächlich realisierten Möglichkeiten der Rapsstrohnutzung bzw. des Einsatzes von Gülle abhängt.

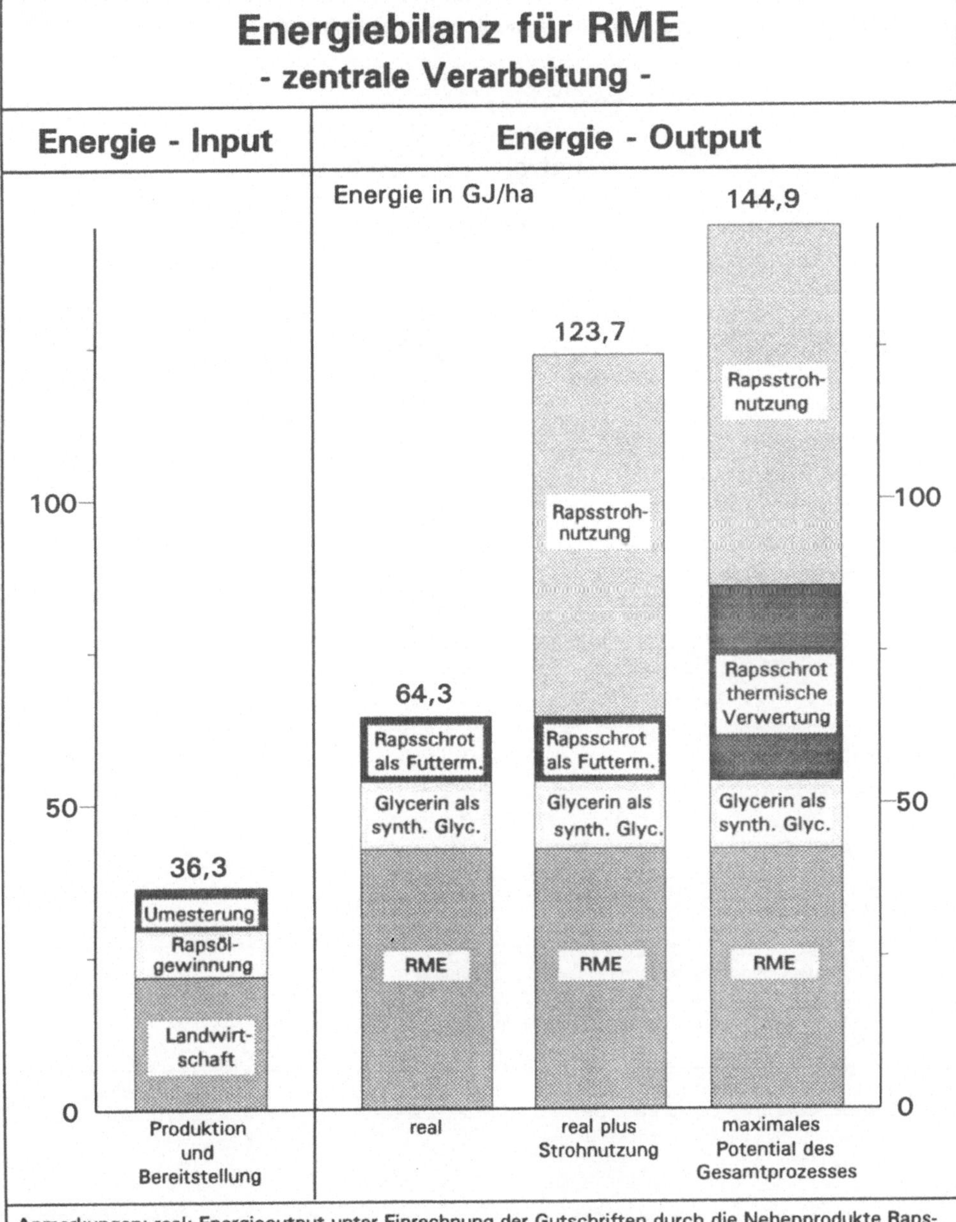

Abb. 2.12 Energiebilanz für RME (zentrale Aufbereitung)

Tabelle 2.26   Kenngrößen der Energiebilanz für zentrale Verarbeitung unter Berücksichtigung der verschiedenen Möglichkeiten von Gutschriften und Optionen

<table>
<tr><td colspan="3" align="center">Kenngrößen der Energiebilanz
– zentrale Verarbeitung –</td></tr>
<tr><td>Produktion und
Bereitstellung
von RME</td><td align="center">Energieausbeute[*]
in MJ/kg RME</td><td align="center">Input/Output –
Verhältnis</td></tr>
<tr><td>ohne Gutschriften:</td><td align="center">5,5</td><td align="center">1 : 1,17</td></tr>
<tr><td>mit Gutschriften:
Rapsschrot:
  - als Futtermittel
  - therm. Verwertung
Glycerin:
  - synth. Produktion
  - therm. Verwertung</td><td align="center">

14,8
33,3

15,3
7,3</td><td align="center">

1 : 1,47
1 : 2,05

1 : 1,48
1 : 1,23</td></tr>
<tr><td>real: Schrot als Futter
      Glycerin: synth.</td><td align="center">24,6</td><td align="center">1 : 1,78</td></tr>
<tr><td>mit Optionen:
Rapsstrohnutzung
Gülle</td><td align="center">
57,5
11,8</td><td align="center">
1 : 2,81
1 : 1,46</td></tr>
<tr><td>real + Rapsstroh
real + Gülle</td><td align="center">76,6
30,9</td><td align="center">1 : 3,42
1 : 2,43</td></tr>
<tr><td>maximales Potential</td><td align="center">101,4</td><td align="center">1 : 4,99</td></tr>
<tr><td colspan="3">[*]: Energieausbeute = Energieertrag minus Energieeinsatz bei einem "Hektarertrag"
   von 1.143 kg RME</td></tr>
<tr><td colspan="2">Quelle: Berechnungen des ifeu</td><td align="right">ifeu Heidelberg 1991</td></tr>
</table>

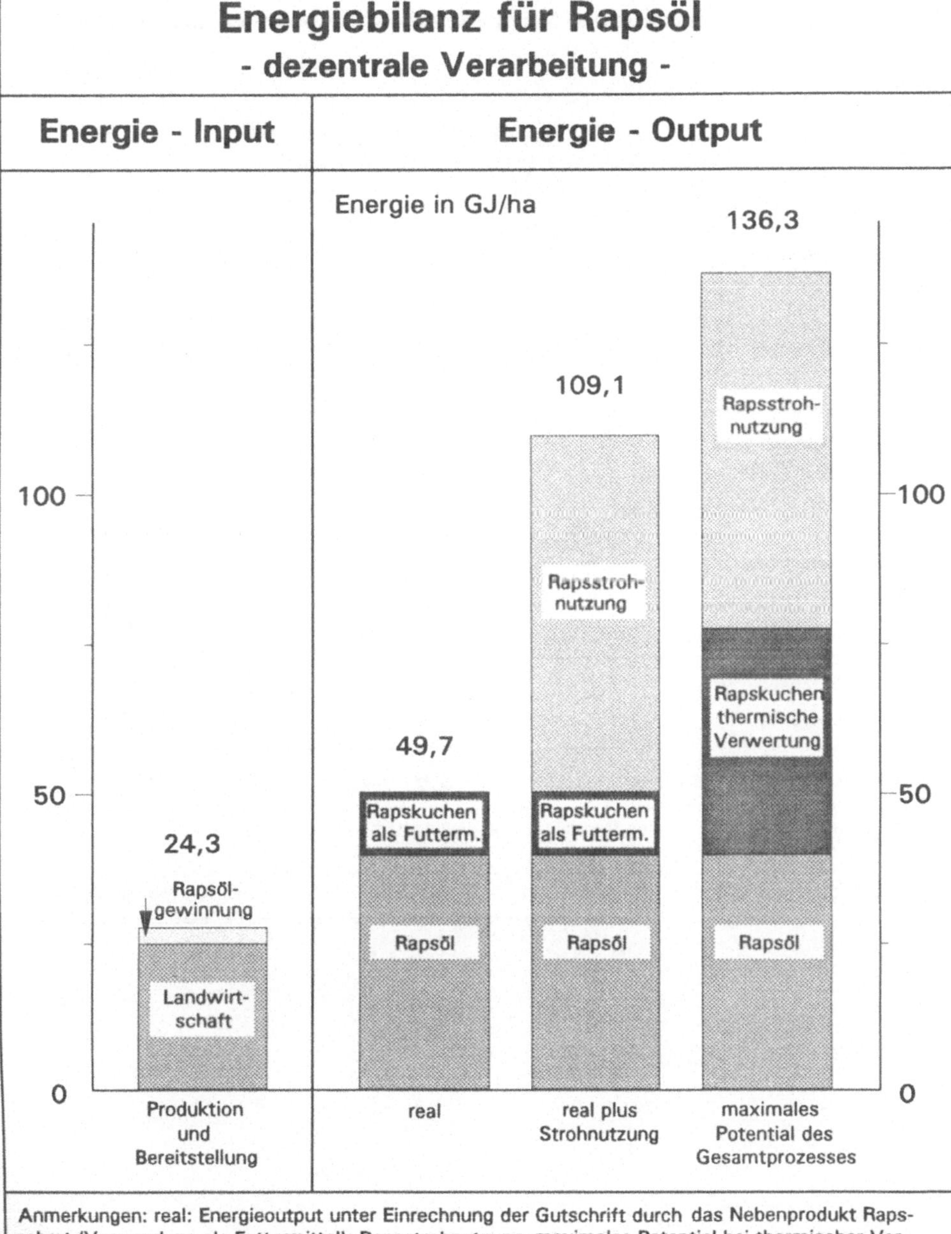

Abb. 2.13 Energiebilanz für Rapsöl (dezentrale Aufbereitung)

Tabelle 2.27 Kenngrößen der Energiebilanz für dezentrale Verarbeitung unter Berücksichtigung der verschiedenen Möglichkeiten von Gutschriften und Optionen

Kenngrößen der Energiebilanz – dezentrale Verarbeitung –		
Produktion und Bereitstellung von Rapsöl	Energieausbeute[*] in MJ/kg Rapsöl	Input/Output – Verhältnis
ohne Gutschriften:	14,1	1 : 1,61
mit Gutschriften: Rapskuchen: - als Futterm. (real) - therm. Verwertung	24,2 50,1	1 : 2,05 1 : 3,17
mit Optionen: Rapsstrohnutzung Gülle	70,6 21,0	1 : 4,06 1 : 2,30
real + Rapsstroh real + Gülle	80,7 31,1	1 : 4,49 1 : 2,92
maximales Potential	113,5	1 : 8,01

[*]: Energieausbeute = Energieertrag minus Energieeinsatz bei einem "Hektarertrag" von 1.050 kg Rapsöl

Quelle: Berechnungen des ifeu   ifeu Heidelberg 1991

2.6 Zusammenfassung

Es wurde eine Energie- und CO_2-Bilanz von Rapsöl und Rapsölestern im Vergleich zu Dieselkraftstoff erstellt, bei der die realen Verhältnisse in der Bundesrepublik zugrundegelegt worden sind.

Gegenstand der Untersuchung

Bezüglich der Energie- und CO_2-Bilanz wurden alle Teilschritte bewertet, die mit der Bereitstellung von Rapsöl bzw. Rapsölfettsäuremethylester (RME), mit Rapskette bezeichnet, verbunden sind. Das sind im einzelnen folgende drei Komplexe:

— **Landwirtschaft,** d.h. die Produktion von Rapskörnern, angefangen bei der Produktion von Saatgut, der Vorbereitung des Feldes, der eigentlichen Saat, über die Produktion und Ausbringung von Düngemitteln und Bioziden bis hin zu Ernte, Transport, Aufbereitung und Lagerung der Rapskörner.

— **Rapsölgewinnung:** Hier wurden zwei Varianten betrachtet, nämlich die Aufbereitung der Rapssaat einmal in zentralen und einmal in dezentralen Anlagen. Beim zentralen Verfahren, einem kombinierten Preß- und Extraktionsverfahren, entsteht als Nebenprodukt sog. Rapsextraktionsschrot, beim dezentralen Verfahren, einem reinen Preßverfahren, sog. Rapskuchen.

— **Umesterung:** RME kann durch das chemische Verfahren der Umesterung aus Rapsöl gewonnen werden. Hierzu bedarf es außer Prozeßenergie mehrerer Hilfsmittel wie Methanol und Katalysatoren, wobei gleichzeitig als Nebenprodukt größere Mengen an Glycerin anfallen.

Darüber hinaus wurden zwei Optionen mitbewertet, einmal die Verwendung von Gülle, wodurch ein Teil an technisch produzierten Düngemitteln substituiert wird, und einmal die thermische Verwertung des bei der Rapsernte gleichsam mitanfallenden Rapsstrohs.

Berücksichtigt wurden nicht nur die jeweils erforderlichen Prozeßenergien wie Dieselkraftstoff, Heizdampf, Strom etc. und die mit den jeweiligen Transportleistungen verbundenen Treibstoffverbräuche, sondern auch alle wesentlichen Hilfsstoffe derart, daß nicht deren Energieinhalt, sondern die zu deren Produktion bzw. Bereitstellung erforderlichen Energien angerechnet wurden. Hierbei wurden neben dem direkten Energie-verbrauch auch die Energien zur Bereitstellung der jeweiligen Energieträger, die sog. Vorketten, einbezogen. Auf der Basis der Anteile der Primärenergieträger an den je-weiligen Einzelschritten der Rapskette samt den dazugehörigen Vorketten wurden die einzelnen, mit dem Einsatz von Energie verbundenen CO_2-Emissionen berechnet. Dementsprechend basiert die CO_2-Bilanz auf einer Vielzahl von primärenergieabhän-gigen Einzel-CO_2-Beiträgen.

Diese Abhängigkeit der CO_2-Emissionen von den jeweiligen Energieträgern bzw. von der qualitativen Zusammensetzung der tatsächlich eingesetzten Energien erfordert eine entsprechende Ein- bzw. Zuordnung der bei der Bereitstellung von Rapsöl und RME anfallenden Nebenprodukte, insbesondere von Rapsextraktionsschrot, Rapskuchen und Glycerin. Eine solche Zuordnung kann nicht über den spezifischen Energieinhalt oder eine diesem entsprechende Größe vorgenommen werden, da hieraus keine CO_2-Emis-sionen ableitbar sind. Die Zuordnung wurde dementsprechend nach dem in Ökobilan-zen üblichen Verfahren des Äquivalenzprozesses vorgenommen, d.h. Energiegut-schriften oder −abschläge werden auf der Basis vorgenommen, welcher Energiebedarf bzw. Energiegewinn mit der Substitution äquivalenter Stoffe oder Prozesse verbunden sind.

Bei den Nebenprodukten aus den Ölgewinnungsverfahren Rapsextraktionsschrot und Rapskuchen wurden zwei Äquivalenzprozesse analysiert, nämlich die Substitution äquivalenter Futtermittel in der Tiermast (aufgrund des hohen Proteingehaltes die von Sojaextraktionsschrot, wofür die komplette "Sojakette" zu erarbeiten war) und die Substitution äquivalenter Brennstoffe unter der Maßgabe thermischer Verwertung. Für das bei der Veresterung entstehende Glycerin wurde als Äquivalenzprozeß ebenfalls die thermische Verwertung neben der Substitution synthetisch produzierten Glycerins untersucht. Auch hier macht es die Maßgabe einer CO_2-Bilanz erforderlich, nicht je-weils den spezifischen Energieinhalt der einzelnen Nebenprodukte anzurechnen, son-dern unter Berücksichtigung der Wirkungsgrade und der jeweiligen Heizwerte die tatsächlich nutzbaren Energien zu errechnen. Aus diesen erhält man durch Gleichset-zen mit Energien aus äquivalenten Energieträgern wie Heizöl unter Berücksichtigung der hierbei auftretenden Wirkungsgrade und unter Einrechnung der entsprechenden Bereitstellungsenergien und den damit verbundenen CO_2-Emissionen die für die Ne-benprodukte anzurechnenden Energie- und CO_2-Gutschriften.

Um die mit der Analyse der Rapskette erhaltenen Ergebnisse quantitativ mit dem zu substituierenden Treibstoff Dieselkraftstoff bezüglich CO_2 vergleichen zu können, wurden die direkt mit der Verbrennung von Dieselkraftstoff verbundenen und die indi-rekten CO_2-Emissionen bestimmt. Zu den indirekten CO_2-Emissionen zählen diejeni-gen Emissionen, die mit den Energieverbräuchen zur Exploration und Förderung des Rohöls, dessen Transport zur Raffinerie samt dortiger Aufbereitung und zum Trans-port des Dieselkraftstoffes zum Endverbraucher, der sog. Dieselkette, verbunden sind.

Da bei bisherigen Arbeiten zur Energie- bzw. CO_2-Bilanz von Dieselkraftstoffen die Bereitstellung und der Unterhalt von Betriebsmitteln nicht miteinbezogen wurden, wurde der Vergleichbarkeit wegen diese Systemgrenze auch dieser Studie zugrundegelegt. D.h. aus den Systemgrenzen ausgeschlossen werden beispielsweise die Herstellung und Wartung sämtlicher Geräte, Maschinen und Gebäude, wie Hochseeschiffe, Traktoren, Scheunen und Zwischenlager, aber auch industrielle Produktionsanlagen u.v.a. mehr.

Unterschiede zu bisherigen "Raps-Bilanzen"

Mit fortschreitendem Verlauf der hier vorgestellten Studie zeigte es sich, daß es keineswegs genügte, bisherige Arbeiten zu aktualisieren und/oder zu ergänzen, sondern daß es unumgänglich war, eine prinzipiell "neue" Bilanz zu erstellen, und zwar aus folgenden Gründen:

- Aus den bisherigen Bilanzen, die vornehmlich als Energiebilanzen konzipiert wurden, lassen sich keine CO_2-Emissionen ableiten, da in der Regel auf "Energie" ohne den zugrundeliegenden Energieträger bezogen wurde. Für die Erstellung einer CO_2-Bilanz ist aber die lückenlose Kenntnis der einzelnen Energieträger Voraussetzung.

- Bei bisherigen Bilanzen wurden die mit dem Bereich "Landwirtschaft" verbundenen Energien **unter Einschluß** sowohl aller Betriebsmittel (incl. Unterhalt derselben) als auch der für die Energien jeweiligen Bereitstellungsenergien (Vorketten) berechnet und damit die Systemgrenzen für diese Arbeit **überschritten**. Dies gilt insbesondere für die Produktion und Ausbringung von Düngemitteln. In einigen Studien wurde dieses Prinzip allerdings nicht konsequent beibehalten, sondern in Teilgebieten, beispielsweise der Ernte, lediglich der Treibstoffeinsatz ohne Vorkette und ohne "Betriebsmittel" zugrundegelegt.

- Bei bisherigen Bilanzen wurden die mit den Bereichen "Rapsölgewinnung" und "Umesterung" verbundenen Energien durch das Zugrundelegen der tatsächlich eingesetzten Energiemengen in der Regel **unter Ausschluß** sowohl der Betriebsmittel als auch der Vorketten berechnet und damit die Systemgrenzen für diese Arbeit **weit unterschritten**.

- Bei bisherigen Bilanzen wurden für die Hilfsmittel im Bereich "Rapsölgewinnung" und "Umesterung" wie n-Hexan oder Methanol in der Regel nicht die für deren Produktion bzw. Bereitstellung erforderlichen Energieaufwände, sondern die jeweiligen spezifischen Energieinhalte in die Bilanz eingerechnet. Des weiteren wurden für die Nebenprodukte Rapsextraktionsschrot, Rapskuchen, Glycerin und auch Rapsstroh in der Regel ebenfalls deren spezifischen Energien als Energiegutschriften bewertet. Nicht nur wegen der damit nicht möglichen CO_2-Bilanzierung, sondern auch prinzipiell ist das unserer Meinung nach nicht der richtige Weg, eine Energiebilanz zu erstellen, die die **realen Gegebenheiten** eines Systems beschreiben soll. Eine wesentlich realistischere Systembeschreibung kann durch eine Bilanzierung nach dem zuvor beschriebenen Äquivalenzprinzip erreicht werden.

Vorgehen

Für diese Studie war insgesamt eine Vielzahl von einzelnen "Teileffekten" zur Beschreibung des Gesamtsystems "Raps als nachwachsender Rohstoff" zu analysieren. Aufgrund des vom Auftraggeber vorgegebenen engen Zeit- und Finanzrahmens konnte in einigen Einzelschritten nicht derart in die Tiefe gegangen werden, wie es unter Umständen notwendig gewesen wäre. So konnte beispielsweise die "Sojakette" zur energetischen Bewertung von Rapsextraktionsschrot bzw. Rapskuchen nur grob abgeschätzt werden. Dennoch bemüht sich die gewählte Darstellung, die betrachteten Einzelschritte sowohl qualitativ wie quantitativ deutlich zu machen. Insbesondere bei den "energetisch besonders relevanten" Einzelschritten wurde versucht, in sorgfältigen und umfangreichen Analysen möglichst belastbares Zahlenmaterial zusammenzustellen. Das betrifft insbesondere den Düngungs- und Düngemittelbereich, aber beispielsweise auch die Heizwerte von Rapsextraktionsschrot und Rapskuchen, die, der Literatur entnommen, mit bis zu 30 % Unterschieden derart signifikant voneinander abwichen, daß die Bestimmung der Heizwerte eigens für diese Studie (rechnerisch) durchgeführt werden mußte.

Ergebnisse

Die **Ergebnisse der vergleichenden CO_2-Bilanz** zeigen, daß die mit der Produktion bzw. Bereitstellung verbundenen CO_2-Emissionen bei zentraler Aufbereitung der Rapssaat ca. 35 % unter den mit dem Einsatz von Dieselkraftstoff verbundenen CO_2-Emissionen liegen. Diese Minderemission erhöht sich bei Einrechnen der Nebenprodukt-Gutschriften und beträgt unter realistischen Annahmen, d.h. bei Zugrundelegen der derzeitigen Substitutionsverhältnisse der Nebenprodukte, ca. 78 %. Wird zusätzlich beispielsweise Rapsstrohnutzung oder auch thermische Verwertung des Rapsextraktionsschrotes angenommen, so ergeben sich tatsächliche "Netto-CO_2-Gutschriften". Das heißt, daß mit dem Einsatz von RME unter dieser zwar derzeit nicht realen, aber praktisch durchaus möglichen Annahme nicht nur kein CO_2 emittiert, sondern gleichzeitig eine bestimmte Menge an fossilen Energieträgern einschließlich ihrer CO_2-Emissionen **zusätzlich** substituiert wird.

Die einzelnen Ergebnisse hierzu, auch die für dezentrale Verarbeitung, die sich von denen der zentralen Verarbeitung nur quantitativ unterscheiden, sind in Abschnitt 2.5.3 ausführlich diskutiert und in den Abbildungen 2.6 bis 2.11 dokumentiert.

Die **Ergebnisse der Energiebilanz** zeigen, daß der Energieoutput grundsätzlich größer ist als der Energieinput. Betrachtet man lediglich RME auf der Output-Seite, d.h. man läßt den Energiegewinn durch die Nebenprodukte Rapsschrot und Glycerin außer Betracht, so übertrifft die gewonnene Energie die in das System hineingesteckte Energie um ca. 17 %. Legt man die derzeit realen Substitutionseigenschaften der Nebenprodukte mit zugrunde, so erhöht sich der Energiegewinn auf ca. 77 %. Damit verbunden ist eine Netto-Energieausbeute von 28 GJ/ha. Bei zusätzlicher Nutzung von Rapsstroh erhöht sich die Netto-Energieausbeute auf 87,4 GJ/ha und entspricht damit dem Energieinhalt von ca. 2.000 kg Dieselkraftstoff.

Für die Energiebilanz sind die entsprechenden Einzelergebnisse unter Berücksichtigung der verschiedenen Gutschriftsmöglichkeiten und Optionen — ebenfalls für zentrale und dezentrale Verarbeitung — detailliert in Abschnitt 2.5.3 diskutiert und in den Abbildungen 2.12 und 2.13 und in den Tabellen 2.26 und 2.27 dokumentiert.

2.7 Ausblick

Die Ergebnisse dieser Studie zeigen, daß es für die Aufstellung von Energie- und CO_2-Bilanzen von nachwachsenden Rohstoffen durchaus erforderlich ist, als Basis der Bilanzen ein möglichst realistisches Abbild der jeweils zugrundeliegenden Verhältnisse anzusetzen. So reicht es beispielsweise nicht aus, Nebenprodukte lediglich durch deren spezifischen Energieinhalte zu bewerten, auch nicht, wenn diese Nebenprodukte thermisch verwertet werden. Dementsprechend sollten die hier erhaltenen Ergebnisse — abgesehen von deren quantitativen Aussagegehalten bzgl. der Treibstoffsubstitution durch Rapsprodukte — einen Beitrag dazu liefern, wie Energiebilanzen und an diese gekoppelte CO_2-Bilanzen bzgl. nachwachsender Rohstoffe erstellt werden könnten bzw. sollten. Die Art und Weise des hier begangenen Weges ist zwar wesentlich aufwendiger als der bei bisherigen Bilanzen beschrittene, ein Vergleich der jeweiligen Teilergebnisse macht allerdings deutlich, daß eine solche Vorgehensweise notwendig ist, soll eine realistische Abschätzung der energetischen und der die CO_2-Bilanz betreffenden Effekte erhalten werden.

Trotz der hier vorgestellten, aufwendigen Ableitung der CO_2-Emissionen darf nicht darüber hinweggesehen werden, daß mit der Bilanzierung des klimarelevanten CO_2 nicht der gesamte Klimaeffekt beschrieben ist, der mit der Bereitstellung von Rapsöl bzw. RME als Treibstoffsubstitut verbunden ist. Das liegt daran, daß eine Reihe weiterer treibhausverstärkender Spurengase durch und infolge der landwirtschaftlichen Produktion und "industriellen" Weiterverarbeitung von Raps entsteht. Beispielsweise ist jede Produktion von landwirtschaftlichen Gütern — und damit auch eine solche von Raps — mit mehr oder weniger hohen Emissionen von treibhausaktivem Ammoniak und/oder Distickstoffoxid verbunden. Auch die in der Atmosphäre nach Verbrennungsprozessen (z.B. Treibstoffgebrauch, Energieeinsatz) intermediär auftretenden Kohlenwasserstoffe sind direkt und indirekt klimarelevant, noch bevor sie dann in die CO_2-Bilanz eingehen. Um die gesamte Klimawirkung und nicht nur den klimarelevanten Teilaspekt des CO_2, der vermutlich den größten Effekt ausmacht, von nachwachsenden Rohstoffen abzuschätzen, müßten derartige Effekte noch berücksichtigt werden.

Ein weiterer Aspekt, der hier entsprechend den Vorgaben des Umweltbundesamtes nicht betrachtet wurde, dennoch aber unter gesamtökologischen Gesichtspunkten zu berücksichtigen wäre, ist die Emission anderer Spurengase wie NO_x, CO, SO_2 oder HC, die Auswirkungen auch auf die menschliche Gesundheit und generell auf das Wirkungsgefüge von Ökosystemen haben können. Eine Bilanzierung dieser Spurengase ist deshalb von Bedeutung, da die mit dem direkten Verbrennen von nachwachsenden Rohstoffen entstehenden Spurengase sehr wohl in die Bilanz eingerechnet werden müssen, während in diesem Fall für CO_2 eine Nullemission angesetzt wird. Der Vorteil eines "geschlossenen Kreislaufes" wie bei CO_2 existiert somit für nachwachsende Rohstoffe bei anderen Spurengasen nicht. Dementsprechend müßten diese Spurengase unter der Berücksichtigung der direkten Verbrennung nachwachsender Rohstoffe einschließlich der mit der Produktion und Bereitstellung verbundenen Emissionen bilanziert werden. Wie sich dies auf die "Gesamtrapsbilanz" auswirken würde, kann ohne entsprechende Untersuchungen nicht abgeschätzt werden. Denkbar wäre aber in der Tat, daß auf der Basis der Erkenntnisse durch eine derartige gesamthafte Betrachtungsweise der Anbau von nachwachsenden Rohstoffen einer neuen Bewertung unterzogen werden müßte.

Eine dementsprechende Bilanzierung unter dem Aspekt einer realitätsnahen Betrachtungsweise ist mit dem Konzept bisheriger Energiebilanzen bzgl. nachwachsender Rohstoffe nicht möglich. Der hier beschrittene Weg, CO_2-Emissionen zu bilanzieren, eröffnet die Möglichkeit, auch die Emission anderer Spurengase wie NO_x, CO, HC etc. quantitativ zu ermitteln und einer vergleichenden Bewertung zuzuführen.

Teil 3

Anhang

3.1 Maßeinheiten und Symbole

Die in dieser Studie verwendeten Maßeinheiten richten sich im wesentlichen an die durch das SI-System vorgegebenen Einheiten. Der zahlenmäßig gedanklich einfacheren Handhabung wegen wurde in einigen Fällen allerdings bewußt eine andere Darstellung gewählt, da vor allem die in der Landwirtschaft herkömmlich verwendeten Größen üblicherweise noch nicht mit SI-Einheiten wiedergegeben werden. Dies betrifft folgende Einheiten:

ha = Hektar $= 10.000 \text{ m}^2$, üblich in der Landwirtschaft für den Flächeninhalt

dt = Dezitonne $= 0,1$ Mg, üblich in der Landwirtschaft für den Ernteertrag

t = Tonne $= 1$ Mg, üblich in der Landwirtschaft für Hilfsstoffe wie Düngemittel und darüber hinaus generell im Handelswesen

Des weiteren beziehen sich in dieser Arbeit der in der Landwirtschaft üblichen Konvention zufolge die Düngemittelangaben von Pflanzennährstoffen auf folgende Kenngrößen:

P_2O_5 Korrekt: Phosphorpentaoxid. In der Landwirtschaft bezeichnet mit "Phosphat als P_2O_5"

CaO Korrekt: Kalziumoxid. In der Landwirtschaft bezeichnet mit "Kalk als CaO"

K_2O Korrekt: Kaliumoxid. In der Landwirtschaft bezeichnet mit "Kali als K_2O"

Um die Ergebnisse der Energie- und CO_2-Bilanzen quantifizieren zu können, findet folgende Größe Verwendung:

DÄ Dieselkraftstoffäquivalent. 1 kg DÄ ist die Menge eines alternativen Kraftstoffes, die bezogen auf Nutzenergie 1 kg Dieselkraftstoff entspricht

3.3 Tabellenverzeichnis

Seite

3.4 Literatur zu Teil 2

1 **Arbeitsgemeinschaft Energiebilanzen**: Energiebilanzen der Bundesrepublik Deutschland 1988, Essen (1989)

2 **Fritsche, U., Rausch, L., Simon, K.-H.**: Umweltwirkungsanalyse von Energiesystemen: Gesamt-Emissions-Modell Integrierter Systeme (GEMIS), Darmstadt (1989)

3 **Fritsche, U.**: Emissionsmatrix für klimarelevante Schadstoffe in der BRD; Studie A.1.1.b; im Auftrag der Enquête-Kommission "Vorsorge zum Schutz der Erdatmosphäre" des 11. Deutschen Bundestages, Bonn (1990)

4 **Fritsche, U. (Öko-Institut)**: Persönliche Mitteilung, August 1991

5 **Maier, W.**: Umweltvergleich von elektrischen mit anderen Heizsystemen, Stuttgart (1986)

6 **Schaefer, H., et al.**: Struktur und Analyse des Energieverbrauchs der Bundesrepublik Deutschland, München (1980)

7 **Höpfner, U., Schmidt, M., Schorb, A., Wortmann, J.**: Pkw, Bus oder Bahn? Schadstoffemissionen und Energieverbrauch im Stadtverkehr für 1984 und 1995, IFEU und Raben Verlag, Heidelberg, München (1988)

8 **Mineralölwirtschaftsverband**: Mineralöl-Zahlen 1988; Hamburg (1989)

9 **Höpfner, U. et al. (IFEU)**: Energieverbrauch und Luftschadstoffemissionen des motorisierten Verkehrs in der DDR und Berlin (Ost) – 1988 und im Jahr 2005; Forschungsvorhaben im Auftrag des Umweltbundesamt und der Senatsverwaltung für Stadtentwicklung und Umweltschutz von Berlin; Projektabschluß bevorstehend

10 **Enquête-Kommission "Vorsorge zum Schutz der Erdatmosphäre" des 11. Deutschen Bundestages (Hrsg.)**: Studienprogramm "Internationale Konvention zum Schutz der Erdatmosphäre sowie Vermeidung und Reduktion energiebedingter klimarelevanter Spurengase", Bonn (1990)

11 **Lott, K. (Shell AG)**: Persönliche Mitteilung 1989

12 **Unnasch, S. et al (Acurex)**: Comparing the impact of different transportation fuels on the greenhouse effect, im Auftrag der California Energy Commission, (1989)

13 **Schnieder, H. (Shell AG)**: Persönliche Mitteilung, September 1991

14 **Cramer, N.**: Raps: Anbau und Verwertung. Verlag Ulmer, Stuttgart (1990)

15 **Die landwirtschaftliche Zeitschrift**: Daten und Preise: Traktoren, dlz 10 (1991) 26-99

16 **Schoedder, F., Vellguth, G.**: Persönliche Mitteilungen, Oktober 1991

17 **Schorb, A., Franke, B., Heinstein, F., Saleska, S., Landau, D., Makhijani, A.**: Environmental profiles of hand towels, industrial wipers and protective clothing, final report, Heidelberg, Washington (1991)

18 **Statistisches Bundesamt**: Statistisches Jahrbuch 1990 für die Bundesrepublik Deutschland, Wiesbaden (1990)

19 **Heege, H.J., Voßhenrich, H.H.**: Säverfahren für Raps. Raps 1 (1983) Nr. 1, 13-18

20 **Voßhenrich, H.-H., Heege, H.J., Simons, D.:** Sätechnik zu Raps. Landtechnik 36 (1981) Nr. 7/8, 360 ff.

21 **Batel, W., Graef, M., Mejer, G.-J., Möller, R., Schoedder, F.:** Pflanzenöle für die Kraftstoff- und Energieversorgung. Grundl. Landtechnik 30 (1980) Nr. 2, 40-51

22 **Kuratorium für Technik und Bauwesen in der Landwirtschaft (Hrsg.):** KTBL-Taschenbuch Landwirtschaft. Daten für die Betriebskalkulation in der Landwirtschaft. 15. Aufl., KTBL-Verttrieb im Landwirtschaftsverlag, Münster-Hiltrup (1990)

23 **Steinkampf, H.:** Energieeinsparung in der Pflanzenproduktion im Bereich Agrartechnik, in: Bundesministerium für Ernährung, Landwirtschaft und Forsten (Hrsg): Berichte über Landwirtschaft, 195. Sonderheft, Agrarwirtschaft und Energie, Verlag Paul Parey, Hamburg, Berlin (1979) 157-167

24 **Leach, G.:** Energy and food production. IPC Business Press Limited, Guildford, Surrey (1976)

25 **Lünzer, I.:** Energiefragen in Umwelt und Landbau. Verlag das fenster, Burg (1979)

26 **Pimentel, D. (ed.):** Handbook of Energy Utilization in Agriculture, CRC Press, Boca Raton (1980)

27 **Jürgens-Gschwind, S., Altbrod, J.:** Landwirtschaft und Energie. In: BASF Aktiengesellschaft, Zentralabteilung Öffentlichkeitsarbeit (Hrsg.): Chemie in der Landwirtschaft. BASF-Symposium vom 12. September 1979, Limburgerhof, 2. Auflage, Verlag Wissenschaft und Politik, Berend von Nottbeck, Köln (1981)

28 **Stoltenberg, J.:** Spezialdünger Bor zu Raps. Raps 3 (1985) Nr. 2, 80

29 **Schnug, E.:** Bedarf und Entzug von Hauptnährstoffen durch Winterraps. Raps 4 (1986) Nr. 4, 176-177

30 **Hollemann, A.F., Wiberg, E.:** Hollemann-Wiberg: Lehrbuch der anorganischen Chemie, 91-100. Aufl., Berlin (1985)

31 **Bakemaier, H., Gössling, H., Krabetz, R.:** Ammoniak, in: Ullmanns Encyklopädie der technischen Chemie, 4. Aufl., Bd. 7, Verlag Chemie, Weinheim, 444-508

32 **Isermann, K.:** Quantitative und qualitative Aspekte des Energiebedarfes bei Ernährung der Kulturpflanzen mit technisch, atmosphärisch und biologisch fixiertem Stickstoff. Jahrestagung der Sektion Physiologie und Biochemie der Pflanzen der Biologischen Gesellschaft der DDR, Kühlungsborn (DDR), 26.-29. Okt. 1987

33 **Ullmann's Encyclopedia of Industrial Chemistry:** Ammonia, Vol. A 2, Verlag Chemie, Weinheim (1985)

34 **von Oheimb, R., Ponath, J., Prothmann, G., Sergeois, Chr., Werschnitzky, U., Willer, H.:** Energie und Agrarwirtschaft. KTBL-Schrift 320, Landwirtschaftsverlag, Münster-Hiltrup (1987)

35 **Buchner, A., Saalbach, E.:** Düngemittel (Kap. 3 und 4), in: Ullmanns Encyklopädie der technischen Chemie, 4. Aufl., Bd. 10, Verlag Chemie, Weinheim, 219-227

36 **Vertrauliche Mitteilungen der Chemischen Industrie,** August 1991

37 **Leach, G.:** Energy and food production. IPC Business Press Limited, Guildford, Surrey (1976)

38 **Bundesamt für Umwelt, Wald und Landschaft (BUWAL) (Hrsg.):** Oekobilanz von Packstoffen. Schriftenreihe Umwelt Nr. 132, Abfälle, Bern (1991)

39 **Siegel, O.:** Energieeinsparung in der Pflanzenproduktion im Bereich Pflanzenschutz, in: Bundesministerium für Ernährung, Landwirtschaft und Forsten (Hrsg): Berichte

über Landwirtschaft, 195. Sonderheft, Agrarwirtschaft und Energie, Verlag Paul Parey, Hamburg, Berlin (1979) 135-141

40 **Shahbazi, A., Goswami, D.Y.:** On-Farm and Off-Farm Energy Use. In.: Goswami, Y. (ed.): Alternative Energy in Agriculture. Vol. 1, CRC Press, Boca Raton, Florida

41 **Stutterheim, W., Hesse, M.:** Energiesituation in der Land- und Forstwirtschaft der Bundesrepublik Deutschland. Ber. Ldw. 59 (1981) 201-237

42 **Lünzer, I.:**Rohstoff- und Energiebilanzen aus ökologischer Sicht. In: Vogtmann, H. (Hrsg.): Ökologische Landwirtschaft. Landbau mit Zukunft. Alternative Konzepte, Bd. 70, Verlag C.F. Müller, Karlsruhe (1991)

43 **Strehler, A., Apfelbeck, R., Bludau, D.A., Widmann, B.A.:** Nachwachsende Rohstoffe, in: Enquete-Kommission "Vorsorge zum Schutz der Erdatmosphäre" des Deutschen Bundestages (Hrsg.:) Energie und Klima, Bd. 3, Erneuerbare Energien, Economica Verlag, Verlag C.F. Müller, Bonn, Karlsruhe (1990) 437-518

44 **Meyer, B.:** Kalkversorgung als Voraussetzung für intensive Landbewirtschaftung, in: Bundesarbeitskreis Düngung (Hrsg.): Welche Intensität der Mineraldüngung ist heute gerechtfertigt?, Kassel (1985) 5-10

45 **Kuratorium für Technik und Bauwesen in der Landwirtschaft – KTBL (Hrsg.):** Energie-Kurzinformation, KTBL-Arbeitspapier 66, Bd. 2, Darmstadt (1981)

46 **Ruhr-Stickstoff AG (Hrsg.):** Faustzahlen für Landwirtschaft und Gartenbau, 11. Aufl., Landwirtschaftsverlag, Münster-Hiltrup (1988)

47 **Sauerbeck, D.:** Funktionen, Güte und Belastbarkeit des Bodens aus agrikulturchemischer Sicht, Kohlhammer Verlag, Stuttgart (1985)

48 **Heintz, A., Reinhardt, G.:** Chemie und Umwelt, 2. Aufl., Vieweg Verlag, Braunschweig (1991)

49 **Heyland, K.-U., Solansky, S.:** Energieeinsatz und Energieertrag im Bereich der Pflanzenproduktion, in: Bundesministerium für Ernährung, Landwirtschaft und Forsten (Hrsg): Berichte über Landwirtschaft, 195. Sonderheft, Agrarwirtschaft und Energie, Verlag Paul Parey, Hamburg, Berlin (1979) 142-156

50 **Kolloch, P., Ortmaier, E., Schmittinger, B.:** Die Wirtschaftlichkeit der Herstellung von Presslingen aus Stroh, Rinde etc. zur Verfeuerung in kleineren Heizungsanlagen. Ber. Ldw. 66 (1988) 810-848

51 **Apfelbeck, R.:** Raps als Energiepflanze – Verwertung von Rapsöl und Rapsstroh zur Energiegewinnung. Dissertation (Technische Universität München), Forschungsbericht Agrartechnik des Arbeitskreises Forschung und Lehre der Max-Eyth-Gesellschaft (MEG), Weihenstephan (1989)

52 **BASF AG (Hrsg.):** Raps – Die Erfolgskultur, Ludwigshafen (1989)

53 **Edinger, E.:** Düngung – bedarfs- und zeitgerechet. Raps 9 (1991) Nr. 1, 16-17

54 **Cramer, N.:** Die Stickstoffversorgung des Winterrapses – Erfahrungen in Schleswig-Holstein. Raps 2 (1984) Nr. 1, 8-12

55 **Henning, K.:** Anbau von Sommerraps. Raps 2 (1984) Nr. 1, 39-40

56 **Patzke, W., Stoltenberg, J.:** Stickstoffdüngung nach der N-min-Methode oder nach einer Pflanzenanalyse. Raps 3 (1985) Nr. 1, 8-9

57 **Norden J.:** Stickstoffdüngung des Rapses: N-Formen und –Aufwand. Raps 3 (1985) Nr. 1, 4-6

58   **Scheller, H.:** Höhe und Verteilung der Frühjahrs-Stickstoffdüungung zu Winterraps.Raps 2 (1984) Nr. 1, 16-18

59   **Schleuß, U., Stoltenberg, J.:** Phosphat- und Kali-Grunddüngung zu Raps. Raps 4 (1986) Nr. 1, 12-13

60   **Berechnungen des ifeu,** Heidelberg (1991)

61   **Zehetner, A.:** Raps – ein guter Gülleverwerter. Raps 7 (1989) Nr. 3, 155-156

62   **Schultz, H.:** Gülledüngung zu Raps. Raps 2 (1984) Nr. 1, 12-15

63   **Steck, U.:** Pflanzenschutz-Strategie im Raps. Raps 8 (1990) Nr. 2, 60-63

64   **Hildebrand, A., Schön, H., Hammer, W.:** Vergleichende Untersuchung über Art und Umfang des chemischen Pflanzenschutzes im Ackerbau 1977 bis 1979 und 1987, Landbauforschung Völkenrode, 40 (1990) Heft 2, 160-178

65   **Biologische Bundesanstalt für Land- und Forstwirtschaft Braunschweig (Hrsg.):** Pflanzenschutzmittel-Verzeichnis 1991, 39. Aufl., Saphir Verlag, Ribbesbüttel (1991)

66   **Fonds der Chemischen Industrie im Verband der Chemischen Industrie (Hrsg.):** Pflanzenschutz, Folienserie des Fonds der Chemischen Industrie Nr.10, Frankfurt (1985)

67   **Diercks, R.:** Energieeinsparung in der Pflanzenproduktion im Bereich Pflanzenschutz, in: Bundesministerium für Ernährung, Landwirtschaft und Forsten (Hrsg): Berichte über Landwirtschaft, 195. Sonderheft, Agrarwirtschaft und Energie, Verlag Paul Parey, Hamburg, Berlin (1979) 142-156

68   **Sass, A.:** Erntetechnik bei Raps aus der Sicht des Praktikers. Raps 3 (1985) Nr. 3, 148-149

69   **Traulsen, H.:** Verfahren der Rapsernte. Raps 2 (1984) Nr. 3, 108-112

70   **von Keiser, H.:** Die hofeigene Rapsaufbereitung. Raps 3 (1985) Nr. 1, 14-17

71   **Strehler, A.:** Lagerung von Raps auf dem Erzeugerbetrieb. Raps 4 (1986) Nr. 4, 178-179

72   **von Keiser, H.:** Die hofeigene Rapsaufbereitung. Raps 3 (1985) Nr. 1, 14-17

73   **Reimers, P.E.:** Hofeigene Rapslagerung. Raps 6 (1988) Nr. 2, 94-96

74   **Scharmer, K., Golbs, G.:** Integrale Nutzung von Raps zur Brenn- und Treibstoffsubstitution in der Landwirtschaft, Abschlußbericht zum Demonstrations- und Forschungsvorhaben, Aldenhoven (1990)

75   **Schulze Lammers, P., Hellwig, M.:** Brennverhalten verschiedener pflanzlicher Brennstoffe. Landtechnik 41 (1986) Nr. 2, 81-88

76   **Atkins, P.:** Physikalische Chemie, VCH Verlagsgesellschaft, Weinheim (1987)

77   **Scharmer, K., Dahl, M., Denninger, A., Golbs, G., Krings, L., Suttor, K.H., Suttor, W.:** Untersuchung über Konzeption, Rahmenbedingungen und Marktchancen für dezentrale Verarbeitungsanlagen von Rapssaat zu Energieträgern und Futtermitteln, BMFT-Studie, Projektnummer 0319265 A, Aldenhoven (1989)

78   **Austmeyer, K., Röver, H.:** Energieträger aus nachwachsenden Rohstoffen. Chem.-Ing.-Tech. 61 (1989) Nr. 1, 9-16

79   **Mirau, A.:** Strohballen und Holzreste in der Brennkammer, Energie 43 (1991) Nr.5, 45-47

80   **Connemann, J. (Ölmühle Leer):** Persönliche Mitteilungen vom 30.08.1991 und 26.10.1991

81   **Nothnagel, M. (Ölmühle C. Thywissen/Neuss):** Persönliche Mitteilung vom 30.08.1991

82   **Thomas, A.:** Fette und Öle, in: Ullmanns Encyklopädie der technischen Chemie, 4. Aufl., Bd. 11, Verlag Chemie, Weinheim, 455-524

83   **Weber, K.:** Consideration on the One and Two Step Oil Extraction from Rape Seed, Lecture International Congress on Oilseeds and Oils, New Delhi (1979)

84   **Meinhold, K. et al.:** Möglichkeiten und Grenzen beim Anbau regenerativer Rohstoffe für Energieerzeugung und chemische Industrie. Studie der Bundesforschungsanstalt für Landwirtschaft Braunschweig-Völkenrode (FAL) für die Enquete-Kommission "Technologiefolgenabschätzung" des 10. Deutschen Bundestages. In: Materialienband IV zur BT-Drucksache 10/6801, Bonn (1987) 1-323

85   **Deutscher Bundestag, Referat Öffentlichkeitsarbeit (Hrsg.):** Nachwachsende Rohstoffe. Bericht der Enquete-Kommission "Gestaltung der technischen Entwicklung, Technikfolgen-Abschätzung und –Bewertung des Deutschen Bundestages, Bonn (1990)

86   **Knuth, M. (Ölmühle Brükelmann):** Persönliche Mitteilung vom 29.08.1991

87   **Strehler, A.:** Raps als Energieträger. Landtechnik 44 (1989) Sonderheft, 406-410

88   **Reinders, M.E.:** Handbook of Emission Factors. Part 2. Industrial Sources. Government Publishing Office, The Hague (1983)

89   **Vellguth, G.:** Emissionen bei Verwendung alternativer Kraftstoffe in Schlepper-Dieselmotoren. Grundl. Landtechnik 37 (1987) Nr. 6, 207-213

90   **Connemann, J. (Ölmühle Leer):** Persönliche Mitteilungen vom 30.08.1991 und 26.10.1991

91   **Griesbaum, K.:** Kohlenwasserstoffe (Kap. 1), in: Ullmanns Encyklopädie der technischen Chemie, 4. Aufl., Bd. 14, Verlag Chemie, Weinheim, 653-662

92   **Götzke, H., Kleinhanß, W.:** Produktion von Rapsöl als Treibstoff – Eine Chance für die deutsche Landwirtschaft ? Landbauforschung Völkenrode 38 (1988) Nr. 1, 17-41

93   **Kleinhanß, W.:** Strukturelle Bedingungen und ökonomische Konsequenzen der Produktion und Nutzung von Rapsöl als Treibstoffsubstitut in der Landwirtschaft der Bundesrepublik Deutschland. Ber. Ldw. 67 (1989) 257-284

94   **Jansen, H.D., Steffen, M.Ch.:** Ölgewinnung in kleinen und mittleren Anlagen durch Pressung und Extraktion, in: Bundesamt für Ernährung und Forstwirtschaft (Hrsg.): Pflanzliche Öle im chemisch-technischen Sektor. Tagungsband zum Expertenkolloquium am 12./13. November 1990 im Wissenschaftszentrum Bonn und Dokumentation der Forschungsvorhaben, Schriftenreihe des Bundesministers für Ernährung, Landwirtschaft und Forsten, Heft 391, Landwirtschaftsverlag, Münster-Hiltrup (1990) 115-126

95   **Bundesminister für Ernährung, Landwirtschaft und Forsten (Hrsg.):** Bericht des Bundes und der Länder über Nachwachsende Rohstoffe. BT-Drucksache 388/89, Bonn (1989)

96   **Scharmer, K., Suttor, K.-H.:** Treibstoff vom Acker – wie geht es weiter. Raps 6 (1988) Sonderausgabe, 149-151

97   **Schöne-Warnefeld, A.:** EG-Rapsernte und Rapsvermartung 1990/91 – Zukunftsaussichten. Raps 9 (1991) Nr. 1, 46-47

98   **Schulz, E., Lebzien, P.:** Einsatz von Rapsextraktionsschrot in der Ernährung landwirtschaftlicher Nutztiere. Landbauforschunug Völkenrode Nr. 38 (1988) 49-55

99   **Groß, K.-H.:** 00-Rapsschrot in der Fütterung. Raps 6 (1988) Nr. 3, 172

100 **Fraunhofer-Institut für Lebensmitteltechnologie, Gesellschaft für Verpackungs-marktforschung, Institut für Energie- und Umweltforschung:** Umweltprofile von Packstoffen und Packmitteln (Entwurf), München, Wiesbaden, Heidelberg (1991)

101 **Deutsche Landwirtschafts-Gesellschaft:** DLG-Futterwerttabellen für Schweine. Erarbeitet von der Dokumentationsstelle der Universität Hohenheim, 5. Aufl., DLG Verlag, Frankfurt (Main) (1984)

102 **Franke, G. (Hrsg.):** Nutzpflanzen der Tropen und Subtropen. Bd. 1, 4. Aufl., Hirzel Verlag, Leipzig (1982)

103 **Scott, W.O., Aldrich, S.R.:** Modern Soybean Production. 2nd ed., S & A Publications, Champaign, Illinois (1983)

104 **Soytech:** '90 Soya Bluebook. 43rd ed., Bar Harbor (USA) (1990)

105 **Arbeitsgemeinschaft Nachwachsende Rohstoffe bei der** Verbindungsstelle Landwirtschaft-Inustrie e.V. (Hrsg.): Nachwachsende Rohstoffe: Holz und Stroh, Natürliche Öle und Fette, Alkohole für Fahrzeuge. Verlag J. Kordt, Bochum (1986)

106 **Cowan, J.C.:** Processing and Products. In: Caldwell, B.E. (ed.): Soybeans: Improvement, Production, and Uses. Agronomy Series No. 16, American Society of Agronomy, Madison, Wisconsin (1973)

107 **Deutsche Landwirtschafts-Gesellschaft:** DLG-Futterwerttabellen für Wiederkäuer – erarbeitet von der Dokumentationsstelle der Universität Hohenheim, 5. Aufl., DLG-Verlag, Frankfurt (Main) (1982)

108 **Pernkopf, J.:** Energiebilanz der Rapsölproduktion. Beitrag der Bundesanstalt für Landtechnik zu Studie "Regionaler Ölpflanzenbau – Modell einer integrierten Versorgung" des Österr. Forschungszentrums Seibersdorf, Wieselburg (1987)

109 **Reglitzky, A.A., Schnieder, H.:** Nachwachsende Kraftstoffe aus Sicht der Mineralölindustrie. In: Tagungsbericht der FGU Berlin, Alternative Kraftstoffe für Fahrzeuge aus Umweltsicht, 245. Seminar, Berlin, 7.-8.10.1991

110 **Nehring, K.:** Futtermitteltabellenwerk, VEB Deutscher Landwirtschaftsverlag, Berlin (1970)

111 **DIN 51601:** Flüssige Kraftstoffe. Dieselkraftstoff, Mindestanforderungen

112 **Sims, R.E.H.:** Tallow Esters as an Alternative Diesel Fuel, Transactions of the ASEA, Vol. 28 (1985) No. 3

113 **Scharmer, K.:** Einführung zum Symposium "Biokraftstoffe für Dieselmotoren". Symposium für Biokraftstoffe für Dieselmotoren – Stand der Technik, Erfahrungen aus Versuchs- und Demonstrationsprogrammen, Zukunftsaussichten für Dieselkraftstoffe aus Pflanzenöl, Ostfildern, 10./11. Juni 1991

114 **Enchelmaier, H.:** Herstellung von Pflanzenölmethylester. Symposium für Biokraftstoffe für Dieselmotoren – Stand der Technik, Erfahrungen aus Versuchs- und Demonstrationsprogrammen, Zukunftsaussichten für Dieselkraftstoffe aus Pflanzenöl, Ostfildern, 10./11. Juni 1991

115 **Anonym:** Ölmühle Leer baut Pilotanlage für Rapsölmethylester. Zuckerindustrie 116 (1991) Nr. 6, 566

116 **Anonym:** Anbau und Verwertung von Öl- und Eiweißpflanzen in Österreich: "Biodiesel-Projekt" in Aschach/Donau. Raps 7 (1989) Nr. 1, 12-14

117 **Anonym:** Anbau und Verwertung von Öl- und Eiweißpflanzen in Österreich: Arbeitsgemeinschaft Rapsölmethylester-Modell Silberberg. Raps 7 (1989) Nr. 1, 14

118 **Rudel, P.:** Rapsölaktivitäeten in Österreich. Raps 8 (1990) Nr. 2, 91-92

119 **Körbitz, W.:** Bio-Diesel aus Raps: Österreich startet in die Zukunft. Raps 8 (1990) Nr. 4, 192-195

120 **Schrottmaier, J.:** Biodiesel – der alternative Energieträger ? Kolloquium Agrartechnik II am Institut für Agrartechnik der Universität Hohenheim, Stuttgart, 3.6.1991

121 **Henkel AG.:** Persönliche Mitteilung vom 27.08.1991

122 Vertrauliche Mitteilungen von Umesterungsanlagen-Erstellern und –Betreibern, Oktober 1991

123 **Vellguth, G.:** Methylester von Rapsöl als Kraftstoff für Schlepper im Praxiseinsatz. Grundl. Landtechnik 35 (1985) Nr. 5, 137-141

124 **Tellus Institute:** Inventory of Material and Energy Use & Air and Water Emissions from the Production of Packaging Materials. Draft Report. CSG/Tellus Packaging Study, Boston (1990)

125 **Friedrich, A. (Umweltbundesamt):** Persönliche Mitteilung vom 9.10.1991

126 **Marschner, F., Möller, F.-W., Gelbke, H.P.:** Methanol, in: Ullmanns Encyklopädie der technischen Chemie, 4. Aufl., Bd. 16, Verlag Chemie, Weinheim, 621-633

127 **BASF AG (Hrsg.):** Newsletter, Firmenschrift BASF-Katalysator, Mai 1991, Ludwigshafen (1991)

128 **Bundesministerium für Forschung und Technologie (Hrsg.):** Experimentelle Untersuchung zur Nutzung von Pflanzenölen in Dieselmotoren. Abschlußbericht, TV 8837, Weissach (1991)

129 **Franko-Filipasic, B.R.S.:** Glycerin, in: Ullmanns Encyklopädie der technischen Chemie, 4. Aufl., Bd. 12, Verlag Chemie, Weinheim, 367-375

130 **Kleinhanß, W., Götzke, H.:** Produktion und Nutzung pflanzlicher Öle im technischen Bereich – Eine Chance für die Landwirtschaft. Raps 6 (1988) Sonderausgabe, 156-159

131 **Schröfl, J.:** Treibstofferzeugung aus Pflanzenölen. Organisation, Wirtschaftlichkeit und Erfahrungen, Der Förderungsdienst 39 (1991) Heft 8, 233-236

132 **Eisele, P.:** Propylen, in: Ullmanns Encyklopädie der technischen Chemie, 4. Aufl., Bd. 19, Verlag Chemie, Weinheim, 463-470

133 **Vellguth, G.:** Pflanzenöl als Dieselkraftstoff-Substitut. Landbauforschung Völkenrode 38 (1988) Nr. 1, 12-16

134 **Vellguth, G.:** Eignung von Pflanzenölen und Pflanzenölderivaten als Kraftstoff für Dieselmotoren. Grundl. Landtechnik 31 (1982) Nr. 5, 177-186

135 **Widmann, B.-A.:** Pflanzenöl als Energieträger: Kraftstoffeigenschaften, Emissionen, Erfahrungen. in: Regenerative Energien – Betriebserfahrungen und Wirtschaftlichkeitsanalysen der Anlagen in Deutschland. Tagung der VDI-Gesellschaft Energietechnik (VDI-GET), Kassel, 12./13. März 1991, VDI-Bericht 851, VDI-Verlag, Düsseldorf (1991) 365-379

136 **Heitland, H., Hiller, H., Menrad, H.:** Möglichkeiten und Potentiale neuer Kraftstoffe und Antriebe im Verkehr. Studienprogramm für die Enquete-Kommission des deutschen Bundestages "Vorsorge zum Schutz der Erdatmosphäre", Studienschwerpunkt A.5.1.a, Wolfsburg (1989)

137 **Wörgetter, M.:** Praktische Erfahrungen bei der Markteinführung von Biodiesel in Österreich – Erprobung von Biodiesel. Symposium für Biokraftstoffe für Dieselmotoren – Stand der Technik, Erfahrungen aus Versuchs- und Demonstrationsprogrammen, Zukunftsaussichten für Dieselkraftstoffe aus Pflanzenöl, Ostfildern, 10./11. Juni 1991

138 **Schrottmaier, J., Wörgetter, M.:** Stand der Bio-Diesel-Forschung in Wieselburg, Praktische Landtechnik 3 (1990)

139 **Schrottmaier, J.:** Biodiesel – Markteinführung in Österreich. Vortrag bei Landtechnik 1991, Braunschweig, 24. und 25.10.1991

140 **Rupp, M.:** Verarbeitung von Rapsöl in Mineralölraffinerien. In: Tagungsbericht der VDI-Gesellschaft Energietechnik: Energie aus nachwachsenden Rohstoffen und organischen Reststoffen, Darmstadt, 8. März 1990, VDI-Berichte Nr. 794, VDI-Verlag, Düsseldorf (1990) 97-111

141 **Kleinhanß, W., Kerckow, B., Schrader, H.:** Kosten-nutzenanalytische Bewertung der Produktion und Nutzung von Rapsöl für Treibstoff-, Schmierstoff- und technische Zwecke, Abschlußbericht zum Forschungsvorhaben 89 N 013, Braunschweig (1990)

142 **Batel, W., Vellguth, G.:** Pflanzenöle als flüssige Kraftstoffe. Landbauforschung Völkenrode 35 (1985) Nr. 2, 82-84

143 **Anonym:** Rapsöl als Kraftstoff für den Betrieb angepaßter Dieselmotoren. Raps 8 (1990) Nr. 2, 86-90

144 **Anonym:** Einsatz von kaltgepreßtem Pflanzenöl im Elsbett-Motor. Raps 6 (1988) Sonderausgabe, 155

145 **Elsbett, K.:** Der "Elsbett"-Motor. Symposium für Biokraftstoffe für Dieselmotoren – Stand der Technik, Erfahrungen aus Versuchs- und Demonstrationsprogrammen, Zukunftsaussichten für Dieselkraftstoffe aus Pflanzenöl, Ostfildern, 10./11. Juni 1991

146 **Anonym:** Mit Pflanzenöl angetriebener Dieselmotor. Zuckerindustrie 112 (1987) 539

147 **Körner, W.-D., Bergmann, H.:** Alternativkraftstoffe für Nutzfahrzeuge. Verkehr und Technik (1989) Nr. 7, 242-249

148 **Heinrich, W., Schäfer, A.:** Rapsölfettsäuremethylester als Kraftstoff für Nutzfahrzeug-Dieselmotoren. Automobiltechnische Zeitschrift 92 (1990) 4, 168-173

149 **Menrad, H., Weidmann, K., Bernhardt, W., Heilmann, G., Behn, U.:** Rapsöl als Motorenkraftstoff?, mineralöltechnik, 5-6 (1989) 1-48

150 **Widmann, B.A., Strehler, A.:** Pflanzenöl als Energieträger – Kraftstoffeigenschaften, Emissionen, Erfahrungen. Vortrag bei Landtechnik 1991, Braunschweig, 24. und 25.10.1991

151 **Schäfer, A.:** Pflanzenölfettsäuremethylester als Dieselmotorenkraftstoffe. Symposium für Biokraftstoffe für Dieselmotoren – Stand der Technik, Erfahrungen aus Versuchs- und Demonstrationsprogrammen, Zukunftsaussichten für Dieselkraftstoffe aus Pflanzenöl, Ostfildern, 10./11. Juni 1991

152 **Waldeyer, H.:** Alternative Kraftstoffe. Vortrag beim "Internationaler Kongress – Emissionsarme Nutzfahrzeuge" in Garmisch-Partenkirchen vom 12.-14. 11. 1991

153 **Richter, H.:** Pflanzenöl als Kraftstoff für Sondermotoren. Symposium für Biokraftstoffe für Dieselmotoren – Stand der Technik, Erfahrungen aus Versuchs- und Demonstrationsprogrammen, Zukunftsaussichten für Dieselkraftstoffe aus Pflanzenöl, Ostfildern, 10./11. Juni 1991

Chemie und Umwelt

Ein Studienbuch für Chemiker, Physiker, Biologen und Geologen

von Andreas Heintz und Guido Reinhardt

2., durchgesehene Auflage 1991. X, 359 Seiten, 106 Abbildungen und 65 Tabellen. Kartoniert.
ISBN 3-528-16349-6

Dieses Studienbuch, nunmehr in der zweiten Auflage, bietet in geschlossener Form eine ausführliche Darstellung des Themas „Chemie und Umwelt". Treibhauseffekt, Ozonloch, Waldsterben, Rauchgasreinigung oder der Kfz-Katalysator werden ebenso behandelt wie Probleme des Bodens und der Gewässer, beispielsweise die Kreisläufe von Schwermetallen, Düngemitteln, Pestiziden oder chlorhaltigen Chemikalien. Dabei gehen die Autoren nicht nur auf die aktuellen Schlagwörter ein, sondern vermitteln ein Verständnis der komplexen Vorgänge in der belebten und unbelebten Natur und erläutern Quellen und Auswirkungen anthropogener Emissionen. Besonderes Gewicht messen die Autoren den Strategien zur Vermeidung und Verringerung von Schadstoffen sowie den Wiederverwertungsmöglichkeiten bei. – Die Autoren weisen auf gesetzliche Regelungen und Grenzwerte hin und zeigen auch politische und wirtschaftliche Konsequenzen auf.

Verlag Vieweg · Postfach 58 29 · D-6200 Wiesbaden 1